教育部高等学校电子信息类专业教学指导委员会规划教材

高等学校电子信息类专业系列教材·新形态教材

光电成像与显示技术

李文峰 冯晨琛 师少伟 薛林东 李彦沛◎编著

清华大学出版社

北京

内 容 简 介

本书紧密跟踪国内外光电成像与显示领域的新理论、新知识、新技术和新成果,全面讲述光电成像与显示技术及其典型器件、设备和系统。全书共 15 章。第 1 章为绪论,主要讲述光电成像与显示技术的概念和研究意义等。第 2~7 章主要讲述如何将物体的信息转换为可识别的成像技术。其中,第 2 章为传统成像技术与照相机;第 3 章为半导体成像技术与器件;第 4 章为夜视成像技术与器件;第 5 章为红外热成像技术与器件;第 6 章为医学影像技术与设备;第 7 章为视频监视技术与系统。第 8~13 章主要讲述图像的显示技术。其中,第 8 章为传统显示技术与设备;第 9 章为液晶显示技术与设备;第 10 章为发光二极管显示技术与设备;第 11 章为等离子体和激光显示技术与设备;第 12 章为三维显示技术与系统;第 13 章为大屏幕显示技术与系统。第 14 章为音视频信号处理关键技术与设备,主要讲述图像的形成、获取、传输、存储、显示、处理、分析、检测和识别等,以及这些高新技术衍生出的大量高科技产品。第 15 章为高清音视频监控与显示系统,讲述成像与显示技术相结合如何被广泛应用到高清音视频监控与显示系统和家庭影院系统工程中。

本书可作为高等院校电子科学与技术、电子信息工程、通信工程、微电子科学与工程、光电信息科学与工程、计算机科学与技术、控制科学与工程、仪器科学与技术等专业的高年级本科生教材,也可供电子信息行业的专业人员参考。

图书在版编目(CIP)数据

光电成像与显示技术 / 李文峰等编著. -- 北京:清华大学出版社,2025.6.
(高等学校电子信息类专业系列教材). -- ISBN 978-7-302-69053-5

Ⅰ. O435.2;O482.7

中国国家版本馆 CIP 数据核字第 2025QN9339 号

策划编辑:盛东亮
责任编辑:吴彤云
封面设计:李召霞
责任校对:郝美丽
责任印制:沈 露

出版发行:清华大学出版社
　　　　　网　　址:https://www.tup.com.cn,https://www.wqxuetang.com
　　　　　地　　址:北京清华大学学研大厦 A 座　　　　　邮　　编:100084
　　　　　社 总 机:010-83470000　　　　　　　　　　　邮　　购:010-62786544
　　　　　投稿与读者服务:010-62776969,c-service@tup.tsinghua.edu.cn
　　　　　质量反馈:010-62772015,zhiliang@tup.tsinghua.edu.cn
　　　　　课件下载:https://www.tup.com.cn,010-83470236
印 装 者:三河市龙大印装有限公司
经　　销:全国新华书店
开　　本:185mm×260mm　　印　　张:15.5　　　　　字　　数:378 千字
版　　次:2025 年 6 月第 1 版　　　　　　　　　　　印　　次:2025 年 6 月第 1 次印刷
印　　数:1~1500
定　　价:49.00 元

产品编号:105668-01

前 言
PREFACE

人是视觉动物,通过视觉获取的信息占人类能够获取的信息的 60% 以上。在中国神话中,人们渴望拥有"千里眼""顺风耳"的神技,女娲从"水面反射成像"中看到了自己的容貌继而搓泥成人。后来人类发明了镜子和照相机。现代成像与显示技术主要利用了"光"与"电"之间的转换,光电成像技术主要研究如何将物体的信息转换为人类可识别的图像,光电显示技术主要研究如何将图像呈现给用户。

世界上第一台照相机——达盖尔照相机,诞生于 1839 年;物理学家布劳恩于 1897 年发明了阴极射线管。成像器件与显示设备从诞生之日起,就在人们的生产、生活中扮演着重要角色。19 世纪 90 年代,巴黎人曾排长队观看一部长约一分钟的电影;在晚清的中国,大人小孩曾花一两个铜板看西洋镜;20 世纪 70—80 年代,照相机和电视机一度成为新婚家庭的标配;如今,从可折叠的 OLED 手机显示屏到医院检查身体的 B 超,生活中处处可见光电成像与显示技术。人类对视觉感官的舒适和便利孜孜以求,希望看得更多、更远、更细致。而今伴随着移动互联网技术的迅猛发展,光电成像与显示技术不仅可以提高工作效率,提升生活质量,更可以促进科技创新,促进经济发展,光电成像器件和光电显示设备作为人机交互的媒介几乎成为现代人每天离不开的工具。同时,光电成像器件和光电显示产业创造了大量产值和就业机会,层出不穷的新技术、新应用也意味着更大的商机。我们无法预估这一领域的技术未来是什么样子,但从 2024 年 2 月 11 日的一篇报道中可以看出一些端倪:马斯克 Neuralink 脑机接口公司的联合创始人 Hodak 研发出一款名为"科学之眼"的 Micro LED 薄膜显示器,将其植入眼球可以帮助因视网膜感光细胞病变而视力受损的患者恢复视力。未来,成像器件与显示设备或许会成为人类身体的一部分!

最初"光电成像"和"光电显示"是两门专业课程,出于压缩专业课时的需要,本书将成像与显示技术合二为一。显示技术的信号来自成像器件,成像技术的信号需要显示设备进行信息的再现,两门技术为上下游的关系。合并之后各章节之间关系流畅,逻辑上更加合理。本书内容丰富,全面讲述光电成像与显示技术及其典型器件、设备和系统,既有传统的照相机、数码管、阴极射线管,也有目前主流的液晶屏、投影仪、磁共振仪;同时,本书紧密跟踪世界最流行的半导体微光仪、激光电视、三维显示系统等。本书贴近成像与显示技术在各个领域的实际应用,探讨视频监视系统、高清多媒体大屏显示系统、高清音视频监控与显示系统以及家庭影院系统等工程的方案设计方法、成本核算、工程报价、工程施工以及工程验收等,这些内容不仅构成一门贴近实际、经济实用、促进就业的专业课程,也能帮助读者现学现用,为读者赚到自己的第一桶金打下坚实的基础!

在本书撰写期间,OpenAI 公司的 Sora 火爆了。那么,这些由人工智能生成的图像与视频属于哪一类成像与显示技术呢?编者认为,这些图像与视频不属于"光电"或"电光",应属于"大模型成像与显示"或"算力成像与显示"的技术范畴。本书在撰写期间,也紧跟技术前沿,借鉴了部分由通用人工智能(Artificial General Intelligence,AGI)生成的专业内容。

本书是编者计划出版的第 10 本图书,"10"是个满数,所以编者更是用心撰写,争取出版一本精品图书,能够广泛传播。冯晨琛、师少伟、薛林东和李彦沛分别撰写了本书的第 2 章、第 6 章、第 7 章和第 8 章。

本书的出版得到了陕西延长石油(集团)有限责任公司 5G 网业融通项目、陕西省重点产业创新链项目(2020ZDLGY15-07)、陕西煤业化工集团有限责任公司科技研发类投资项目(2023SMHKJ-B-51)以及 2023 碑林区科技计划项目(GX2334)的资助,在此表示感谢!

由于编者水平有限,书中难免存在不妥之处,敬请广大读者批评指正。

编　者
2025 年 3 月于古城西安

目录
CONTENTS

第 1 章　绪 论 ……………………………………………………………… 1

1.1　成像与显示技术概述 ……………………………………… 1

1.1.1　成像技术概述 ……………………………………… 1

1.1.2　显示技术概述 ……………………………………… 2

1.1.3　显示设备分类 ……………………………………… 3

1.2　光电成像与显示技术研究的意义 ………………………… 5

1.2.1　光电成像技术研究的意义 ………………………… 5

1.2.2　光电显示技术研究的意义 ………………………… 6

1.2.3　成像与显示设备的主要性能指标 ………………… 7

1.3　图像参量与人的因素 ……………………………………… 10

1.3.1　光的基本特性 ……………………………………… 10

1.3.2　人眼视觉特性 ……………………………………… 12

1.3.3　色彩学基础 ………………………………………… 14

第 2 章　传统成像技术与照相机 ………………………………………… 17

2.1　成像技术发展历程 ………………………………………… 17

2.2　照相机 ……………………………………………………… 18

2.2.1　传统成像原理 ……………………………………… 18

2.2.2　照相机结构 ………………………………………… 20

2.2.3　照相机工作步骤与成像技术 ……………………… 22

第 3 章　半导体成像技术与器件 ………………………………………… 23

3.1　半导体成像原理与器件 …………………………………… 23

3.1.1　半导体成像工作原理 ……………………………… 23

3.1.2　半导体成像器件发展历程 ………………………… 23

3.2　CCD 成像原理与器件 …………………………………… 24

3.2.1　线阵 CCD 成像原理 ……………………………… 24

3.2.2　面阵 CCD 成像原理 ……………………………… 27

3.2.3　特殊 CCD 成像器件 ……………………………… 28

3.2.4　CCD 器件的性能参数 …………………………… 30

3.2.5　CCD 典型器件 …………………………………… 33

3.3　CMOS 成像原理与器件 ………………………………… 34

3.3.1　CMOS 器件的结构 ……………………………………… 34

3.3.2　CMOS 图像传感器的像素 ……………………………… 35

3.3.3　CMOS 图像传感器的成像与读出 ……………………… 36

3.3.4　CMOS 器件的不足与改进 ……………………………… 38

3.3.5　CMOS 典型器件与参数 ………………………………… 38

3.3.6　CCD 与 CMOS 成像技术比较 ………………………… 39

第 4 章　夜视成像技术与器件 ……………………………………… 41

4.1　微光成像原理与微光夜视仪 ……………………………… 41

4.1.1　微光成像技术 …………………………………………… 41

4.1.2　光电倍增管 ……………………………………………… 41

4.1.3　微光夜视仪的组成与分类 ……………………………… 43

4.1.4　微光夜视仪性能参数 …………………………………… 44

4.1.5　关键技术及典型设备 …………………………………… 44

4.2　红外光成像原理与器件 …………………………………… 46

4.2.1　红外光成像原理 ………………………………………… 46

4.2.2　光电探测器与红外光学系统 …………………………… 46

4.2.3　红外光成像典型器件 …………………………………… 47

4.3　辅助光源 …………………………………………………… 48

4.3.1　红外 LED ………………………………………………… 48

4.3.2　白光辅助灯 ……………………………………………… 49

4.3.3　多光源组合 ……………………………………………… 51

第 5 章　红外热成像技术与器件 …………………………………… 53

5.1　红外热成像技术 …………………………………………… 53

5.1.1　红外热成像概述 ………………………………………… 53

5.1.2　红外热成像原理 ………………………………………… 53

5.1.3　红外探测器 ……………………………………………… 55

5.2　红外热像仪 ………………………………………………… 57

5.2.1　红外热像仪概述 ………………………………………… 57

5.2.2　红外热像仪设备性能参数 ……………………………… 58

5.2.3　红外热成像典型器件 …………………………………… 59

第 6 章　医学影像技术与设备 ……………………………………… 61

6.1　X 射线成像技术与设备 …………………………………… 61

6.1.1　X 射线基础知识 ………………………………………… 61

6.1.2　传统 X 射线摄影技术 …………………………………… 64

6.1.3　数字 X 射线成像技术 …………………………………… 66

6.2　磁共振成像技术与设备 …………………………………… 67

6.2.1　磁共振成像概述 ………………………………………… 67

6.2.2　磁共振成像原理 ………………………………………… 69

6.2.3　磁共振成像设备 ………………………………………… 71

6.2.4　磁共振成像在医学中的应用与前景展望 ……………… 71

6.3 超声波成像技术与设备 ………………………………………………… 73
    6.3.1 超声波成像技术概述 …………………………………………… 73
    6.3.2 超声波成像原理 ………………………………………………… 74
    6.3.3 超声波成像设备 ………………………………………………… 77

第 7 章 视频监视技术与系统 ………………………………………………… 79
  7.1 摄像技术发展史 …………………………………………………………… 79
    7.1.1 胶片摄像机时代 ………………………………………………… 79
    7.1.2 模拟磁带摄像机时代 …………………………………………… 79
    7.1.3 数码摄像机时代 ………………………………………………… 80
    7.1.4 监控摄像头时代 ………………………………………………… 80
    7.1.5 高清时代 ………………………………………………………… 80
    7.1.6 智能时代 ………………………………………………………… 81
  7.2 摄像设备 …………………………………………………………………… 81
    7.2.1 摄像机 …………………………………………………………… 81
    7.2.2 摄像头 …………………………………………………………… 82
    7.2.3 图像传感器 ……………………………………………………… 84
  7.3 视频监视系统 ……………………………………………………………… 85
    7.3.1 视频监视系统分类 ……………………………………………… 85
    7.3.2 摄像辅助设备 …………………………………………………… 86
    7.3.3 编解码器 ………………………………………………………… 87
    7.3.4 网络连接设备 …………………………………………………… 87
    7.3.5 硬盘录像设备 …………………………………………………… 88
    7.3.6 声光告警 ………………………………………………………… 89
    7.3.7 电源 ……………………………………………………………… 90

第 8 章 传统显示技术与设备 ………………………………………………… 91
  8.1 真空荧光管 ………………………………………………………………… 91
  8.2 辉光放电管 ………………………………………………………………… 92
  8.3 阴极射线管基本结构与工作原理 ………………………………………… 93
    8.3.1 黑白 CRT 显示器的基本结构与工作原理 …………………… 94
    8.3.2 彩色 CRT 显示器的基本结构与工作原理 …………………… 94
    8.3.3 CRT 显示器的主要单元 ……………………………………… 96
    8.3.4 CRT 显示器相关技术 ………………………………………… 98
    8.3.5 CRT 显示器驱控电路 ………………………………………… 99
  8.4 CRT 显示器的特点、性能指标及发展历史 …………………………… 102
    8.4.1 CRT 显示器的特点 …………………………………………… 102
    8.4.2 CRT 显示器的性能指标 ……………………………………… 103
    8.4.3 CRT 显示技术的发展历史 …………………………………… 106
    8.4.4 CRT 显示器的新演化——场致发射显示器 ………………… 107
  8.5 其他传统显示技术 ……………………………………………………… 109
    8.5.1 电致变色显示技术及设备 …………………………………… 109

8.5.2　电泳显示技术及设备 ……………………………………………… 110

第 9 章　液晶显示技术与设备 ………………………………………………… **112**

9.1　液晶 ……………………………………………………………………… 112

9.1.1　液晶的分类及晶相 …………………………………………… 113

9.1.2　液晶的物理性质 ……………………………………………… 115

9.1.3　液晶的电气光学效应 ………………………………………… 116

9.2　液晶显示设备 …………………………………………………………… 117

9.2.1　液晶显示设备的构造 ………………………………………… 117

9.2.2　液晶显示设备的显像原理 …………………………………… 117

9.2.3　液晶显示器的分类 …………………………………………… 122

9.2.4　液晶显示设备的驱动 ………………………………………… 124

9.3　液晶显示器的技术参数、特点及发展史 ……………………………… 127

9.3.1　液晶显示器的技术参数 ……………………………………… 127

9.3.2　液晶显示器的优点 …………………………………………… 129

9.3.3　液晶显示器的缺点 …………………………………………… 130

9.3.4　液晶显示技术的发展史及产业现状 ………………………… 130

第 10 章　发光二极管显示技术与设备 ……………………………………… **132**

10.1　电致发光显示技术与设备 …………………………………………… 132

10.1.1　电致发光现象 ……………………………………………… 132

10.1.2　电致发光显示器件分类及其特点 ………………………… 133

10.1.3　本征型 ELD 的基本结构及工作原理 …………………… 133

10.2　发光二极管基本知识 ………………………………………………… 134

10.2.1　半导体光源的物理基础 …………………………………… 134

10.2.2　发光二极管的结构 ………………………………………… 135

10.2.3　发光二极管的驱动 ………………………………………… 135

10.2.4　发光二极管的特点及应用 ………………………………… 136

10.3　发光二极管显示设备 ………………………………………………… 138

10.3.1　发光二极管显示设备的显示原理 ………………………… 138

10.3.2　发光二极管显示设备的扫描驱动电路 …………………… 139

10.3.3　发光二极管显示设备技术指标 …………………………… 141

10.4　有机发光二极管显示技术 …………………………………………… 141

10.4.1　有机发光二极管显示原理 ………………………………… 141

10.4.2　有机发光显示设备的分类及特点 ………………………… 142

第 11 章　等离子体和激光显示技术与设备 ………………………………… **145**

11.1　等离子体显示技术与设备 …………………………………………… 145

11.1.1　等离子体基本知识 ………………………………………… 145

11.1.2　等离子体显示设备的显示原理 …………………………… 147

11.1.3　等离子体显示设备的特点 ………………………………… 150

11.1.4　等离子体显示设备的产业现状 …………………………… 151

11.2　激光基本知识 ………………………………………………………… 152

　　　　11.2.1　激光技术简介 ································· 152

　　　　11.2.2　激光的特性 ··································· 154

　　　　11.2.3　常用激光器 ··································· 154

　　11.3　激光显示设备 ······································ 156

　　　　11.3.1　激光显示原理 ······························ 156

　　　　11.3.2　常用激光显示器件 ·························· 158

第 12 章　三维显示技术与系统 ································ 163

　　12.1　三维显示技术 ······································ 163

　　　　12.1.1　三维显示技术概述 ·························· 163

　　　　12.1.2　三维显示技术的分类 ······················ 165

　　12.2　全息显示系统 ······································ 169

　　　　12.2.1　声光调制器全息显示系统 ·················· 169

　　　　12.2.2　LCD、DMD 全息显示系统 ················· 170

　　　　12.2.3　数字全息显示系统 ·························· 171

　　12.3　体积式三维显示系统 ································ 172

　　　　12.3.1　体积式三维显示技术分类 ·················· 172

　　　　12.3.2　Depth Cube 三维显示系统 ················· 173

　　　　12.3.3　Perspecta 显示系统 ······················ 173

第 13 章　大屏幕显示技术与系统 ····························· 175

　　13.1　大屏幕显示技术 ···································· 175

　　　　13.1.1　大屏幕显示技术概述 ······················ 175

　　　　13.1.2　被动发光型大屏幕显示 ···················· 176

　　　　13.1.3　主动发光型大屏幕显示 ···················· 177

　　13.2　投影仪 ·· 180

　　　　13.2.1　投影仪成像原理 ···························· 180

　　　　13.2.2　投影技术 ··································· 180

　　　　13.2.3　图像显示芯片 ······························ 182

　　　　13.2.4　投影仪的参数性能 ·························· 183

　　13.3　高清多媒体大屏显示系统 ···························· 184

　　　　13.3.1　高清多媒体大屏幕显示墙组成 ·············· 184

　　　　13.3.2　高清多媒体大屏幕显示墙的关键技术 ········ 186

　　　　13.3.3　高清多媒体大屏幕显示墙功能 ·············· 186

第 14 章　音视频信号处理关键技术与设备 ····················· 188

　　14.1　音视频监视信号处理关键技术 ······················· 188

　　　　14.1.1　音视频合成技术 ···························· 188

　　　　14.1.2　记录存储技术 ······························ 189

　　　　14.1.3　网络传输技术 ······························ 192

　　　　14.1.4　压缩编码技术 ······························ 193

　　　　14.1.5　告警技术 ··································· 197

　　14.2　音视频监视信号处理关键设备 ······················· 198

14.2.1　视频采集设备——视频采集卡 ·· 198

14.2.2　视频网络传输、压缩设备——数字视频服务器 ·········· 199

14.2.3　视频存储设备——数字硬盘录像机 ····························· 200

14.3　音视频显示信号关键技术 ··· 201

14.3.1　图像合成技术 ·· 201

14.3.2　图像分割技术 ·· 202

14.3.3　图像解码技术 ·· 202

14.3.4　图像 AI 软件应用技术 ·· 203

14.4　音视频显示信号关键设备 ··· 204

14.4.1　显示信号切换设备——矩阵 ·· 204

14.4.2　显示信号拼接设备——大屏拼接处理器 ······················ 204

第 15 章　高清音视频监控与显示系统 ······································· 207

15.1　音视频信号传输媒介 ··· 207

15.1.1　双绞线 ·· 207

15.1.2　大对数线缆 ·· 208

15.1.3　同轴电缆 ··· 208

15.1.4　光缆 ··· 208

15.1.5　平行线 ·· 210

15.2　音视频信号接口电路 ··· 210

15.2.1　VGA ·· 211

15.2.2　DVI ·· 211

15.2.3　HDMI ··· 212

15.2.4　DP ··· 214

15.2.5　AV ··· 216

15.2.6　S 端子接口 ·· 216

15.2.7　光纤接口 ··· 216

15.2.8　手机接口 ··· 217

15.3　音视频监控与显示系统 ·· 218

15.3.1　本地视频监视系统 ·· 218

15.3.2　远程视频监视系统 ·· 219

15.3.3　高清音视频监控与显示系统组成与特点 ························ 220

15.4　家庭影院系统 ··· 221

15.5　视频监控与显示系统工程成本核算与报价 ························· 223

15.6　视频监控与显示系统工程施工与验收 ······························ 224

15.6.1　工程施工 ··· 224

15.6.2　工程验收 ··· 224

参考文献 ··· 225

附录 A　专业词语中英文对照索引 ·· 226

附录 B　常用符号、缩写中英文对照索引 ···································· 230

视频目录
VIDEO CONTENTS

视 频 名 称	时长/min	位 置
第 1 集　成像技术发展历程	14	2.1 节
第 2 集　照相机	13	2.2 节
第 3 集　半导体成像原理与器件以及 CCD 成像器件与原理	23	3.1 节
第 4 集　CMOS 成像原理与器件	14	3.3 节
第 5 集　微光成像原理与微光夜视仪	15	4.1 节
第 6 集　红外光成像原理与器件	15	4.2 节
第 7 集　辅助光源	13	4.3 节
第 8 集　红外热成像技术	15	5.1 节
第 9 集　红外热像仪	15	5.2 节
第 10 集　X 射线成像技术与设备	15	6.1 节
第 11 集　磁共振成像技术与设备	15	6.2 节
第 12 集　超声波成像技术与设备	15	6.3 节
第 13 集　摄像机技术发展史	11	7.1 节
第 14 集　视频监视系统分类以及摄像辅助设备	9	7.3.1 节
第 15 集　网络连接设备、硬盘录像设备以及其他设备	10	7.3.4 节
第 16 集　真空荧光管与辉光放电管	26	8.1 节
第 17 集　阴极射线管	27	8.3 节
第 18 集　液晶、液晶显示设备构造和显像原理	16	9.1 节
第 19 集　液晶显示器的技术参数、特点及发展史	15	9.3 节
第 20 集　电致发光显示技术与设备以及发光二极管基本知识	14	10.1 节
第 21 集　有机发光二极管显示技术	9	10.4 节
第 22 集　大屏幕显示技术	12	13.1 节
第 23 集　投影仪	14	13.2 节
第 24 集　高清多媒体大屏显示系统	10	13.3 节
第 25 集　音视频监视信号处理关键技术	17	14.1 节
第 26 集　音视频监视信号处理关键设备	9	14.2 节
第 27 集　音视频显示信号关键技术	8	14.3 节
第 28 集　音视频显示信号关键设备	10	14.4 节
第 29 集　音视频信号传输媒介	12	15.1 节
第 30 集　音视频信号接口电路	16	15.2 节
第 31 集　音视频监控与显示系统以及家庭影院系统	13	15.3 节
第 32 集　视频监控与显示系统工程成本核算与报价以及施工和验收	11	15.5 节

第 1 章

绪　　论

1.1　成像与显示技术概述

1.1.1　成像技术概述

图像是各种图形和影像的总称,图像处理是对图像信息进行加工以满足人的视觉心理和应用需求的行为。数字图像是对物体信息的数字化表示,数字图像处理是指利用计算机或其他数字设备对图像信息进行各种加工和处理。当今的图像科学已成为一个重要的科学分支,现代成像理论是光学成像理论与数字图像信息处理理论相结合的产物,包括图像的形成、获取、传输、存储、处理、分析和识别,成像系统的设计、分析、评估以及新型成像方法的寻求等方面。

光电成像(Photoelectric Imaging)技术是利用光学和电子器件将物体的光信号转换为电信号,进而生成可视化的图像或视频的技术。光电成像技术主要包括传感器技术和图像处理技术,传感器用来捕获光学信息并将其转换为电信号,包括光电二极管(Photodiode,PD)、电荷耦合器件(Charge-Coupled Devices,CCD)和互补金属氧化物半导体(Complementary Metal Oxide Semiconductor,CMOS)等;成像过程中,经常需要对捕获的图像进行处理,以提高图像质量、增强特定信息或进行目标检测与识别。

根据成像原理的不同,成像技术可以分为光电成像、光学成像、红外成像、雷达成像、X射线成像、磁共振成像(Magnetic Resonance Imaging,MRI)、超声波成像(Ultrasonic Imaging)等多种类型,分别应用于不同的领域和环境中。

光学成像技术的核心是光的折射、反射和散射原理。通过透镜、反射镜、棱镜等光学元件,可以调节光线的传播方向、聚焦程度和路径,从而实现对物体的成像。

光学成像技术的发展历程可以追溯到古代光学学派的研究,但现代光学成像技术的发展主要起源于 17 世纪光学原理的建立。随着科学技术的进步,光学成像技术得到了巨大的发展,从最初的简单透镜成像到现代复杂的光学系统,成像的清晰度、分辨率和精度都有了显著的提高。

在数字化技术加持下,光学成像技术也与计算机科学、图像处理等领域结合,产生了数字图像处理、计算机视觉等新技术和新应用,推动了成像技术的进一步发展和应用。

除了光学成像技术外,还有许多其他成像技术,每种都有其特定的原理和应用领域,具体如下。

（1）X射线成像技术。利用X射线穿透物体的特性,通过记录X射线的衰减情况获取物体内部结构的图像,在医学影像学、工业质检、安全检查等领域有广泛应用。

（2）磁共振成像（MRI）技术。利用核磁共振现象,通过对被检测物体施加磁场和射频脉冲,获取其内部组织结构的高分辨率图像,在医学诊断、生物医学研究等领域具有重要作用。

（3）红外成像技术。利用物体辐射的红外辐射特性,获取其温度分布和表面特征的图像,在夜视设备、安防监控、火灾检测等领域有广泛应用。

（4）超声成像技术。利用超声波在组织中传播的特性,通过记录超声波的反射获取物体内部结构的图像,在医学诊断、产科检查、工业无损检测等领域得到广泛应用。

（5）电子显微镜成像技术。利用电子束与样品相互作用的原理,通过记录电子束与样品交互产生的信号获取样品表面或内部结构的高分辨率图像,在材料科学、生物学、纳米技术等领域有重要应用。

1.1.2　显示技术概述

所谓显示（Display）,就是对信息的表示。在信息工程学领域中,把显示技术限定在基于光电子手段产生的视觉效果上,即根据视觉可识别的亮度、颜色,将信息内容以光电信号的形式传达给眼睛产生视觉效果。

人们经各种感觉器官从外界获得的信息中,视觉占60％,听觉占20％,触觉占15％,味觉占3％,嗅觉占2％。可见,近2/3的信息是通过眼睛获得的。因此,视频显示已成为信息显示中最重要的方式。

光电显示（Electro-optic Display）技术是将电子设备输出的电信号转换为视觉可见的图像、图形、文字、字母、数码、标点及符号等光信号的一门技术。而显示设备是发光器件中按功能划分出来的一类器件。显示设备是人机交换的窗口。在信息量急剧增长、各种记录形式不断涌现、传播媒体快速进步和多样化的信息社会,人们对着显示屏的时间越来越长,显示设备已成为电子信息产业的一大支柱。

自1897年德国人布劳恩[①]（Braun）发明阴极射线管（Cathode Ray Tube,CRT）以来,随着电视广播媒体和计算机等媒体的出现和发展,显示技术取得了极大的进步。

全世界第一只球形彩色布劳恩管于1950年问世。1983年,日本一家钟表厂的科技人员对传统反射型的液晶显示器（Liquid Crystal Display,LCD）做了一些改进,除偏光片外,又在其背面加上了背景光源,在前面加上了微型彩色滤光片,改装为透射型彩色LCD,从此开创了平板显示的新纪元。接着,日本政府又组织企业和高等院校的研究所共同攻关,先后投资达200亿美元,在此基础上研制出薄膜晶体管液晶显示器（TFT-LCD）。如今TFT-LCD已逐步替代了计算机显示器的彩色显示器（Color Display Tube,CDT）,并向大屏幕发展,进入电视领域。可以说,CRT构筑了大众媒体时代的现代工业社会,LCD则构筑了以个人媒体为主导的现代信息社会。

另外,显示技术已不再局限于以前的CRT和LCD,发光二极管（Light Emitting Diode,LED）显示屏和激光电视（Laser TV）等多种新型的显示技术和显示方式已在多媒体市场占

---

① 1909年,布劳恩和马可尼共同荣获诺贝尔物理学奖,以表彰他们在发展无线电报上所作的贡献。

据一定市场份额。近些年还出现了有机发光二极管平板显示器(Organic Light Emitting Diode,OLED)和场致发射显示器(Field Emission Display,FED)。OLED 甚至可以折叠,被誉为"梦幻显示器",用于可视移动多媒体。

在大屏幕显示方面,除了当前教学和商业用投影设备主流产品透射式 LCD 投影仪外,近期开发的直观式高清晰度电视(High Definition Television,HDTV)大屏幕显示系统把 HDTV、PAL 和 NTSC 制式普通电视以及计算机的 VGA①、SVGA②、XGA③ 等在一个大屏幕上显示,被称为"多媒体大屏幕显示墙(Multimedia Display Wall)"。此外,还有由蓝光 LED 和高亮度、超高亮度 LED 组成的三基色全彩色 LED 大显示屏,由于其具有使用寿命长、环境适应能力强、性价比高、使用成本低等特点,在大屏幕显示领域得到了广泛的应用。

如今的显示设备世界,无论是市场还是技术,都处于急剧变化的时期,可谓是百花齐放、争奇斗艳。各种显示技术的应用范围不断扩大,以争夺未来潜在的大市场。

1.1.3 显示设备分类

1. 根据收视信息的状态分类

根据收视信息的状态,显示设备可分成以下几类。

1) 直观型

原则上把可以直接观看显示设备上出现的视觉信息的方式称为直观型(Direct View Type),按设备的形态又可分为以下 3 种形式。

(1) 电子束型。采用适当的控制电路控制真空管内的电子束,使其在荧光屏上扫描并激发荧光粉发光从而显示图像或文字。CRT 主要用于人机接口的信息显示器,被称为视频显示终端(Visual Display Terminal,VDT)。用于计算机显示的彩色 CRT 被称为彩色显示器(CDT);与此相对,用于电视机的彩色 CRT 被称为彩色显像管(Color Picture Tube,CPT)。

(2) 平板型。平板型显示器(Flat Panel Display,FPD)的厚度一般小于显示屏对角线长度的 1/4,就像一块平板。这类显示器包括液晶显示器(LCD)、等离子体显示器(Plasma Display Panel,PDP)、电致发光显示器(Electro Luminescence Display,ELD)和全彩色 LED 大屏幕显示器等。平板结构的优点:一是在使用上最方便,无论大型、小型、微型都很适用,它可以在有限面积上容纳最大信息量;二是在工艺上适于大批量生产。

(3) 数码显示设备。数码显示设备指小型电子设备中显示数字 0~9 或英文字母 A~Z 的显示设备。这类设备体积小、耗电少,主要包括发光二极管(LED)、真空荧光管(Vacuum Fluorescent Display, VFD)、辉光放电管(Glow Discharge Display, GDD)、电泳显示器 (Electro Phoretic Display,EPD)、电致变色显示器(Electro Chromism Device,ECD)等。

---

① VGA(Video Graphics Array,视频图形阵列)是 IBM 于 1987 年提出的一个使用模拟信号的计算机显示标准,通常指 640×480 分辨率。

② SVGA(Super Video Graphics Array,高级视频图形阵列)是厂商为 IBM 兼容机推出的标准,分辨率为 800×600。

③ XGA(Extended Graphics Array,扩展视频图形阵列)是一种计算机显示模式,支持最大 1024×768 分辨率,屏幕大小从 10.4 英寸、12.1 英寸、13.3 英寸到 14.1 英寸、15.1 英寸都有。

2）投影型

把由显示设备或光控装置所产生的比较小的光信息经过某种光学系统放大投射到大屏幕后观看的方式称为投影型(Projection Type)。根据投射光线和投影位置的不同，又可分为以下两种方式。

(1) 前投式。前投式(Front Projection Type)和在电影院一样，是从投射光线来的一侧观看投放在屏幕上影像的方式。这种方式容易获得比较大的画面，常用于公众场合。但当室内不够暗或有照明时，会因屏幕的反光使图像反差降低。

(2) 背投式。背投式(Rear Projection Type)是从投射光反方向观看屏幕透射光的方式，即使在室内有光线的情况下也无大碍，只是屏幕后面需设置完全黑暗的投影室。如果画面的对角线长度在 2m 以下，利用镜子对投射光进行适当的折射处理，可以把包括屏幕及光学系统在内的所有部件集成起来，这种电视机形状适于家用。

3）空间成像型

空间成像型(Space Imaging Type)是指采用某种光学手段(如激光)在空间形成可供观看图像的方式。从原理上说，图像大小与显示器无关，图像可以很大。空间成像型显示因为图像具有纵深而大大提高了真实感和现场感。

2. 根据像素本身发光与否分类

从显示原理的本质来看，光电显示应用系统利用了发光和电光效应(Electro Optic Effect)两种物理现象。所谓电光效应，是指加上电压后物质的光学性质(如折射率、反射率、透射率等)发生改变的现象。因此，根据像素本身发光与否，又可将显示设备分为以下两大类。

1）主动发光型

在外加电信号作用下，主动发光(Emissive Luminescence)型设备通过本身产生的光辐射刺激人眼实现显示，如 CRT、PDP、ELD、激光显示器(Laser Projection Display,LPD)等。

2）被动显示型

在外加电信号作用下，被动显示(Passive Display)型设备单纯依靠对光的不同反射呈现的对比度达到显示目的。人类视觉所感受的外部信息中，90%以上是由外部物体对光的反射，而不是来自物体发光。所以，被动显示更适合人的视觉习惯，不会引起疲劳。当然，在黑暗的环境下是无法被动显示的，这时必须为器件配上外光源，如 LED、各种光阀管(Light Valve,LV)投影仪等。

3. 其他分类方式

按显示屏幕大小分类，有超大屏幕(大于 $4m^2$)、大屏幕($1\sim4m^2$)、中屏幕($0.2\sim1m^2$)和小屏幕(小于 $0.2m^2$)。

按色调显示功能分类，有黑白二值色调显示、多值色调显示(三级以上灰度)和全色调显示。

按色彩显示功能分类，有单色(Monochrome)黑白或红黑显示、多色(Multi-color)显示(3 种以上)和全色显示。

按显示内容、形式分类，有数码、字符、轨迹、图表、图形和图像显示。

按成像空间坐标分类，有二维平面显示和三维立体显示。

按所用显示材料分类，有固体(晶体和非晶体)、液体、气体、等离子体、液晶体显示等。

按显示原理分类，有阴极射线管(CRT)、真空荧光管(VFD)、辉光放电管(GDD)、液晶显示器(LCD)、等离子体显示器(PDP)、发光二极管(LED)、场致发射显示器(FED)、电致发光显示器(ELD)、电致变色显示器(ECD)、激光显示器(LPD)、电泳显示器(EPD)、铁电陶瓷显示器(Transparent Ceramics Display,PLZT)等。

1.2 光电成像与显示技术研究的意义

光电成像与显示技术是光电子学科中的重要组成部分,它涉及将物体的信息转换为人类可识别的图像,并将这些图像呈现给用户的过程。

光电子(Optical Electronic)技术是由光学、激光、电子学和信息技术互相渗透、交叉而形成的一门高新技术,也是当今世界上竞争最为激烈的高新技术领域之一。光电子技术按光子的应用分为两个层次:光子作为信息的载体,应用于信息的获取、传输、存储、显示、处理及运算,称为信息光电子技术;光子作为能量的载体,作为高能量和高功率的束流(主要是激光束),应用于材料加工、医学治疗、太阳能转换、核聚变等领域,称为能量光电子技术。光电子技术以物理学为基础,涵盖激光技术、光波导技术、光检测技术、光计算与信息处理技术、光存储技术、光电成像技术、光电显示技术、激光加工与激光生物技术、光生伏特技术、光电照明技术等,已逐渐形成了光电子材料与元件、光信息、现代光学、光通信、激光器与激光应用五大类光电子信息产业,开创出了"光电子时代"。

人类社会已经进入了信息社会时代,信息的获取与呈现成为人类文明生存和发展的基本需要。作为光电子技术的重要组成部分,光电成像与显示技术的研究对于提升人民生活质量、推动科技进步和促进可持续发展等方面都具有重要意义,主要体现在以下方面。

(1)提高图像质量和分辨率。光电成像技术可以通过不同的传感器和成像算法提高图像的质量和分辨率,使人们能够获得更清晰、更精确的图像信息,有助于提高工作和生产效率。

(2)拓展应用领域。光电成像技术的不断发展使其在医学、安防、航空航天、无人驾驶、虚拟现实(Virtual Reality,VR)等领域的应用得以拓展,为各行各业带来了更多的机遇。

(3)促进科学研究和技术创新。光电成像技术在科学研究中扮演着重要角色,如在天文学、地质学、生物学等领域的观测和研究中都有广泛应用,促进了科学知识的积累和技术的创新。

(4)提升人们生活品质。光电显示技术的不断进步,使人们可以享受到更清晰、更真实的视觉体验,如高清晰度电视、VR眼镜等产品,提升了人们的娱乐体验和生活品质。

(5)促进经济发展。光电成像与显示技术的发展不仅创造了大量就业机会,还带动了相关产业链的发展,包括传感器制造、图像处理、显示器件生产等,为经济的增长和产业的升级注入了新的活力。

1.2.1 光电成像技术研究的意义

虽然通过视觉获取的信息占人类能够获取的信息的60%以上,但是由于人眼自然构造形成的视觉性能的限制,人们通过直接观察所获得的图像信息仍然是有限的,如:灵敏度的限制,夜间无照明时人的视觉能力很差;分辨力的限制,没有足够的视角和对比度就难以辨识;光谱的限制,人眼只对电磁波谱中很窄的可见光区敏感;空间的限制,人眼无法观察隔开的空间;时间的限制,变化过去的影像无法存留在视觉中。

光电成像技术的出现突破了用人眼获取信息能力的限制,很早以前人类就为开拓自身的信息获取能力进行了探索并取得了不少有成效的进展。灯具的出现改善了人类夜晚的照明环境;望远镜的出现为人类延伸了可视距离;显微镜的应用为人类观察微小物体提供了方便。但是,在扩展可视光谱范围、提高可视灵敏度和突破时空控制方面,人类则经历了漫长时间的探索才有所进展,这一进展正是由于光电成像技术的出现和发展进步带来的。光电成像技术是当今信息时代的重要高新技术之一。

研究光电成像技术的意义主要体现在以下几个方面。

（1）安全防护和监控。光电成像技术在安防监控、边境巡逻、交通监管等领域发挥重要作用,可以实时捕获、传输和处理图像信息,帮助监控人员及时发现异常情况,确保公共安全。

（2）医学影像学。医学影像学是医学领域中的重要分支,光电成像技术在 X 射线成像、磁共振成像(MRI)、超声波多普勒扫描等医学影像设备中得到广泛应用,帮助医生诊断疾病、制定治疗方案。

（3）工业检测和质量控制。在工业生产中,光电成像技术可以用于产品质量检测、表面缺陷检测、自动化生产线监控等方面,提高产品的质量和生产效率。

（4）航空航天和地质勘探。在航空航天领域,光电成像技术可以用于航空摄影、航天探测等任务,获取地表、大气等信息;在地质勘探中,可以利用光电成像技术探测地下资源,如矿藏、水源等。

（5）生物学研究。在生物学领域,利用光电成像技术可以进行细胞观察、分子成像、脑部活动监测等研究,为科学家提供了重要的实验手段。

（6）消费类电子产品。光电成像技术在智能手机、数码相机、摄像机等消费类电子产品中得到广泛应用,为用户提供高清晰度、高画质的图像和视频体验。

综上所述,光电成像技术的研究与应用涉及多个领域,对于提升人类生活质量、促进科学技术进步具有重要意义。

1.2.2　光电显示技术研究的意义

视频显示已成为信息显示中最重要的方式,而显示设备是发光器件中按功能而划分出来的一类器件。显示设备作为人机交换的窗口,在信息量急剧增长、各种记录形式不断涌现、传播媒体快速进步和多样化的信息社会里,人们面对显示屏的时间越来越长,显示设备已成为电子信息产业的一大支柱。

研究光电显示技术具有以下重要意义。

（1）信息传递与交流。显示技术是人类信息传递与交流的重要工具,通过显示技术,人们可以更直观、高效地获取信息,促进各种信息的传递和交流。

（2）用户体验改善。不断提升显示技术的分辨率、色彩、对比度等参数,可以提高用户对于显示内容的感知质量,改善用户的观看体验。

（3）科学研究与工程应用。在科学研究、医学诊断、工程设计等领域,高质量的显示技术能够为研究人员和工程师提供直观的数据和模拟结果,有助于推动科学研究和工程应用的进展。

（4）娱乐与文化产业。显示技术是电影、电视、游戏等娱乐产业的重要基础,不断创新的显示技术能够为用户提供更加沉浸式的娱乐体验,推动文化产业的发展。

（5）教育与培训。在教育和培训领域,显示技术可以用于展示教学内容、模拟实验、远程教育等,为学生和培训人员提供更丰富、生动的学习体验。

（6）医疗保健。在医疗保健领域,显示技术可以用于医学影像显示、手术导航、远程医疗等方面,提高医疗诊断和治疗的效率和准确性。

因此,研究光电显示技术不仅对于提高人类生活质量和工作效率具有重要意义,同时也对于推动各行各业的发展和创新起到关键作用。

1.2.3　成像与显示设备的主要性能指标

成像与显示设备的主要性能指标包括以下几个方面。

1. 像素

像素（Pixel）指构成图像的最小面积单位,具有一定的亮度和色彩属性。在显示器中,像素的大小可依据该系统的观看条件（如观看距离、照明环境等）,由肉眼所能分辨的最小尺寸确定。实际系统的具体例子如表 1-1 所示。

表 1-1　显示器制式与像素数、宽高比

器　件	显示器制式	有效像素数				宽　高　比
		宽	高	总像素数	比①	
彩色显像管	PAL	720	576	403 200	1.31	4：3
	NTSC	720	490	352 800	1.15	4：3
	HDTV	1920	1080	2 073 600	6.75	16：9
	4K	3840	2160	8 294 400	27.00	16：9
彩色显示器	VGA	640	480	307 200	1.00	4：3
	SVGA	800	600	480 000	1.56	4：3
	XGA	1024	768	786 432	2.56	4：3
	SXGA	1280	1024	1 310 720	4.27	5：4
	UXGA	1600	1200	1 920 000	6.25	4：3
	QXGA	2048	1536	3 145 728	10.2	4：3
	GXGA	2560	2048	5 242 880	17.1	5：4

数码相机的像素包括有效像素和最大像素。与最大像素不同的是,有效像素指真正参与感光成像的像素值,像素值是感光器件的真实像素,这个数据通常包含了感光器件的非成像部分;而最大像素是在镜头变焦倍率下经过插值运算换算出来的值。照片的质量并不完全取决于像素的大小,而是与其影像传感器也就是感光元件的尺寸有关。

像素越高,能拍出照片的尺寸越大,500 万像素等同于 2592×1944 像素分辨率,最大只

---

① 将 VGA 当作 1 时的总像素之比。

能拍出 12 寸的照片,而 1200 万像素可以拍出 1.5m×1.2m 的巨幅照片。

2. 亮度

显示设备的亮度指从给定方向上观察的任意表面的单位投射面积上的发光强度。亮度值用 cd/m^2 表示。一般显示器应有 $70cd/m^2$ 的亮度,具有这种亮度图像在普通室内照度下清晰可见。在室外观看要求亮度更高,需要达到 $300cd/m^2$ 以上。人眼可感觉的亮度范围为 $0.03 \sim 50000cd/m^2$。

3. 亮度均匀性

亮度均匀性反映的是显示设备在不同显示区域所产生的亮度的均匀性,通常也用它的反面概念——不均匀性来描述,或者用规定取样点的亮度相对于平均亮度的百分比来描述。CRT 显示器亮度均匀性能达到大于或等于 45% 的水平,原因在于其边角的亮度值与中心区域的亮度值有一定差距,这也是由于 CRT 显示设备电子枪发射电子到显示屏上的不均匀性造成的。其他显示设备由于其显示屏由许多个显示单元组成,各个单元的亮度值相差不大,所以基本上亮度均匀性都可以达到 80% 以上。

4. 对比度和灰度

对比度(Contrast Ratio)指画面上最大亮度和最小亮度之比。高对比度可以增强图像的清晰度和立体感,提升观看效果。一般显示器应有 30∶1 的对比度。

灰度(Gray Scale)指画面上亮度的等级差别。例如,一幅电视画面图像应有 8 级左右的灰度。人眼可分辨的最大灰度级大致为 100 级。

5. 分辨率

分辨率(Resolution)指图像或视频中能够显示的细节水平。对于成像设备,分辨率通常以像素为单位来衡量,表示图像中水平和垂直方向上的像素数量;而对于显示设备,则表示屏幕上的像素密度。较高的分辨率可以提供更清晰、更细腻的图像。

6. 清晰度与分辨力

清晰度(Definition)是指人眼能察觉到的图像细节清晰的程度,用光栅高度(帧高)范围内能分辨的等宽度黑白条纹(对比度为 100%)数目或电视扫描行数来表示。如果在垂直方向能分辨 250 对黑白条纹,就称垂直清晰度为 500 线。根据原信息产业部颁布的数字电视有关标准,平板显示器(FPD)通过分量视频输入基本可以达到 720 线以上,而 CRT 显示器稍微低一些,达到 620 线以上,垂直清晰度与水平清晰度相同。其中,CRT 边角的清晰度要低于中心区域的清晰度。

分辨力是人眼观察图像清晰程度的标志,与清晰度定义近似,分辨力可以用图像小投影点的数量表示,如 SVGA 彩色显示器的分辨力是 800×600,就代表画面由 800×600 个点构成,组成方式为每条线上有 800 个投影点,共有 600 条线。分辨力有时也用光点直径来表示,用光栅高度除以扫描线数,即可算出一条亮线的宽度,此宽度即为荧光屏上光点直径的大小。在显示设备中,光点直径为几微米到几千微米。一般对角线为 23~53cm 的电视显像管,其光点直径为 0.2~0.5mm。

7. 色彩深度

色彩深度(Color Depth)指的是设备能够显示的颜色数量。真(全)色彩的颜色数量为 16 777 216,即红、绿、蓝各 256 级灰度(256×256×256＝16 777 216≈16.7M)。

8. 余辉时间

余辉时间指荧光粉的发光从电子轰击停止起到亮度减小到电子轰击时稳定亮度的 1/10 所经历的时间。余辉时间主要取决于荧光粉，一般阴极射线荧光粉的余辉时间为几百纳秒到几十秒。

9. 帧率

帧率(Frames Per Second,fps)是指在视频中每秒显示的图像帧数。较高的帧率可以提供更流畅的视频播放效果。在虚拟现实技术中,较高的帧率还可以减少运动模糊和晕眩感。

10. 刷新率

刷新率(Refresh Rate)是指显示设备每秒更新图像的次数,通常以赫兹(Hz)来表示。高刷新率可以减少图像闪烁和视觉疲劳，对□□□和视频等快速动态场景的显示尤其重要。

11. 解析度

解析度(Dot P□□□□□□□□□□□□□小投影点的数量,分为水平解析度和垂直解析度。解□□□□□□□□□□□

生活中视频信号□□□□□□□□□□□P、1080P,字母 P 表示逐行扫描(Progressive Scan)□□□□□□□□□□辨率,也就是垂直方向有 480 条水平的扫描线,即通常□□□□□□□□tion Television,SDTV)。

12. 响应时间

响应时间(Respons□□□□□□□□□显示相应图像的时间。较短的响应时间可以减少运□□□□□□□□和流畅度。

13. 视角

视角(Viewing Angle□□□□□□□方向观看图像而不失真的范围。广视角可以确保多□□□□□□□觉体验。

14. 收看距离

收看距离可以用绝对值□□□□□□□值来表示(即相对收看距离)。电视适当的收看距离为□□□□□□肉收缩和松弛调节眼睛的焦点。在现行彩色电视的阶□□□□□□办公自动化中,距视频显示终端(VDT)的距离以 50c□□□□

15. 功耗

功耗(Power Consumption□□□□□□□□耗可以延长设备的使用时间,减少能源浪费,并且有助□□□□□□□

16. 周围光线环境

周围光线环境主要指观看者所□□□□□□□□视时,室内照明条件太亮或太暗都不好,四周光线的反射□□□□□□□约为 0.7cd/m² 。在办公自动化中,对于计算机键盘和录□□□□□□□或稍高一些为好,约为家庭平均电视收看场合的周围□□□□□□□面的垂直入射照度以

————————————
① 1 英寸≈2.54cm。

300lux 左右为好。在电影院观看电影时，ISO-2910 国际标准规定屏幕亮度范围为 25～65cd/m²，中心亮度标准值为 40cd/m²。在体育场、广告牌等室外大屏幕显示场合，光照环境在阳光直射下约为 10^4 lux，因此需要 3000～5000cd/m² 的亮度。

17. 图像的数据率

数据率指在一定时间内、一定速度下，显示系统能将多少单元的信息转换为图形或文字并显示出来。如果已知一个字符或像素是以 n 比特[①](b)计算机符号表示，数据率可以换算成比特/秒(b/s)。图像的信息量是惊人的，如一份 A4 文件的数据量约为 2KB[②]，一张 A4 黑白照片的数据量约为 40KB，一张 A4 彩色照片的数据量约为 5MB，一分钟家用录像系统(Video Home System，VHS)质量的全活动图像的数据量约为 10MB，一分钟广播级全动态影像(Full Motion Video，FMV)的数据量约为 40MB。

18. 其他

其他指标如辐射，CRT 明显大于其他显示设备，其他显示设备之间差别不大。在显示相应时间方面，LCD 类的显示设备劣于其他器件。在显示屏的缺陷点方面，CRT 一般不会出现这样的问题，而其他显示设备虽然在出厂时该指标控制得较严格，但用户在使用过程中有时会出现缺陷点。在可靠性方面，平均无故障工作时间(Mean Time Between Failure，MTBF)值基本上都可以达到 15000h，需要注意的是投影设备里往往使用了灯泡作为光源，灯泡的寿命有限，只能作为消耗品，也就是说在使用过程中需要定期更换这些部件。

此外，成像与显示设备的性能指标还包括工作温度范围(Operating Temperature Range)，商业级设备为 0～70℃，工业级设备为 −40～85℃，更高级设备为 −55～125℃。

1.3　图像参量与人的因素

1.3.1　光的基本特性

光是一种波长很短的电磁波，可见光是光刺激人眼的感觉，其波长范围为 380～780nm[③]，频率为 4.0×10^8～7.5×10^8 MHz，波谱很窄；而电磁波的波谱范围很广，包括甚低频(Very Low Frequency，VLF)超长波、低频(Low Frequency，LF)长波、中频(Intermediate Frequency，MF)中波、高频(High Frequency，HF)短波、甚高频(Very High Frequency，VHF)超短波、特高频(Ultra High Frequency，UHF)分米微波、超高频(Super High Frequency，SHF)厘米微波、极高频(Extremely High Frequency，EHF)毫米微波、红外线、光波、紫外线、X 射线、γ 射线等，如图 1-1 所示。

光的基本特性包括以下几点。

(1) 波动性。光可以像波一样传播，表现出干涉、衍射和折射等现象。这种波动性使光能够以波的形式传播，并在与物体相互作用时产生各种现象。

(2) 粒子性。光也可以被看作由一系列能量量子组成的粒子，称为光子。光子的能量

---

① b(bit)：位，是计算机中存储数据的最小单位，指二进制数中的一个位数，其值为 0 或 1。

② B(Byte)：字节，是计算机存储容量的基本单位，1 字节由 8 位二进制数组成。在计算机内部，1 字节可以表示一个数据，也可以表示一个英文字母，2 字节可以表示一个汉字。

③ 1nm＝10^{-9}m。

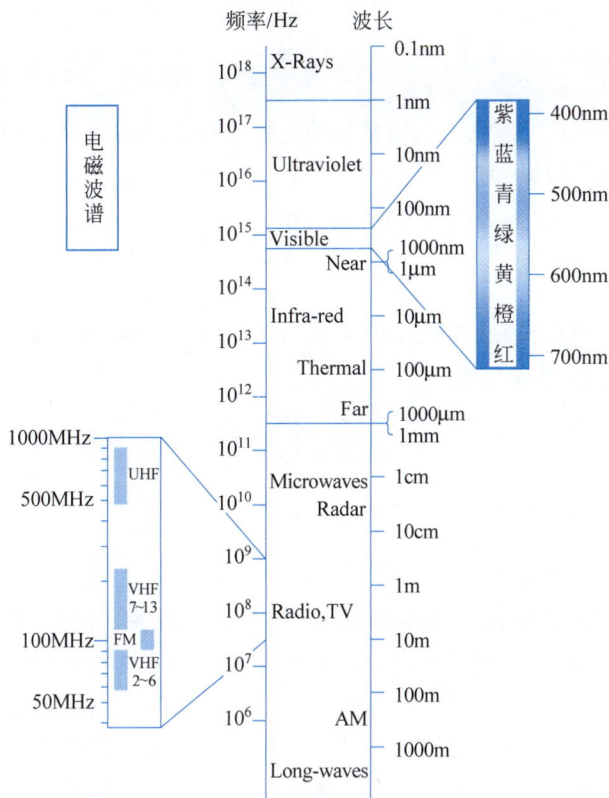

图 1-1　电磁波谱

与其频率成正比,由普朗克公式 $E = hf$ 确定,其中 E 是光子的能量,h 是普朗克常数,f 是光的频率。这种粒子性解释了光的一些现象,如光电效应。

（3）传播速度。在真空中,光的速度约为 $299\ 792\ 458\text{m/s}$。在不同介质中,光的速度会有所不同,通常介于真空速度和零之间。

（4）折射和反射。光在传播时,遇到不同介质的边界,会发生折射和反射。折射是指光线从一种介质进入另一种介质时改变传播方向的现象,而反射则是光线与表面接触时被反射回来的现象。

（5）色散。不同频率的光在介质中传播时会发生色散,即光的不同颜色（波长）具有不同的折射率,导致光的分散现象。

（6）偏振。光是一个振动的电磁波,因此可以具有特定方向的振动。偏振是指将光波中振动方向限制在特定方向上的过程。

对光量的测量称为测光（Photometry）。下面介绍几个主要的测光量的定义及其基本单位。

1. 光通量

光源单位时间内发出的光量称为光通量（Luminous Flux）,符号为 Φ,单位为流明（lm）。

2. 发光强度

光源在给定方向的单位立体角（ω）辐射的光通量称为发光强度（Luminous Intensity）,符号为 I,单位为坎德拉（cd）。发光强度 I 可表示为

$$I = \frac{\mathrm{d}\Phi}{\mathrm{d}\omega} \tag{1-1}$$

3. 光照度

单位受光面积(S)上所接收的光通量称为光照度(Illuminance),符号为 E,单位为勒克斯(lux)[①]。光照度 E 可表示为

$$E = \frac{\mathrm{d}\Phi}{\mathrm{d}S} \tag{1-2}$$

4. 亮度

垂直于传播方向单位面积($S \cdot \cos\theta$)上的发光强度称为亮度(Luminance),符号为 L,单位为 cd/m²。亮度 L 可表示为

$$L = \frac{\mathrm{d}\Phi}{\mathrm{d}S \cdot \cos\theta \cdot \mathrm{d}\omega} \tag{1-3}$$

1.3.2 人眼视觉特性

1. 人眼的视觉生理基础

视觉信息从人眼到大脑的传递路径如图 1-2 所示。首先,外界信息以光波形式射入眼帘,通过眼睛的光学系统在视网膜上成像。视网膜内的视觉细胞把光信息转换为电信号,传递给视神经。由左、右眼引出的视神经在视交叉处把左、右眼分别获得的右视觉信号和左视觉信号进行整理,然后传向外侧膝状体。外界右半部分的视觉信息传入左侧的外侧膝状体,而左半部分的视觉信息传入右侧的外侧膝状体。两个外侧膝状体经视放射线神经连接于左、右后头部的大脑视觉区域。

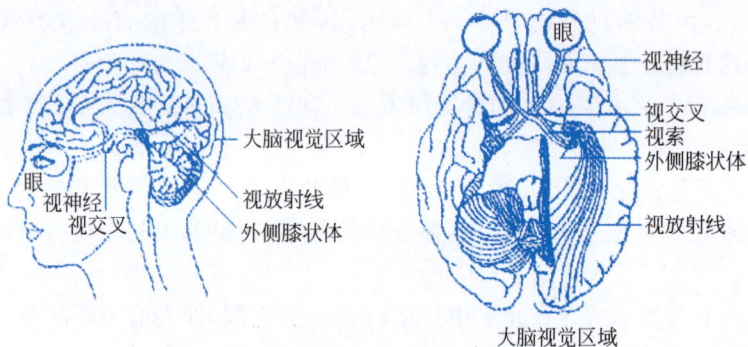

图 1-2 视觉信息从人眼到大脑的传递路径

人的眼睛很像一部精巧的超级照相机,它有约 700 万个视锥细胞、1.3 亿多个视杆细胞,像素数高达 5.76 亿。图 1-3 所示为眼球的构造。眼球是直径约为 24mm 的球状体,光线通过瞳孔射入眼球,再经晶状体在位于眼球后部内侧的视网膜上成像。

角膜的作用类似照相机的第一组镜片,承担为了能在视网膜上成像所必需的光线折射作用。

虹膜紧贴在晶状体上,虹膜中心有一个小孔,称为瞳孔。瞳孔的直径可以从 2mm 调节

---

① lux 有时也写作 lx。

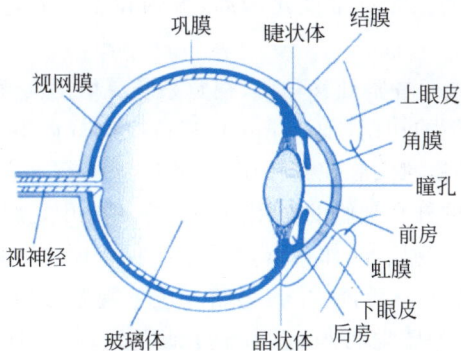

图 1-3 眼球的构造

到 8mm 左右(16 倍面积改变)。改变瞳孔的大小,就可以调节进入眼睛的光通量,类似于照相机光圈的作用。

晶状体起照相机透镜的作用,四周的睫状肌收缩、松弛可以调节其凸度,即调节了焦距,以便使不同距离的景物成像在视网膜上。晶状体同时吸收一部分紫外线,对眼睛起到保护作用。晶状体的弹力会随着年龄增加而减小,到 60 岁左右,会失去调节能力而变得扁平。

视网膜广泛分布于眼球的后部,其作用很像照相机中的感光胶片。视网膜主要由许多感光细胞组成,感光细胞把光变换为电信号,它又分为两大类:一类叫杆状(Rod)细胞;另一类叫锥状(Cone)细胞。

锥状细胞大部分集中分布在视网膜上正对着瞳孔的中央部分直径约 2mm 的区域,因呈黄色,称为黄斑区。在黄斑区中央有一个下陷的区域,称为中央凹(Fovea)。在中央凹内锥状细胞密度最大,视觉的精细程度主要由这一部分所决定。在黄斑区中心部分,每个锥状细胞连接着一个视神经末梢。根据对光谱敏感度的不同,锥状细胞又可分为三类,即红视锥状细胞(吸收峰值为 700nm)、绿视锥状细胞(吸收峰值为 540nm)和蓝视锥状细胞(吸收峰值为 450nm)。

在远离黄斑区的视网膜上分布的视觉细胞大部分是杆状细胞,而且视神经末梢分布较稀,每个锥状细胞和几个杆状细胞合接在一条视神经上。所有视神经都通过视网膜后面的一个空穴,称为乳头(Nipple),通到大脑。乳头处没有感光细胞,不能感受光线,故又称为盲点。

2. 人眼视觉特性

光射入眼睛会引起视觉反应,单一波长成分的光称为单色光,人眼感觉到的单色光按波长由长到短的顺序为红、橙、黄、绿、青、蓝、紫,参考图 1-1。包含两种或两种以上波长成分的光称为复合光。太阳光就是一种复合光,且波长范围宽,能量几乎均匀分布,给人以白光的综合感觉。

(1)光谱光效率。人眼对不同波长光的敏感程度。相同主观亮度感觉情况下,波长为 555nm 的黄绿光,所需光的辐射功率最小。

(2)视觉二重功能。人的视觉具有明视觉功能和暗视觉功能。锥状细胞的感光灵敏度比较低,大约在 10^4 个光子数量级,只有在明亮条件下才起作用。锥状细胞密集地分布在视网膜中央凹区域,且每个锥状细胞连接一根视神经,因此它能够分辨颜色和物体细节,是一种明视觉器官。杆状细胞的感光灵敏度比较高,大约在 10^2 个光子数量级,是一种暗视觉器官。

(3) 暗适应。从明亮处向昏暗处移动时,视觉系统灵敏度会逐渐变化,约 40min 达到最大灵敏度。在进入黑暗环境的初期(前 10min),暗适应进行得很快,即视觉界限快速下降,光灵敏度快速提高,此时是锥状细胞在起作用,锥状细胞依靠本身灵敏度的上升感光;而在后期就进入了光感更出色的杆状细胞的作用范围。在黑暗中,视网膜边缘部分的杆状细胞内有一种紫红色的感光化学物质,叫作视紫红质。在明亮环境下视紫红质因被曝光破坏褪色,使杆状细胞失去对亮度的感觉能力;在黑暗环境下视紫红质又重新合成而恢复其紫红色,使杆状细胞恢复对亮度的感觉能力。完全达到暗适应时,视觉感受能力提高约 10 万倍。当从明亮的地方进入黑暗环境,或突然关掉电灯时,要经过一段时间才能看清物体,这就是暗适应现象。另外,红光对杆状细胞的视紫红质不起作用,因此红光不阻碍暗适应过程,一些重要的信号灯用红光即这个道理。

(4) 明适应。从黑暗环境到明亮环境变化的逐渐习惯过程,称为明适应。与暗适应比较,其时间要快得多,仅需约 1min 即可完成。在明亮处,由于众多的锥状细胞在工作,它们能够分辨出颜色和细节;而在非常暗的地方,杆状细胞不能区分颜色,仅能看清物体的明暗却不能分辨其颜色。

(5) 视觉惰性。在外界光作用下,感光细胞内视敏感物质经过曝光染色过程是需要时间的,响应时间约为 40ms;另外,当外界光消失后,亮度感觉还会残留一段时间,约为 100ms。这一现象也称为视觉残影。

(6) 闪烁。以周期性光脉冲形式反复刺激眼睛,当频率较低时,会出现闪烁(Flicker)现象;随着频率逐渐提高就观察不到闪烁了,视觉变得稳定而均匀。将此闪烁感刚刚消失时的频率称为临界闪烁频率(Critical Fusion Frequency,CFF),此时视野内的明亮度等于亮度的时间平均值。近代电影、电视、显示等正是利用了这一生理特点发展起来的,闪烁状况是与电影每秒出现的帧数、电视的场频、视频显示终端(VDT)的刷新率等观看指标密切相关的重要因素。例如,电视的场频,日本、美国采用 60Hz;中国、欧洲采用 50Hz。不同环境下 CFF 会有所变化,当以 600cd/m² 高亮度显示时,即使是 60Hz,也会出现闪烁感。

(7) 视角。眼睛的视野是比较大的,视线方向的中心与鼻侧的夹角约为 65°,与耳侧的夹角为 100°~104°,向上方约为 65°,向下方约为 75°。

1.3.3　色彩学基础

彩色是物体反射光作用于人眼的视觉效果。自然界中的景物,在太阳光照射下,由于反射了可见光中的不同成分而吸收其余部分,从而引起人眼的不同彩色感觉。

1. 三基色原理

自然界中任意一种颜色均可以表示为 3 个确定的相互独立的基色的线性组合。国际照明委员会(International Commission on Illumination,CIE)的色彩学 CIE-RGB 计色系统规定:波长 700nm,光通量为 1lm 的红光为一个红基色单位,用 R 表示;波长 546.1nm,光通量为 4.95lm 的绿光为一个绿基色单位,用 G 表示;波长 435.8nm,光通量为 0.06lm 的蓝光为一个蓝基色单位,用 B 表示。将三基色按一定比例相加混合,就可以模拟出各种颜色,如

红色+绿色=黄色

绿色＋蓝色＝青色

红色＋蓝色＝紫色

红色＋绿色＋蓝色＝白色

等量的 RGB 尽管亮度值不同，却能配出等能光谱色的白光。这样三基色按不同比例就能合成如图 1-4 所示的以三基色为顶点的三角形所包围的各种颜色。

2. 色彩再现

显示器中的色彩再现，不是把实际的色彩完全真实地再现，只要再现出的色彩令收看者满意就可以了。图 1-5 所示为一个彩色显像管（CPT）荧光粉点布局，红（R）、绿（G）、蓝（B）三色荧光粉点各自在相应的红、绿、蓝电子束的轰击下发光从而产生颜色。当没有光时为黑色，光线加到最大时为白色。

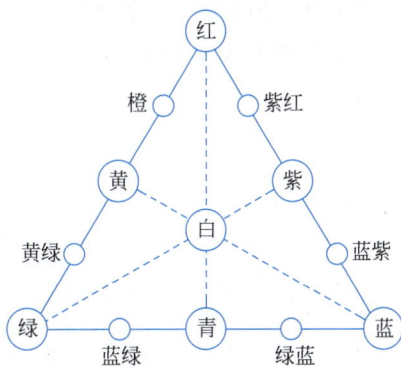

图 1-4　三基色原理

由于每个荧光粉点的面积很小，如像距小于或等于 0.5mm，如果在 2m 以外的距离（约等于 5 倍以上屏幕对角线距离）观看，每组荧光粉点对眼睛形成约 0.9′[①]视角。这个视角使三色荧光粉点在视网膜上成像的面积小于两个锥状细胞的面积，超出了视觉的空间分辨能力。3 个荧光粉点虽然在荧光屏上占有不同的空间位置，但它们产生的不同颜色的光却落在同一个视觉细胞上，产生出三色相加的视觉效果。可见，彩色再现是对人眼视觉特性的巧妙利用，荧光屏上所显示的颜色实际上是在观察者自己的视觉上混合产生的。色彩再现过程如图 1-6 所示。

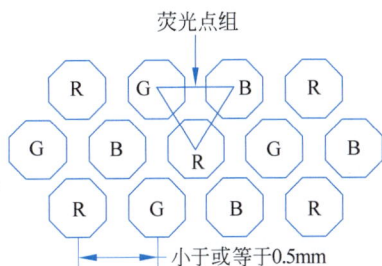

图 1-5　彩色显像管荧光粉点布局

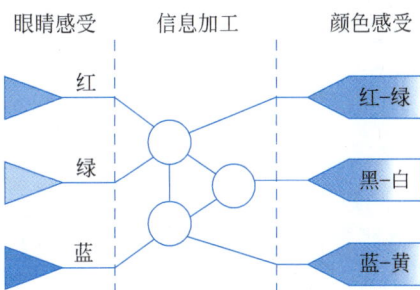

图 1-6　色彩再现过程

3. 颜色的特征参数

颜色包括 3 个特征参数：亮度、色调、饱和度。

亮度（Luminance）表示各种颜色的光对人眼所引起的视觉强度，它与光的辐射功率有关。

色调（Hue）表示颜色彼此区分特性，不同波长的光辐射在物体上表现出不同色调

---

① 1°＝60′；1′＝60″。

特性。

　　饱和度(Saturation)表示颜色光所呈现的颜色深浅程度(或纯度)。饱和度越高,则颜色越深,激光具有最高的饱和度。饱和度越低,则颜色越浅。高饱和度的彩色光可以因掺入白光而被冲淡,变成低饱和度的彩色光。

　　色调与饱和度又合称为色度(Chroma),它既说明彩色光的颜色类别,又说明颜色的深浅程度。

<table>
<tr><td>第 2 章
CHAPTER 2</td><td># 传统成像技术与照相机</td></tr>
</table>

2.1　成像技术发展历程

　　传统成像技术指的是在数码相机出现之前使用的胶片相机技术,成像技术主要发展阶段如下。

　　(1)相机原型。成像技术又名"摄影术",最早追溯到遥远的春秋战国时期。早在公元前 400 多年,我国的《墨经》一书就详细记载了光的直线前进、光的反射,以及平面镜、凹面镜、凸面镜的成像现象。到了北宋时期,沈括所著的《梦溪笔谈》一书中详细叙述了"小孔成像匣"的原理,这些都是成像设备的工作原理。公元 11 世纪,阿拉伯学者阿尔哈桑发明了暗箱观察器,并引入了孔径的概念。欧洲文艺复兴时期,出现了成像用的暗箱设备。19 世纪,人们又发现了具有感光性能的硝酸银等物质。

　　(2)平面摄影。1816 年,法国化学家尼埃普斯(Nicpce)将一种沥青融化后涂在镀银的铜板上,经暗箱曝光后得到一张从他自家屋顶往外拍摄的照片,这标志着平面摄影术的起源,从此不再依赖绘画或素描记录图像。

　　(3)早期相机。19 世纪中叶,一些早期相机的设计出现了。1837 年,法国画家达盖尔在尼埃普斯的基础上发明了"银版摄影术",并于 1839 年 8 月 19 日公布了他发明的"达盖尔银版摄影术",在此技术基础上制造出了真正意义上的相机。世界上第一台便携式木箱照相机——达盖尔照相机就这样诞生了(见图 2-1)。1839 年,法国政府买下该发明的专利权,并于同年 8 月 19 日正式公布,因此这一天被定为现代成像技术的诞生日。当时,用这一方法拍摄一张照片需要 20~30min 的曝光。1851 年,英国人阿切尔发明了"湿版摄影术",使人像摄影缩短至几秒,成为照相技术的开端。1866 年,德国化学家奥托·肖特与光学家恩斯特·阿贝在蔡司公司发明了钡冕光学玻璃,产生了正光摄影镜头,使摄影镜头的设计制造得到迅速发展。

图 2-1　便携式木箱照相机

　　(4)胶片相机。1888 年,美国柯达公司生产出了新型感光材料——柔软、可卷绕的"胶卷",取代了早期的银版,使摄影更方便和实用。同年,柯达公司发明了世界上第一台安装胶卷的便携式方箱照相机,如图 2-2 所示。

图 2-2　安装胶卷的便携式方箱照相机

（5）小型相机。1925—1938 年，德国的莱兹、罗莱、蔡司等公司研制生产出了小体积、铝合金机身等双镜头及单镜头反光照相机。照相机的性能逐步提高和完善，光学式取景器、测距器、自拍机等被广泛采用，机械快门的调节范围不断扩大，黑白感光胶片的感光度、分辨率和宽容度不断提高；紧跟着彩色感光片开始推广。德国莱茵贝纳公司推出了莱茵贝纳 35mm 胶卷相机，称为莱卡相机。它是第一台小巧轻便的 35mm 相机，可以较为方便地携带和操作，各国相机制造厂商纷纷仿制。

（6）自动相机。20 世纪后半叶，自动相机的发展推动了摄影技术的普及。自动曝光、自动对焦、自动快门和自动闪光等功能的引入，大大简化了摄影操作。

（7）数码相机。20 世纪末到 21 世纪初，数码相机开始崭露头角。1971 年，贝尔实验室科学家首次用 CCD 记录了黑白影像；1975 年，柯达公司工程师史蒂文·赛尚造出全世界第一台数码相机；1981 年，索尼公司展示了马维卡（MAVICA）系列的首款产品，相机逐步进入数码时代。数码相机可以将光信号转换为数字信号进行存储和处理，使图像获取、传输和编辑更加灵活和便捷。

第 2 集
微课视频

（8）手机摄影。随着智能手机的迅速普及，手机摄影已成为大众摄影的主流方式。现代智能手机配备了高像素摄像头、多种拍摄模式和图像处理技术，使人们可以随时随地拍摄高质量的照片和视频。

20 世纪 50 年代中期，中国的成像工业开始起步，中国第一台自制相机——仙乐（SELO）牌照相机，又称"维纳氏-仙乐"，由郑崇兰先生制造，是我国可考的相机制造史上第一台照相机。

从早期的相机原型到现代的智能手机摄影，成像技术经历了长足的发展和进步。每个阶段的进步都为大众生产、生活提供了更多的可能性和便利性，推动了成像技术的发展。

2.2　照相机

2.2.1　传统成像原理

首先，光线通过照相机的镜头进入相机，并通过镜头组进行聚焦，形成倒立的实像，如图 2-3 所示。然后，这些光线被反光镜反射到五棱镜上，通过取景器或取景屏供拍摄者观察。当拍摄者按下快门时,反光镜会向上翻起,使光线进入暗箱,并照射在胶片或图像传感器上。

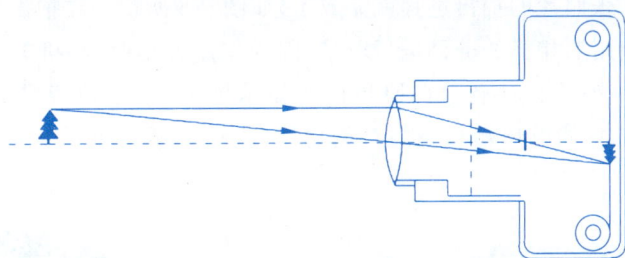

图 2-3 传统照相机成像示意图

图 2-4 所示为光线成像路径示意图,光线在进入镜头后,会照射在反光板上,反光板相当于一面斜躺着的镜子,其作用是把光线向上反射到上方的五棱镜,五棱镜会再次把光线进行变向,将光线射入取景器。使用者在取景器中可以看到实时取景的画面。五棱镜构成了照相机在取景期间光线的路径。下方为对焦屏组件,拍照者在使用照相机的过程中从取景器中看到的一个个的对焦点,就是显示在对焦屏上。这 5 个组件构成了照相机的上半部分,如图 2-5 所示。

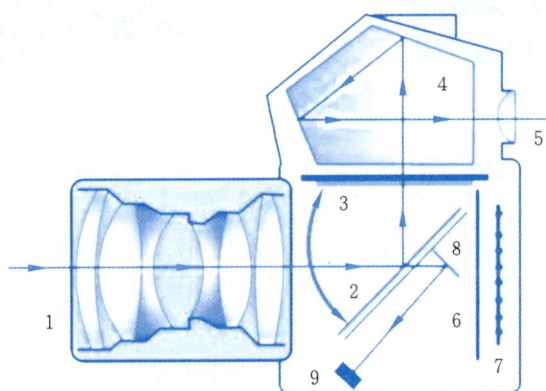

图 2-4 光线成像路径示意图

1—镜头;2—反光板;3—对焦屏;4—五棱镜;5—取景器;6—快门帘幕;7—光线传感器;8—副反光板;9—对焦模块

在照相机的下半部分,光线会首先传输到快门帘幕,快门帘幕的作用是精确地控制相机接收光线的时间,如同一个水龙头的阀门,在快门帘幕打开时才会有光线进入照相机的传感器中,照相机才能够接收到光线。此结构会根据照相机所设置的快门速度控制照相机结束光线的时间。光线传感器用来接收光线,把光线录在胶卷上。副反光板的作用是把一部分光线反射到对焦模块上,照相机之所以能够实现快速精准的对焦,是依靠照相机的对焦模块和镜头的协调工作完成对焦的操作。反光板并不是一面完全反光的镜子,它的中心拥有着一定的透光性。部分透过的光线会照射在副反光板上,然后反射到对焦模块,使照相机实现快速对焦。

使用者按快门时,对焦模块首先会与镜头进行协调完成对焦,在对焦完成以后,按下快门,首先照相机的反光板和副反光板会向上抬起,快门帘幕打开,光线就能够照射在照相机的光线传感器上,等待使用者设置的默认曝光时间到了之后,快门帘幕就会关上。同时照相机的反光板落下,一张照片的拍摄过程就完成了,如图2-6所示。在拍摄照片时应使用取景器进行取景,不要使用照相机的屏幕进行取景,因为使用屏幕时,相机的工作原理是光线传感器实时接收光线,然后实时显示在照相机的显示屏上,在这种情况下对焦模块是没有办法工作的,照相机只能够依赖自身的对焦功能,相比于照相机的对焦模块来说,性能效果要差。

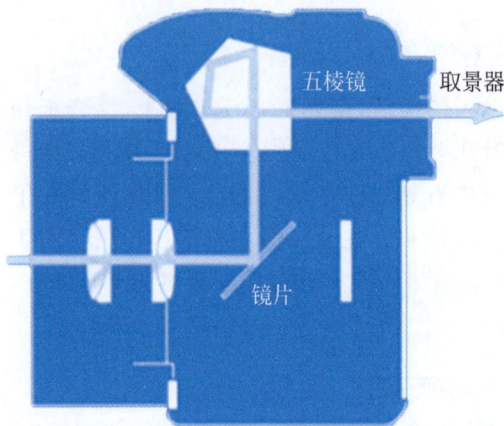

图 2-5　取景

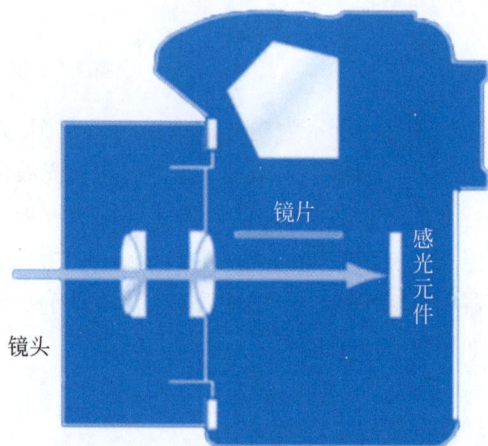

图 2-6　拍摄与实时取景

2.2.2　照相机结构

传统照相机由镜头、快门、取景器、感光器等组件构成。镜头用于聚焦光线,快门用于控制曝光时间,取景器用于观察和对焦,感光器用于光电转换。

1. 镜头

镜头是摄像机的眼睛,它的作用是将要拍摄的物体真实、清晰地反映到成像装置上,它由聚焦镜、变焦镜、主透镜、光圈等一组光学透镜和机械调节部件组成。从外观来看,它的重要构件有对焦环、变焦环、光圈、微距聚焦环。

图 2-7　对焦环与变焦环

对焦环位于镜头遮光罩之后(见图2-7)。由于经常需要手动调整镜头的焦距,因此它是镜头上体积最大的一个调整环。旋转此环可以调整透镜焦距,使镜头的焦距落在被拍摄物体上。使用时,如果图像模糊,需旋转此环直至图像清晰为止。

变焦环在对焦环之后,对焦环与光圈环之间(见图2-7)。该环上有一个操作手柄,用来进行手动变焦。

光圈是用来控制光线进入成像系统的机械装置,光圈的调节环紧接着变焦环。光圈环标有一组数字,一般标注为1、1.2、1.4、2.8、4、5.6、8等,这些数字是光圈大小的标称值。在其前面有一条指示线,用来指示镜头当前使用的光圈数值(见图 2-8)。

微距聚焦环如图 2-9 所示。微距镜头最重要的两个参数是镜头的放大倍率和最近对焦距离。微距镜头的放大倍率就是成像的大小和原物体大小的比例,这个数值一般达到 1:2 以上就能称为微距镜头,数值越大,说明镜头的微距拍摄功能越强,放大效果也就越好,当然设计也更加复杂。微距摄影最普遍采用的是 70~120mm 焦距的镜头,1:1 的放大效果,当 36mm×24mm 的全画幅相机拍摄 36mm 大的物体时,实际大小刚好能和照片相匹配;如果物体大于 36mm,那么要得到完整模样的照片,就需要增大拍摄距离了。

图 2-8　光圈环

图 2-9　微距聚焦环

2. 快门

快门(Shutter)是控制光线照射感光元件时间的装置(见图 2-10)。快门开启时间越长,光线进入时间越长,进光量越多;快门开启时间越短,进光量越少。

快门和光圈都可以起到控制进光量的作用。举个例子,如果把进光量比作水管里面的水,那么光圈就是控制水流大小的不同粗细水管,而快门就是通过水龙头开关控制水流大小的设备。在夜晚拍摄时,要适当延长快门的反应时间,这样拍出来的照片就会亮一些。

3. 取景器

取景器是照相机上用来选择景物范围、帮助构图的辅助装置(见图 2-11)。使用取景器取景,可使观察到的景物与底片所容纳的景物范围一致。

图 2-10　照相机快门

图 2-11　照相机取景器

4. 感光器

感光器主要分为两种:胶片感光、数字感光。胶片感光是胶片时代的产物,又分为 3 类:负性感光、正性感光、反转感光。数字感光是数码相机感光的元器件,有 CCD 和

CMOS。当按下快门时,曝光开始,每个像素由感光元器件接收,形成图像(见图2-12)。

图 2-12　照相机感光器

2.2.3　照相机工作步骤与成像技术

传统照相机工作原理是基于光学、机械和化学的交互作用。

(1)光学系统。照相机通过一个透镜收集并聚焦进入照相机的光线;透镜会改变光线的传播方向和路径,使其落在感光材料上,并形成清晰的图像。

(2)快门。快门控制光线的进入时间。当按下快门时,快门会打开并暴露感光材料一段时间,称为曝光时间。曝光时间的长短会影响图像的明暗度和动态捕捉能力。

(3)感光材料。在照相机内部,感光材料通常是胶卷或传感器。胶卷是由一层感光物质涂覆在塑料基底上,当光线照射到胶卷上时,感光物质会发生化学反应,记录下光线的信息。在数码相机中,感光器是一种电子装置,能够将光线转换为电信号。

(4)光学反转。当光线通过透镜进入照相机时,照相机中的镜头会将图像投射到感光材料上的倒像。

(5)曝光和图像记录。当感光材料曝光后,它会记录入射光线的亮度和颜色信息。在胶片照相机中,感光材料需要经过一系列的化学处理才能得到可见的图像。在数码相机中,电信号会经过模数转换器(Analog-to-Digital Converter,ADC)转换为数字数据,并存储在内存卡或其他介质上。

(6)可调整的参数。照相机还提供了一些可调节的参数,如光通量大小、快门速度和感光度等。通过调整这些参数,拍摄者可以控制图像的明暗度、深度和动态范围。

总结起来,传统照相机的工作原理是通过光学系统收集和聚焦光线,通过快门控制光线的进入时间,通过感光材料记录下光线的信息,最终形成图像。这些图像可以在胶片经过化学处理后看到或者在数码相机中进行数字化处理并存储。

根据上述描述,传统成像技术包括三大技术。

(1)胶片照相机技术。胶片照相机使用胶片作为光敏介质,通过曝光、显影、定影等化学过程将图像记录在胶片上。这种技术具有悠久的历史。胶片照相机包括底片照相机、中画幅照相机和大画幅照相机等不同类型。

(2)暗房处理技术。拍摄后的胶片需要在暗房中进行显影和定影等处理,然后才能得到成品照片。暗房技术包括胶片的处理、放大和定影等步骤,需要一定的技术和经验。

(3)照片冲印技术。显影和定影后的胶片需要经过冲洗、干燥等步骤,才能得到最终的照片。这些照片可以存储在相册中或进行进一步加工和处理。

第 3 章

半导体成像技术与器件

随着科技的不断发展,半导体成像技术已经成为人们日常生活中必不可少的一部分。人们日常使用的智能手机,半导体成像技术的应用是其核心所在。

3.1 半导体成像原理与器件

3.1.1 半导体成像工作原理

半导体成像技术是一种利用半导体材料制成的光电转换器件实现光信号到电信号的转换,进而获取图像信息的技术,其过程如下。

(1) 光电转换。半导体成像器件通常采用光敏材料作为光电转换元件,当光照射到这些材料上时,会产生光生载流子,从而引发电荷的积累或流动。

(2) 电荷读出。产生的电荷被集成电路中的传感器单元读取,并转换为电信号。

第 3 集
微课视频

(3) 信号处理。电信号经过处理电路进行放大、滤波、数字化等处理,最终形成可供显示或存储的图像。

3.1.2 半导体成像器件发展历程

半导体成像器件的发展历程是一个涉及多个重要科学发现和技术革新的漫长过程。以下是该历程的主要阶段。

(1) 早期研究。19 世纪末到 20 世纪初,科学家们开始研究电子的性质和行为。1897年,英国物理学家汤姆逊发现了电子,这为后来的半导体研究奠定了基础。随后,人们开始探索如何利用半导体材料控制电流的流动。

(2) 半导体技术的起步。20 世纪初,半导体材料的研究逐渐兴起。1919 年,德国物理学家赫尔曼·斯托尔发现了硅的半导体性质。此后,科学家们开始研究如何利用半导体材料控制电流的流动。1926 年,美国物理学家朱利安·利尔德设计出了第一个半导体放大器,这标志着半导体技术的起步。

(3) 晶体管的发明。1947 年,美国贝尔实验室的研究人员发明了第一只晶体管,这是现代电子技术的重要里程碑。晶体管的发明使得电子设备的体积大大缩小,功耗也大幅降低,从而推动了电子技术的快速发展。

(4) 集成电路的提出与发展。20 世纪 60 年代,集成电路的概念被提出。集成电路是将多个晶体管和其他电子元件集成在一枚芯片上,从而实现更高的集成度和更小的体积。

1965 年,英特尔公司的创始人戈登·摩尔提出了著名的"摩尔定律",预测了集成电路中晶体管数量的指数增长。这一定律在过去几十年里得到了验证,推动了半导体技术的快速发展。

(5) 半导体成像器件的发展。在半导体技术的基础上,成像器件也得到了发展,人们开始考虑应用半导体器件取代摄像管,不再采用空间二维扫描,而是重点解决图像信号的平面读出问题,即将摄像管的二维空间扫描转变为电子驱动的一维平面时间顺序高速读出。在20 世纪 60 年代前后,陆续出现了电荷注入器件(Charge Injection Device,CID)、电荷耦合光电二极管器件(Charge Coupled Photorectifier Device,CCPD)、电荷引发器件(Charge Priming Device,CPD)、电荷扫描器件(Charge Sweep Device,CSD)、互补金属氧化物半导体(CMOS)、自扫描光电二极管列阵(Self-Scanning Photodiode Array,SSPD)等电荷转移器件或电荷传输器件。

电荷耦合器件(CCD)是 20 世纪产生的最具代表性、最成功的半导体成像芯片。CCD是 1969 年由美国贝尔实验室首先研制出来的新型固体器件。它是受磁泡存储器的启发,作为 MOS 技术的延伸而产生的一种半导体器件。

作为多功能器件,CCD 主要有三大应用领域:摄像、信号处理和存储。特别是在摄像领域,如在闭路电视、家庭用摄像机方面,CCD 摄像机"一统天下",在广播级电视摄像机中,CCD 摄像机也几乎取代了真空器件摄像机。在工业、军事和科学研究等领域中的应用,如方位测量、感测、制导,图像识别、数字化检测等方面,CCD 更是呈现出其高分辨率、高准确度、可靠性等突出优点。鉴于 CCD 器件对信息化社会进步的巨大贡献,其发明人美国贝尔实验室的威拉德·博伊尔(Willard S. Boyle)和乔治·史密斯(George E. Smith)于 2009 年与光纤的发明者高锟一起获得了诺贝尔物理学奖。

近年来,随着半导体器件制备技术的快速发展,互补金属氧化物半导体(CMOS)也成功应用于光电成像领域,且大有与 CCD 平分天下之势。

随着半导体制造工艺的成熟,图像传感器的生产成本不断降低,同时,制造工艺的进步也使得 CCD、CMOS 的单位面积上拥有更多的像素,大大提高了图像的分辨率。

3.2　CCD 成像原理与器件

成像是 CCD 器件的重要应用领域。由 CCD 构成的成像器件体积小,质量轻,功耗小,坚固可靠,低压供电,价格低廉,深受各行各业用户的青睐。

CCD 成像器件分为线阵 CCD、面阵 CCD 和特殊 CCD 等。

3.2.1　线阵 CCD 成像原理

线阵 CCD 成像器件(L-CCD)结构如图 3-1 所示,可分为单边传输与双边传输两种形式,两种形式工作原理相仿,性能略有差别。在同样光敏元数的情况下,双边传输转移次数为单边传输的一半,所以总的转移效率比单边传输高;光敏元之间的最小中心距也比单边传输小一半。双边传输的唯一缺点是两路输出总有一定的不对称。

下面以单边传输器件为例说明线阵 CCD 的工作原理。图 3-2 所示为有 N 个光敏元的线阵 CCD 成像器件。器件由光敏区、转移区、模拟移位寄存器(即 CCD)、胖零电荷(势阱中能够存储的最大电荷量)注入电路和信号电荷读出电路等部分组成。器件的工作过程可归

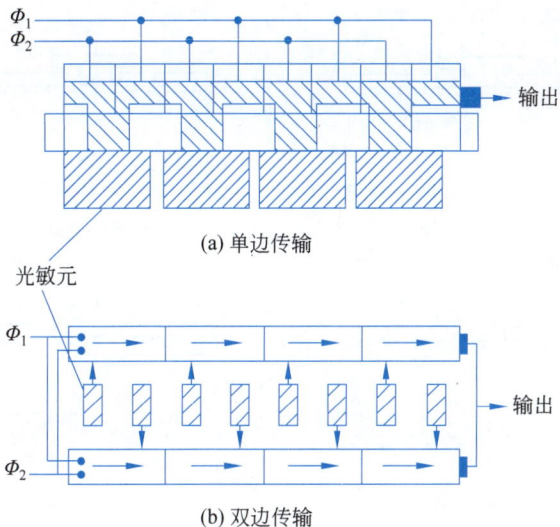

(a) 单边传输

(b) 双边传输

图 3-1　线阵 CCD 成像器件结构

纳为如图 3-3 所示的 5 个工作环节。这 5 个环节按一定时序工作，相互有严格的同步关系，并且是一个反复循环过程。

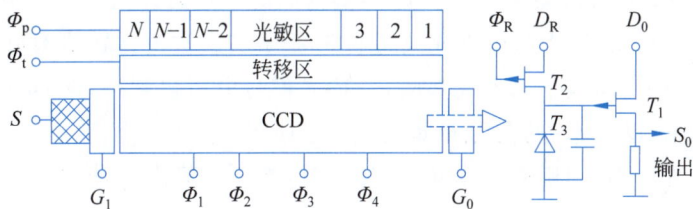

图 3-2　线阵 CCD 成像器件原理

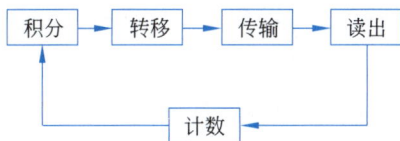

图 3-3　线阵 CCD 器件工作过程

1. 积分

如图 3-4 所示，在有效积分时间内，光栅 Φ_p 为高电平，每个光敏元下形成势阱。入射到光敏区的光子，在硅表面一定深度范围激发电子-空穴对。空穴被驱赶到半导体体内，光生电子被积累在光敏元的势阱中。势阱中电荷包的大小与入射到该光敏元的光强成正比，与积分时间也成正比。所以，经过一定积分时间后，光敏区对应入射光图像形成电荷包构成的"电像"。在积分阶段，转移栅 Φ_t 为低电平而使光敏区与 CCD 隔开。这样，就保证了光敏区的正常积分及 CCD 将前一积分周期的信号正常转移和读出。积分阶段势阱分布如图 3-4(a) 所示。因积分的同时，CCD 在传输前一积分周期的信号电荷包，故转移栅下面的势阱是交变的。

2. 转移

这里的转移是指将 N 个光信号电荷包从光敏元并行转移到所对应的 CCD 中。为了避

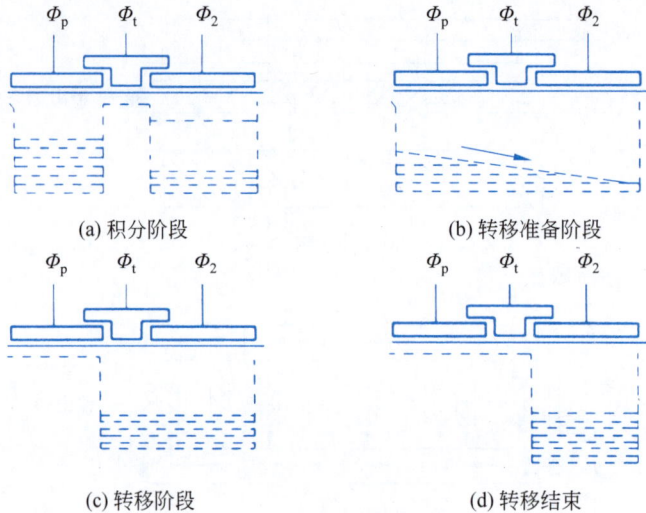

(a) 积分阶段   (b) 转移准备阶段

(c) 转移阶段   (d) 转移结束

图 3-4   转移沟道势阱分布

免转移中可能引起的信号损失或混淆，光栅 Φ_p、转移栅 Φ_t 及 CCD 四相驱动脉冲电压的变化应遵照一定的时序。整个转移过程可分解为以下几个步骤。

（1）转移准备。转移准备阶段是从 t_1 时刻开始的。每当计数器到达预置值时，计数器的回零脉冲触发转移栅 Φ_t 由低电平变成高电平，形成转移沟道。转移沟道形成后，CCD 停止传输，Φ_1、Φ_2 相停在高电平以形成势阱，等待光信号电荷包到来，Φ_3、Φ_4 相停在低电平，以隔开相邻位的 CCD。此时势阱分布如图 3-4(b)所示。

（2）转移。到 t_2 时刻，随着光栅 Φ_p 电压下降，光敏元势阱抬升，N 个信号电荷包转移到对应位 CCD 的第二相中。此时势阱分布如图 3-4(c)所示。

（3）转移结束。到 t_3 时刻，转移栅 Φ_t 电压由高变低，关闭光敏元和 CCD 之间的转移沟道，转移结束。此时势阱分布如图 3-4(d)所示。之后到 t_4 时刻，光栅 Φ_p 电压升高，开始新的信号电荷的积累（等价于另一行信号的积累）。与此同时，CCD 开始传输刚刚转移过来的信号电荷包。势阱分布又恢复成图 3-4(a)的状态。

3. 传输

信号电荷包的传输是在 t_4 时刻之后开始的。N 个信号电荷包依次沿着 CCD 串行传输。每驱动一个周期，各信号电荷包向输出端方向转移一位。第一个驱动周期输出第一个光敏元的信号电荷包；第二个驱动周期输出第二个光敏元的信号电荷包；以此类推，第 N 个驱动周期输出第 N 个光敏元的信号电荷包。

4. 计数

计数器用来记录驱动周期的个数。由于每一驱动周期读出一个信号电荷包，所以，只要驱动 N 个周期就完成了全部信号的传输与读出。但考虑到"行回扫"时间的需要，应过驱动几次。故计数器的预置值通常定为 $N+m$ 次，其中 m 为根据具体要求确定的过驱动次数。每当计数到预置值时，表示前一行的 N 个信号已全部读完，新一行的信号已经准备就绪，计数器产生一个脉冲，触发转移栅 Φ_t、光栅脉冲 Φ_p，从而开始新的一行信号的转移和传输，计数器重新从零开始计数。

5. 读出

输出电路的功能在于将信号电荷转换为信号电压并读出。作为成像器件,线阵 CCD 有着难以克服的缺点,即其信号积累时间太短,在每帧时间内,对每个像素来说仅有一行扫描时间的积累。因此,为增加信号积累,应该采用面阵器件。

3.2.2　面阵 CCD 成像原理

面阵 CCD 成像器件(A-CCD)通常有 3 种结构:行间转移结构、帧/场转移结构和全帧转移结构。

1. 行间转移结构(IT-CCD)

行间转移结构面阵 CCD 如图 3-5 所示。在行间转移结构中,采用了光敏区与转移区相间排列方式,相当于将若干个单边传输的线阵 CCD 成像器件按垂直方向并排,再在垂直阵列的尽头(上方)设置一条水平行 CCD 而构成。水平行 CCD 的每位与垂直列 CCD 一一对应,相互衔接。

当器件工作时,水平行 CCD 的传输速率为垂直 CCD 的 N_h 倍(N_h 为垂直列数)。每当水平行 CCD 驱动 N_h 次,便读完一行信息,信号进入行消隐。在行消隐期间,垂直 CCD 向上传输一次,即向水平行 CCD 转移一行信息电荷,然后,水平行 CCD 又开始新的一行信号读出。依此循环,直到将整个一场信号读完,进入场消隐。在场消隐期间,又将新的一场光信号电荷从光敏区转移到各自对应的垂直列 CCD 中。而后,又开始新一场的信号逐行读出。这里信号从光敏区转移到垂直列 CCD 的过程与线阵 CCD 相同。

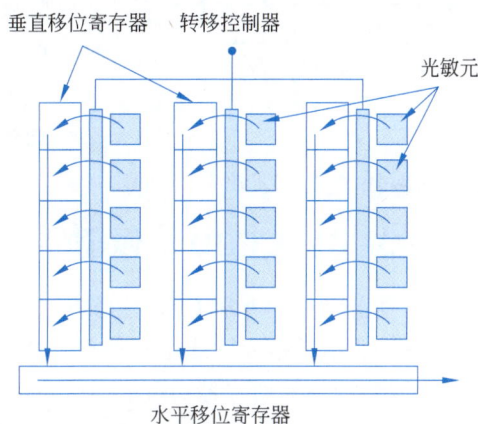

图 3-5　行间转移结构面阵 CCD

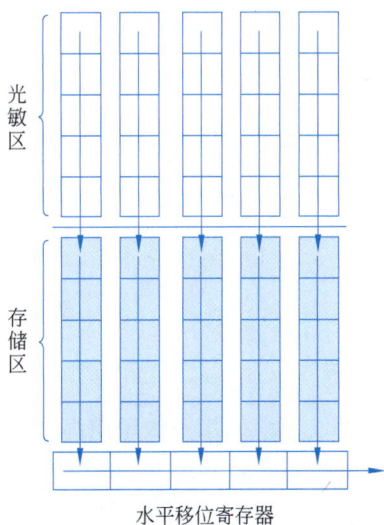

图 3-6　帧/场转移结构面阵 CCD

为实现交替场隔行"扫描"显示,每个光敏元分为 A、B 两部分。在结构上,每个光敏元的 A 部分对应垂直列 CCD 的第一相,B 部分对应第二相。只要在时钟脉冲中设定好 A、B 场的不同相位,就能实现光敏元 A、B 交替积分,从而得到 A、B 场的隔行"扫描"显示。

2. 帧/场转移结构(FT-CCD)

帧/场转移结构面阵 CCD 如图 3-6 所示。其主要由 3 部分组成:光敏区、存储区、水平移位寄存器。存储区及水平移位寄存器均由铝层覆盖,以实现光屏蔽。光敏区与存储区 CCD 的列数及位数均相同,而且每列是相互衔接的。不同之处是光敏区面积略大于存储区。

工作时,当光积分时间到后,时钟 A 与 B 均以同一速度快速驱动,将光敏区的一场信息转移到暂存区。然后,光敏区重新开始另一场积分,即时钟 A 停止驱动,一相停在高电平,另一相停在低电平。与此同时,转移到存储区的光信号逐行向水平移位寄存器转移,再由水平移位寄存器快速转移读出。光信号由存储区到水平移位寄存器的转移过程与行间转移结构相同。

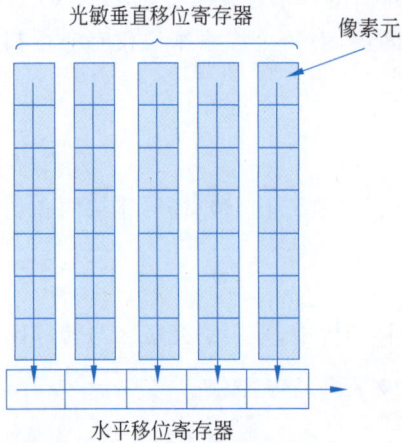

图 3-7 全帧转移结构面阵 CCD

3. 全帧转移结构(FF-CCD)

全帧转移结构面阵 CCD 如图 3-7 所示。该结构相对简单,主要目的是提供最大的填充因子,即每个光敏元既可以收集光子产生光电荷,又可以作为转移结构参与电荷转移。在电荷转移过程中,由于其省略了行间转移结构的列间水平转移,电荷逐行向下移动,依次读出,故在转移过程中,需要对整个 CCD 遮光。全帧转移结构面阵 CCD 提供了最大的满阱容量和占空比,但其顺序读出影响了光积分和帧频,同时还要考虑抗光晕的问题。

3.2.3 特殊 CCD 成像器件

尽管性能良好的普通 CCD 能够在$(1.5\sim2.0)\times10^{-2}$ lux 下成像,但在夜天光条件下工作还需进一步借助微光图像增强技术。微光 CCD 与硅增强靶摄像管相似,其增强可用光子型或电子型,即用像增强器(Image Intensifier)与 CCD 耦合在一起,构成图像增强型 CCD (I-CCD)。也可用光电子轰击 CCD 的像素单元,构成电子轰击型 CCD(EB-CCD)。

1. 图像增强型 CCD(I-CCD)

这种耦合方式可分为光学耦合方式和光纤耦合方式。前者是利用光学成像系统将像增强器和 CCD 耦合起来(见图 3-8(a)),后者是用光学纤维面板将像增强器和 CCD 直接耦合起来(见图 3-8(b))。

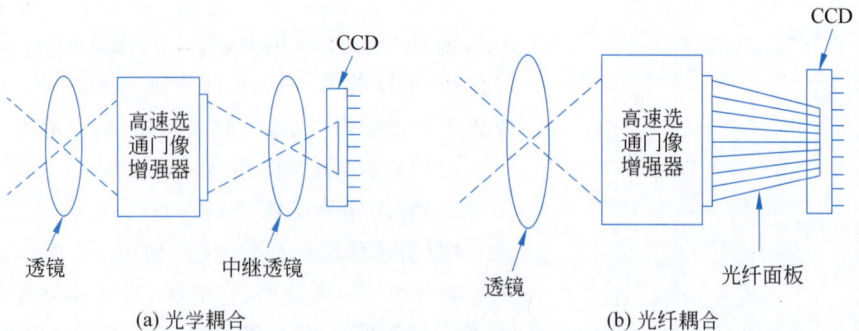

图 3-8 像增强器与 CCD 芯片的耦合方式

从增益和分辨率考虑,像增强器可以采用两级级联的方式。例如,第一级采用高增益的三代 18mm 的 GaAs 光电阴极的近贴型像增强器,其光灵敏度达 $1800\mu A/lm$,光谱响应为

$0.6\sim0.9\mu m$,极限分辨率为 $64lp/mm$[①]($9kV$ 工作电压);第二级采用多碱阴极的一代单级倒像式像增强器,用 $18:14$ 的缩像器把两级连接起来。两级增益达 $13\,500$,这相当于 CCD 在 $2\times10^{-6}lux$ 的照度下信号电荷为 400 电子/像素。在对比度为 1、照度为 $1\times10^{-4}lux$ 条件下可清晰成像;当对比度降为 0.2 时,仍能在 $10^{-3}lux$ 下工作。该装置的光学图像用 2.54cm 长的光纤耦合到 CCD 上。实验表明,光纤与 CCD 耦合界面上的光损失很小,可以忽略。实际中,为了使耦合图像与 CCD 光敏面匹配,大多采用光纤锥耦合器进行耦合。

2. 电子轰击型 CCD(EB-CCD)

这种 CCD 与硅增强靶摄像管的结构十分相似,只是把硅靶换成了 CCD 芯片。电子轰击(Electron Bombardment,EB)方式的基本原理是入射光子照射光电阴极转换为光电子,光电子被加速($10\sim15kV$)并聚焦成像在 CCD 芯片上,损失一部分能量后,在 CCD 像敏元中产生信号电荷,积分结束时,信号电荷被转移到寄存器输出。

目前常用的 3 种电子光学成像方式都可用于 EB-CCD,其中静电聚焦方式简单,得到倒像,但易产生枕形畸变;磁聚焦方式分辨率高,得到正像,但笨重且常引起螺旋形畸变;近贴型聚焦方式得到正像(见图 3-9),但因靠阴极表面的强电场保证分辨率,故会引起场致发射,构成强背景辐射。倒像式 EB-CCD 的结构如图 3-10 所示。

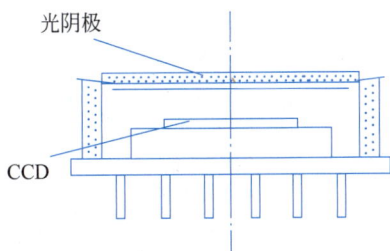

图 3-9　近贴型聚焦 EB-CCD

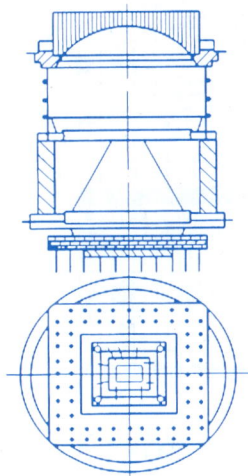

图 3-10　倒像式 EB-CCD

根据加速电压和覆盖层情况不同,轰击到 CCD 像敏元上的电子能量也不同。每个光电子通常可以产生 $2000\sim3000$ 个电子。作为光子探测器应用,这种增益量级已经足够。例如,若 CCD 芯片上放大器噪声为 300 个电子,则很容易分清有一个光电子或者没有光电子。而作为微光摄像应用,由于二代像增强器光电阴极的灵敏度可达 $400\mu A/lm$,所以 EB-CCD 也可以实现高灵敏度、高电子增益和低暗电流。

EB-CCD 的不足是工作寿命短。CCD 在高速电子轰击下会产生辐射损伤,从而使暗电流和漏电流增加,转移效率下降,严重影响 CCD 的寿命。

除上述两种得到应用的微光 CCD 外,还可以使用背照减薄的帧场转移结构 CCD,在低

---

① lp/mm 即线对/毫米,是镜头分辨率单位。

温下工作,以大大降低暗电流,并允许增加每场光积分时间,从而进一步提高信噪比。正面光照器件的量子效率典型值约为 25%,而背照器件的量子效率可高达 80%。制冷器件适用于凝视工作模式,已经在天文观察方面获得成功应用。

3. 电子倍增 CCD(EM-CCD)

由于采用图像增强手段的 CCD 既具有 CCD 的优点,同时又能在夜光下工作,因此曾有人预言,微光 CCD 将取代以往的硅增强靶摄像管等而成为微光电视系统的主要器件。电子倍增 CCD(Electron-Multiplying CCD,EM-CCD)是当前最新的一种使用标准 CCD 生产工艺制造的高灵敏成像器件,它继承了 CCD 器件的优点,并具有与 I-CCD 相近的灵敏度。EM-CCD 芯片中具有一个位于 CCD 芯片的转移寄存器和输出放大器之间的特殊的增益寄存器(见图 3-11)。增益寄存器的结构和一般的 CCD 类似,只是电子移动第二阶段的势被一对电极取代(见图 3-12),第一个电极上为固定值电压,第二个电极按标准时钟频率加上一个高电压(40~50V)。通过两个电极间高电压差形成对待转移信号电子的冲击电离形成新的电子。尽管每次电离能够增加的新电子数目并不多,但通过多次电离,就可将电子的数目大大提高。目前,每次电离后电子的数目大约是原来的 1.015 倍,如通过 591 次倍增后,电子数目是原先的 6630 倍,大幅提高了输出信号的强度,减小了 CCD 固有的读出噪声对系统的影响。

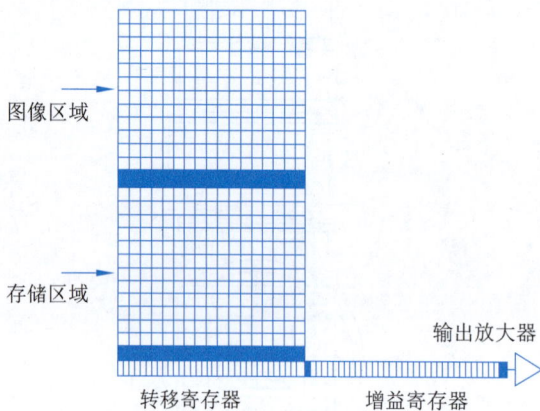

图 3-11 EM-CCD 倍增原理示意图

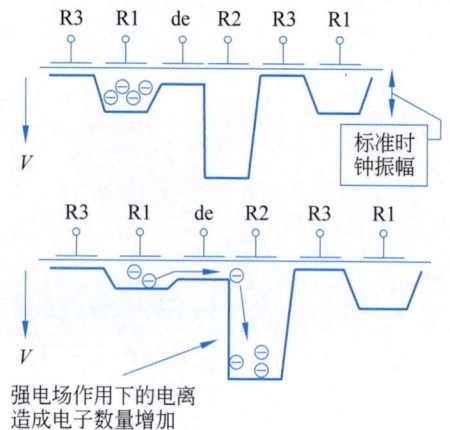

图 3-12 电离效应倍增电子示意图

3.2.4 CCD 器件的性能参数

下面介绍 CCD 器件的一些性能参数。

1. CCD 器件的尺寸

对于 CCD 器件,芯片的靶面尺寸就是最直接的参数,通常以该器件的对角线长度表示。不同型号的 CCD 器件尺寸参数如表 3-1 所示。

表 3-1 不同型号的 CCD 器件尺寸参数

型　号	高　度　比	长度/mm	宽度/mm	对角线/mm
1/6"	4∶3	1.73	2.3	2.878
1/4"	4∶3	2.4	3.2	4

续表

型　号	高度比	长度/mm	宽度/mm	对角线/mm
1/3"	4∶3	3.6	4.8	6
1/2"	4∶3	4.8	6.4	8
1/1.8"	4∶3	5.3	7.2	8.9
2/3"	4∶3	6.6	8.8	11
1"	4∶3	9.6	12.8	16
4/3"	4∶3	13.5	18	22.5

目前采用的芯片大多数为 1/3" 和 1/4"。如图 3-13 所示,假设靶面尺寸是 1/4" 型号,则靶面对角线为 4mm,目镜镜头光学放大倍率为 0.5X,显示器尺寸为 14 英寸,显示放大倍率＝ 0.5X×14×25.4/4＝44.45X;假设物镜放大到 3,那么放大倍率＝44.45X×3＝133.35X。

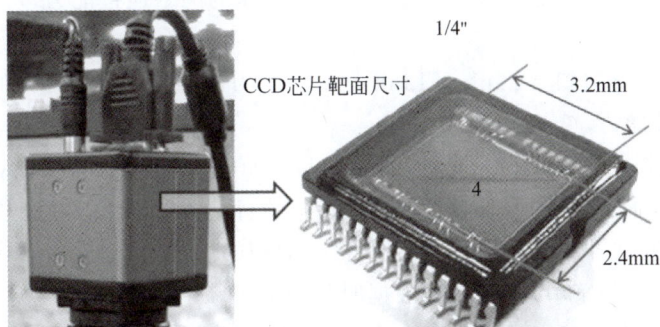

图 3-13　CCD 器件的靶面

在国际惯例中,把对角线长度为 16mm 的 CCD/CMOS 芯片称为 1",实际上这是历史沿革导致的。在 CCD/CMOS 器件诞生之前,使用真空管作为图像传感器。真空管使用一个粗长的玻璃管将图像传感部分封装起来,为图像传感部分提供工作所需的真空环境。外径 1" 的真空管扣除封装玻璃后的有效成像区域大小为 16mm。进入 CCD/CMOS 时代,图像传感器不再需要封装玻璃,但为了便于与之前的真空管比较,便将对角线长度为 16mm 的 CCD/CMOS 芯片称为 1" 大小。

2. CCD 摄像机的镜头接口类型

CCD 摄像机的镜头接口类型参数如表 3-2 所示。

表 3-2　不同 CCD 摄像机的镜头接口类型参数

接口类型	法兰焦距	安装螺纹	适用范围
C 型接口	17.526mm 或 0.690 英寸	M32×1mm	小于 0.512 英寸(13mm)
CS 型接口	12.5mm	M12×0.5mm	12.5mm
U 型接口	47.526mm 或 1.7913 英寸	M42×1mm	小于 1.25 英寸(38.1mm)
F 型接口	46.5mm	M42×1mm	35mm

在选择 CCD 摄像机的镜头时,需要根据摄像机的接口类型匹配相应的镜头。如果摄像

机是 C 型接口,那么可以使用 C 型或 CS 型镜头,但需要确保镜头的法兰焦距与摄像机的法兰焦距相匹配。如果摄像机是 CS 型接口,那么只能使用 CS 型镜头。在实际应用中,如果需要将 C 型镜头安装到 CS 型摄像机上,可能需要使用镜头转换器。

3. CCD 器件的转接口类型

CCD 器件的转接口通常用于连接 CCD 传感器与外部设备,以便进行数据传输和控制。以下是一些常见的 CCD 器件转接口类型。

(1) RS-232 接口。这是一种串行通信接口,广泛用于工业和科研设备中,用于连接 CCD 相机和计算机或其他设备。

(2) USB 接口。USB 接口是目前最常见的接口类型之一,包括 USB 2.0 和 USB 3.0。USB 接口提供了高速的数据传输能力,并且广泛兼容各种设备。

(3) FireWire(IEEE 1394)接口。FireWire 接口提供了高速的数据传输速率,常用于需要快速数据传输的场合,如视频捕捉和工业应用。

(4) Gigabit Ethernet 接口。这种接口提供了高速的网络连接能力,可以用于远程控制和数据传输。

(5) Camera Link 接口。Camera Link 是一种专为机器视觉应用设计的接口标准,提供了高速的数据传输能力。

(6) LVDS 接口。低压差分信号(Low-Voltage Differential Signaling,LVDS)是一种低电压差分信号接口,它具有低噪声、低功耗和高速传输的特点,常用于需要高速数据传输的场合。

(7) D-PHY 接口。D-PHY 是一种用于移动应用的低层协议,适用于摄像头接口,它规定了最小数据单位是一字节,并且发送数据时必须低位在前,高位在后。

(8) DSI。显示串行接口(Display Serial Interface,DSI)主要用于移动设备的显示面板与主处理器之间的连接。

(9) CSI。摄像串行接口(Camera Serial Interface,CSI)用于连接摄像头和主处理器。

在选择 CCD 器件的转接口时,需要考虑接口的传输速率、兼容性、稳定性以及与 CCD 相机和接收设备的匹配程度。例如,如果需要进行高速数据传输,可能会选择 USB 3.0 或 Gigabit Ethernet 接口;如果需要进行远距离传输,可能会选择 Gigabit Ethernet 接口。

4. CCD 器件的像素

CCD 器件的像素数通常以百万像素(Megapixels,MP)为单位,在选择 CCD 器件时,应根据具体的应用需求和预算决定合适的像素数挡位。例如,对于需要高分辨率成像的应用,如天文摄影,可能会选择超高像素挡的 CCD 器件;而对于一些成本敏感或对分辨率要求不高的应用,可能会选择中像素挡或低像素挡的 CCD 器件。

不同尺寸的 CCD 器件在尺寸、像素数、成像面积等方面有所不同。表 3-3 所示为一些常见尺寸 CCD 器件的像素参数。

表 3-3　常见尺寸 CCD 器件的像素参数

CCD 尺寸	成像面积	像素数
1/2.7 英寸	约 9.407mm 直径的圆	100 万～200 万
1/2.5 英寸	约 8.8mm 直径的圆	200 万～500 万
1/2 英寸	约 8.467mm×6.000mm	500 万～1000 万

续表

CCD 尺寸	成 像 面 积	像 素 数
1/1.8 英寸	约 7.2mm×5.3mm	500 万～1000 万
1/1.7 英寸	约 7.6mm×5.7mm	1000 万以上
1/1.6 英寸	约 8.8mm×5.5mm	1000 万以上
1/1.5 英寸	约 9.6mm×6.4mm	1000 万以上
1/1.3 英寸	约 11.0mm×8.25mm	1000 万以上
1 英寸	约 12.7mm×9.6mm	1000 万以上

需要注意的是,像素数并不是衡量 CCD 器件性能的唯一标准,其他因素,如感光度、动态范围、信噪比、读出速度等,也非常重要。此外,随着技术的发展,像素数的挡位也在不断提升,目前市面上已经出现了超过 2000 万像素的 CCD 器件。

5. CCD 器件的电源

CCD 器件的电源类型通常包括以下几种。

(1)直流电源。CCD 器件通常需要多个直流电源电压驱动其内部电路。例如,CCD 传感器可能需要+15V 和-7～-8V 的电源,最大电流约为 20mA。

(2)升压型 DC-DC 转换器。这种电源用于将较低的输入电压转换为较高的输出电压。例如,Maxim 公司的 MAX1800 芯片内置高效升压型 DC-DC 转换器,用于为数码相机或摄像机提供电源。

(3)降压型 DC-DC 转换器。这种电源用于将较高的输入电压转换为较低的输出电压。例如,MAX1565 芯片具有降压型 DC-DC 转换器,输出电压可低至 1.25V。

(4)辅助升压转换器。这种电源用于提供额外的电源电压,通常与主升压转换器配合使用。例如,MAX1800 芯片包含 3 组辅助升压转换器。

(5)线性稳压器。这种电源通过线性调节提供稳定的输出电压。例如,MAX1800 芯片中的增益电路可以驱动外部 P 沟道金属-氧化物-半导体场效应晶体管(Metal-Oxide-Semiconductor Field Effect Transistor,MOSFET)以构成线性稳压器。

3.2.5 CCD 典型器件

CCD 产品从当初的 20 万像素发展到目前的 500 万～800 万像素。图 3-14 所示为 20 世纪 80 年代 SONY 公司生产的一款典型 CCD 器件——HAD,其内部结构具有以下特点。

(1)基板构造。HAD 传感器的基板是 N 型半导体材料。在基板上,会形成 P 型和 N^{+2} 极体区域。

(2)正孔蓄积层。在 N 型基板、P 型和 N^{+2} 极体的表面上,HAD 传感器设计了一层正孔蓄积层。这层正孔蓄积层是 SONY 公司的独特构造,有助于解决感测器表面常有的暗电流问题。

(3)垂直型隧道。在 N 型基板上,HAD 传感器设计了电子可通过的垂直型隧道。这种设计提高了开口

图 3-14 HAD 型 CCD 成像器件外观

率,从而提高了感光度。

(4) 感光因子。HAD 传感器的设计使感光效率得到提升,即使在低光照条件下也能获得较好的图像质量。

表 3-4 所示为一些典型 CCD 器件参数。

表 3-4 典型 CCD 器件参数

参数	LG-420	WSL-600 B/W	Stingray 504B/C	GE4000/GE4000C
像素数	CCIR：500(H)×582(V) EIA：510(H)×492(V)	PAL：752(H)×582(V) NTSC：768(H)×494(V)	2452(H)×2056(V)	4008（H）×2672（V）
功耗	小于 1.8W	2～3W	小于 4W	6W
尺寸	4.9×3.7mm	11.5mm	11mm	35mm
转换接口	C/CS 接口	C/CS 接口	C 接口	F 接口
电源	DC 12V 1A	DC 12V 1A	DC 8～36V 1A	DC 12V 1A

3.3 CMOS 成像原理与器件

3.3.1 CMOS 器件的结构

互补金属氧化物半导体(CMOS)器件的结构是由 NMOS(N 型金属氧化物半导体)和 PMOS(P 型金属氧化物半导体)结合而成的互补结构,实现了一种特殊的电压控制开关。

具体来说,CMOS 器件由一个 P 型衬底组成,上面分别形成了 NMOS 和 PMOS 的结构。NMOS 晶体管是一种 N 型 MOSFET(金属氧化物半导体场效应晶体管),由一个 N 型沟道和控制杂质(如 P 型多晶硅)构成。N 型沟道充当电子载流子输送通道,其两侧分别有源(Source)和漏(Drain)接电极,控制杂质则用来控制电子的流动。PMOS 晶体管则是一种 P 型 MOSFET,由一个 P 型沟道和控制杂质(如 N 型多晶硅)构成。P 型沟道充当空穴载流子输送通道,其两侧同样有源和漏,控制杂质用来控制空穴的流动。

NMOS 和 PMOS 之间通过一种特殊的结构连接在一起,形成了交叉结构。这个结构由互补极性的两个晶体管共同组成,使得 CMOS 可以实现低功耗和高噪声抑制的特性。CMOS 的电路工作原理是基于两个晶体管的互补特性。

CMOS 成像传感器的实际结构如图 3-15(a)所示。这种结构的光谱灵敏度的分布不利于彩色摄像。因为长波光在 P 衬底深部被吸收产生的载流子仍可通过扩散到达结区作为信号而被读出,而短波光在 N^+ 层浅部被吸收形成的载流子易被表面态或 N^+ 层中高浓度杂质复合。结果对长波光灵敏,而短波光则不足,难以满足彩色摄像三色信号灵敏度平衡的要求。为了减少表面复合,可以采用浅 N^+ 层;为了抑制长波光的灵敏度,可以采用 P 阱结构,即 N+PN 结构,如图 3-15(b)所示。这种结构也有利于提高结电容,使饱和信号变大。

CMOS 图像传感器的光电转换原理与 CCD 基本相同,其光敏单元受到光照后产生光电子,但信号的读出方法却与 CCD 不同,每个 CMOS 像素单元都有自己的缓冲放大器,而且可以被单独选址和读出。

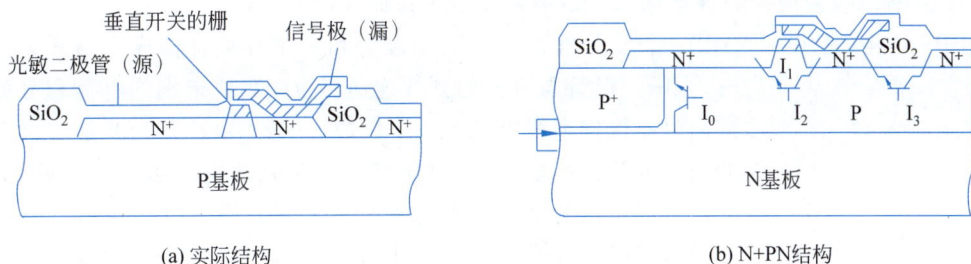

(a) 实际结构　　　　　　　　　　　　　　(b) N+PN结构

图 3-15　CMOS 成像传感器结构

图 3-16(a)给出了由 MOS 三极管和光敏二极管组成的相当于一个像素的结构剖面,在光积分期间,MOS 三极管截止,光敏二极管随入射光的强弱产生对应的载流子并存储在源极的 PN 结上。当积分期结束时,扫描脉冲加在 MOS 三极管的栅极上,使其导通,光敏二极管复位到参考电位,并引起视频电流在负载上流过,其大小与入射光强对应。图 3-16(b)给出了一个具体的像素结构,MOS 三极管源极 PN 结起光电变换和载流子存储作用,当栅极加有脉冲信号时,视频信号被读出。

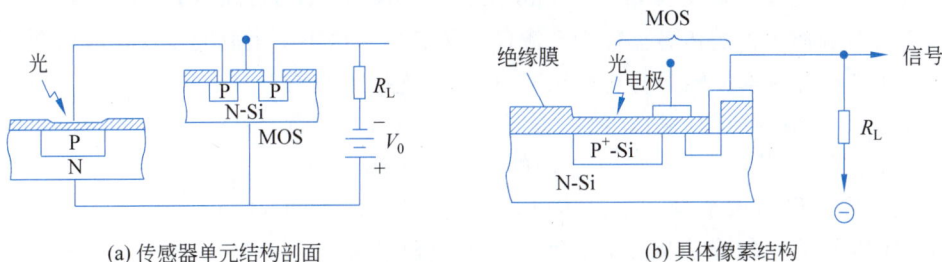

(a) 传感器单元结构剖面　　　　　　　　　　(b) 具体像素结构

图 3-16　光敏二极管与 MOS 管组成传感器单元模型

3.3.2　CMOS 图像传感器的像素

CMOS 图像传感器的像素是构成图像的基本单元,每个像素都包含光电转换器件和相关的电子电路。

具体来说,一个像素通常由一个光敏元件(如光电二极管)和一个或多个晶体管组成。光敏元件负责将入射的光转换为电荷,而晶体管则用于控制电荷的存储和读出。

当光线照射到光敏元件上时,光子被吸收并激发出电子空穴对。这些电荷被收集并存储在像素内的电容器或势阱中。随后,通过控制晶体管的开关状态,可以将存储在电容器中的电荷转移到读出电路中。

在读出电路中,电荷被转换为电压信号,并进一步放大和处理。最终,这个电压信号被转换为数字信号,以便进行后续的图像处理和分析。

需要注意的是,CMOS 图像传感器的像素结构可能因不同的制造工艺和设计而有所不同。此外,随着技术的不断进步,像素的尺寸和性能也在不断提高,从而推动了 CMOS 图像传感器在各个领域的应用。

CMOS 图像传感器像素分为无源像素和有源像素,有源像素引入了一个有源放大器。目前,CMOS 图像传感器像素结构主要有以下两种。

1. 光敏二极管型无源像素结构（Passive Pixel Sensor，PPS）

PPS 结构(见图 3-17)由一个反向偏置的光敏二极管和一个开关管构成。当开关管开启时，光敏二极管与垂直的列线连通。位于列线末端的电荷积分放大器读出电路保持列线电压为一个常数，并减小噪声。当光敏二极管存储的信号电荷被读取时，其电压被复位到列线电压水平。与此同时，与光信号成正比的电荷由电荷积分放大器转换为电压输出。PPS 结构的像素可以设计成很小的尺寸，它的结构简单、填充系数(有效光敏面积与单元面积之比)高。由于填充系数以及没有覆盖一层类似于在 CCD 中的硅栅层(多晶硅叠层)，因此量子效率(积累电子与入射光子的比率)很高。

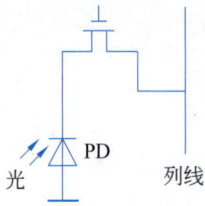

图 3-17　PPS 结构

PPS 结构有一个致命的弱点，即由于传输线电容较大而使读出噪声很高，主要是固定图案噪声(Fixed Pattern Noise，FPN)，一般为 250 个均方根，而商业型 CCD 的读出噪声可低于 20 个均方根；而且 PPS 不利于向大型阵列发展，很难超过 1000×1000，不能有较快的像素读出率。这是因为这两种情况都会增加线容，若要更快地读出就会导致更高的读出噪声。

2. 光敏二极管型有源像素结构（Photo Diode Active Pixel Sensor，PD-APS）

像素含有源放大器的传感器称为有源像素传感器。由于每个放大器仅在读出期间被激发，故 CMOS 有源像素传感器的功耗比 CCD 小。光敏面没有多晶硅叠层，PD-APS 结构(见图 3-18)量子效率很高，它的读出噪声受复位噪声限制，小于 PPS 结构的噪声典型值。PD-APS 结构在像素里引入至少一个晶体管，实现信号的放大和缓冲，改善 PPS 结构的噪声问题，并允许更大规模的图像阵列。起缓冲作用的源跟随器可加快总线电容的充放电，因而允许总线长度的增长，增大阵列规模。另外，像素里还有复位晶体管(控制积分时间)和行选通晶体管。虽然晶体管数目增多，但 PD-APS 像素和 PPS 像素的功耗相差并不大。PD-APS 每个

图 3-18　PD-APS 结构

像素采用 3 个晶体管，典型的像素间距为 15 倍最小特征尺寸，适于大多数中低性能应用。优点：量子效率很高，故像素灵敏度得到提高；信号的放大和缓冲具有良好的消噪功能，不受电荷转移效率的限制；速度快；图像质量得到较好的改善(中低性能系统使用)。缺点：尺寸大(3 个晶体管)，占空比低，典型值为 $20\% \sim 40\%$。

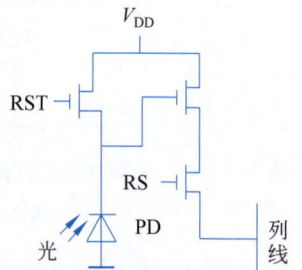

3.3.3　CMOS 图像传感器的成像与读出

CMOS 图像传感器由像素单元阵列、行驱动器、列驱动器、时序控制逻辑、模数转换器(Analog to Digital Converter，ADC)、数据总线输出接口、控制接口等组成，这些部分通常都被集成在同一块硅片上。

将图 3-16 的多个像素集成在一起便可构成如图 3-19 所示的 CMOS 像素单元阵列，它由水平移位寄存器、垂直移位寄存器和 CMOS 像敏元阵列组成。

CMOS 图像传感器的工作过程一般可分为复位、光电转换、积分、读出几个步骤。此外，在 CMOS 图像传感器芯片上还可以集成其他数字信号处理电路，如 ADC、自动曝光量控制、非均匀补偿、白平衡处理、黑电平控制、γ 校正等。为了进行快速计算，甚至可以将具

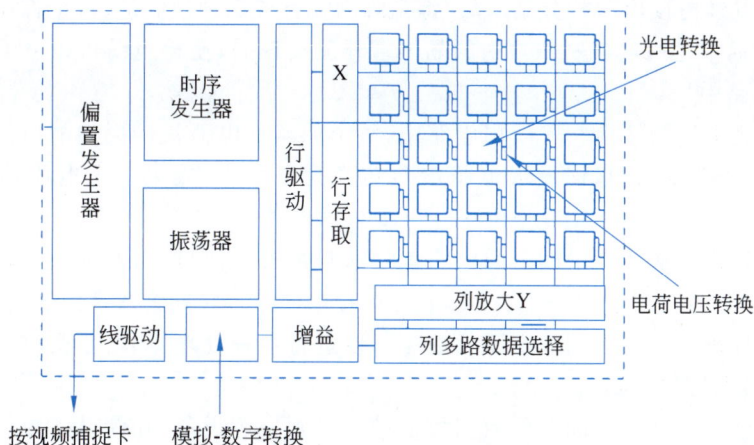

图 3-19　CMOS 像素单元阵列

有可编程功能的 DSP 器件与 CMOS 器件集成在一起,从而组成单片数字相机及图像处理系统。

图 3-20 所示为 CMOS 图像传感器原理。各 MOS 晶体管在水平和垂直扫描电路的脉冲驱动下起开关作用。水平移位寄存器从左至右顺次接通起水平扫描作用的 MOS 晶体管,也就是寻址列的作用;垂直移位寄存器顺次寻址阵列的各行,每个像素由光敏二极管和起垂直开关作用的 MOS 晶体管组成,在水平移位寄存器产生的脉冲作用下顺次接通水平开关,在垂直移位寄存器产生的脉冲作用下接通垂直开关,于是顺次给像素的光敏二极管加上参考电压(偏压)。被光照的二极管产生载流子使结电容放电,这就是积分期间信号的积累过程。而上述接通偏压的过程同时也是信号读出的过程。在负载上形成的视频信号大小正比于该像素上的光照度。

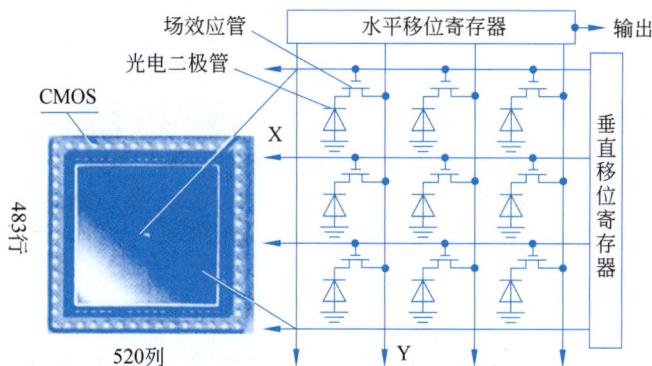

图 3-20　CMOS 图像传感器原理

CMOS 图像传感器的成像和读出过程如下。

(1)光电转换。当光线照射到 CMOS 图像传感器的像素阵列上时,每个像素内的光电二极管会吸收光子并将其转换为电荷。这个过程是光电转换,它实现了从光信号到电信号的转换。

(2)电荷积累。转换后的电荷被存储在像素内的电容器或势阱中。在积分时间(曝光时间)内,电荷不断积累,直到积分结束。

（3）像素寻址与读出。积分结束后，像素阵列逐行或逐列被寻址，每个像素内的电荷被逐一读出。这通常是通过控制像素内的晶体管开关实现的，使得电荷可以从像素电容器中转移到读出电路中。

（4）电荷到电压的转换。在读出电路中，每个像素的电荷被转换为电压信号。这通常是通过一个放大器实现的，该放大器将电荷转换为电压，并放大这个电压信号以便后续处理。

（5）模数转换。从像素中读出的电压信号通常是模拟信号，需要进一步转换为数字信号，以便于数字处理。这需要一个 ADC，它将模拟电压信号转换为数字信号。

（6）图像处理。转换后的数字图像数据可以进行各种处理，如增益调整、色彩校正、噪声减少等，以改善图像质量。

（7）图像输出。处理后的图像数据可以被输出到显示设备、存储设备或传输到计算机进行处理和分析。

3.3.4　CMOS 器件的不足与改进

CMOS 器件在某些方面存在一些不足，但通过不断的技术改进和创新，这些不足正在逐步被克服。以下是 CMOS 器件的主要不足及其改进措施。

（1）动态范围有限。CMOS 图像传感器在捕捉高对比度场景时，动态范围有限，可能无法在同一张图像中保留足够的细节。为了解决这个问题，可以采用多曝光合成技术，通过多次曝光和合成扩大动态范围。此外，高动态范围（High Dynamic Range，HDR）技术也可以用来拓展图像的动态范围。

（2）噪点较多。在高感光度（ISO）情况下，CMOS 图像传感器容易出现噪点，影响图像质量。为了降低噪点，可以采用背照式技术，将像传感器的电路从前面转移到后面，减少光线经过电路的影响。同时，引入低噪声经验模型，优化传感器的噪声特性，并在图像处理时进行噪点补偿。

（3）灵敏度低。与 CCD 相比，CMOS 图像传感器的灵敏度通常较低。这主要是因为 CMOS 图像传感器的像素部分面积被用来制作放大器等电路，导致光敏区域减小。为了提高灵敏度，可以优化像素设计，减小电路占据的面积，从而增加光敏区域。

（4）功耗较高。虽然 CMOS 器件在静态下的功耗很低，但在动态工作过程中，尤其是进行大量计算时，功耗会显著增加。为了降低功耗，可以采用低功耗设计技术，如动态电压和频率调整、睡眠模式等。

（5）读出速度较慢。与 CCD 相比，CMOS 图像传感器的读出速度较慢。这主要是因为 CMOS 图像传感器需要逐行或逐列读出像素数据，而 CCD 则可以通过同时读出所有像素来提高速度。为了提高读出速度，可以采用并行处理技术，同时读出多个像素的数据。

总的来说，虽然 CMOS 器件存在一些不足，但随着技术的不断进步和创新，这些问题正在逐步得到解决。通过采用新的工艺、优化器件结构、引入先进的图像处理技术等手段，CMOS 器件的性能和应用范围正在不断提升和拓展。

3.3.5　CMOS 典型器件与参数

CMOS 典型器件主要指的是 CMOS 图像传感器（CMOS Image Sensor），这是一种典型的固体成像传感器,与 CCD 有共同的历史渊源。

此外,CMOS 器件还包括 CMOS 反相器、CMOS 与非门和 CMOS 或非门等逻辑门电路,这些电路由 PMOS(P 沟道型)和 NMOS(N 沟道型)场效应晶体管组成,是实现数字逻辑运算的基本单元。

衡量 CMOS 图像传感器最重要的参数为分辨率/像素数量(Resolution/Number of Pixels)和像素尺寸(Pixel Size)。

(1) 通常用百万像素(Megapixels,MP)描述分辨率/像素数量,常见的有 0.3M、1M、2M、5M、13M、20M、40M、100M(1 亿像素)等。CMOS 图像传感器的总体像素中被用来进行有效的光电转换并输出图像信号的像素称为有效像素。有效像素数直接决定了 CMOS 图像传感器的分辨能力。

(2) 像素尺寸为芯片像素阵列上的每个像素的实际物理尺寸,通常包括 $14\mu m$、$10\mu m$、$9\mu m$、$7\mu m$、$6.45\mu m$、$3.75\mu m$、$3.0\mu m$、$2.0\mu m$、$1.75\mu m$、$1.4\mu m$、$1.2\mu m$、$1.0\mu m$ 等。像素尺寸越大,能够接收到的光子数量越多,在同样的光照条件和曝光时间内产生的电荷数量越多。对于弱光成像,像素尺寸是芯片灵敏度的一种表征。

以 FillFactorg 公司的 CMOS 图像传感器产品为例,其中最具代表性的 CMOS 器件型号有 IBIS4SXGA、FUGA1000、LUPA1300,详细性能参数如表 3-5 所示。

表 3-5 不同型号 CMOS 图像传感器的性能参数

型号	IBIS4SXGA	FUGA1000	LUPA1300
像素数	1286×1030	1024×1024	1280×1024
像素尺寸	7×7	8×8	14×14
填充因子/%	60	70	50
光谱范围/nm	400~1000(彩色或黑白)	400~1000(彩色或黑白)	
量子效率/%	60	>30	15(700mm)
速率/MHz	10	30	40
噪声等效光流	$75\,W/m^2$	$<10^{-4}\,W/m^2$	
电荷转换效率/($\mu V/e$)	18		16
满势阱电荷数	70 000		60 000
暗噪声/电子数	20	500	45
动态范围	60dB,2000∶1	120dB(对数响应)	62dB,1330∶1
电子快门	无	有	有
输出端数	1	1	16

3.3.6 CCD 与 CMOS 成像技术比较

CCD 与 CMOS 成像技术在许多方面存在差异。以下是对这两种成像技术的主要比较。

(1) 成像质量。CCD 技术起步早,技术成熟,采用 PN 结或二氧化硅(SiO_2)隔离层隔离噪声,因此在成像质量上相对 CMOS 有一定优势。CMOS 集成度高,各光电传感元件、电路之间距离很近,相互之间的光、电、磁干扰较严重,噪声对图像质量影响大,使得 CMOS 在很长一段时间内无法投入使用。

(2) 速度。CCD 电荷耦合器需在同步时钟的控制下,以行为单位一位一位地输出信息,速度较慢。CMOS 光电传感器采集光信号的同时就可以取出电信号,还能同时处理各单元的图像信息,因此速度比 CCD 电荷耦合器快很多。

(3) 电源及耗电量。CCD 电荷耦合器大多需要 3 组电源供电,耗电量较大。CMOS 光电传感器只需一个电源,耗电量非常小,仅为 CCD 电荷耦合器的 $1/10 \sim 1/8$,因此在节能方面具有很大优势。

(4) 分辨率。由于 CMOS 传感器的每个像素都比 CCD 传感器复杂,其像素尺寸很难达到 CCD 传感器的水平。因此,当比较相同尺寸的 CCD 与 CMOS 时,CCD 传感器的分辨率通常会优于 CMOS 传感器。

(5) 曝光方式。CCD 相机是全局曝光,即传感器上所有像素在同一时刻开启曝光并在同一时刻曝光结束,对运动物体而言,类似于将物体冻结,适合拍摄高速运动的物体。CMOS 相机是卷帘曝光,这种曝光方式可能导致运动物体的图像失真。

综上所述,CMOS 与 CCD 图像传感器相比,具有功耗低、摄像系统尺寸小、可将图像处理电路与 MOS 图像传感器集成在一枚芯片上等优点,但其图像质量(特别是低亮度环境下)及系统灵敏度与 CCD 相比较低。因此,CMOS 适合大规模批量生产和要求小尺寸、低价格、摄像质量无过高要求的应用,如保安用小/微型相机、手机、计算机网络视频会议系统、无线手持式视频会议系统、条形码扫描器、传真机、玩具、生物显微计数等。

CCD 与 CMOS 图像传感器参数比较如表 3-6 所示。

表 3-6　CCD 与 CMOS 图像传感器参数比较

参　　数	CCD	CMOS
速度(Speed)	慢	快
灵敏度(Sensitivity)	中	低-中
噪声(Noise)	中	中-高
系统复杂度(System Complexity)	高	低
传感器复杂度(Sensor Complexity)	低	中
频率和光波长变换器(FWC)	中	低
像素信号(Pixel Signal)	电子	电压
芯片输出(Chip output)	电压	数据

第 4 章
CHAPTER 4

夜视成像技术与器件

由于人眼视觉灵敏度的限制,夜间无照明时,人的视觉能力很差。夜视成像技术指夜间或低照度,甚至全黑(0lux)环境下的成像技术,包括成像目标的检测、识别和跟踪等。根据其成像原理和方式主要分为三大类:①微光成像技术,利用周围环境中微弱的星光、月光、灯光等,对接收到的光子进行放大成像;②借助外界辅助光源,如红外、白光等,光电探测器通过接收到的反射红外/白光信息成像;③基于物体自身热辐射的成像技术。前两类属于被动成像,依赖周围微光或外界辅助光;第三类属于主动成像。本章主要讲述微光成像技术和红外被动成像技术,红外主动热成像技术将在第 5 章详细讲述。

4.1 微光成像原理与微光夜视仪

4.1.1 微光成像技术

微光成像技术是一种在微弱光线条件下,通过光电成像器件实现夜间观察的技术。它主要用于扩展人眼在低照度下的视觉能力,使人能够在夜间或昏暗环境中看到清晰的图像。

第 5 集
微课视频

微光成像过程通常包括以下几个步骤。

(1)收集微弱光线。使用高灵敏度的光电探测器(如像增强器或微光摄像器件)收集微弱的夜间光线。

(2)光电转换。将收集到的微弱光线经过光电转换,转换为电信号。

(3)信号增强。通过光电倍增管(Photomultiplier Tube,PMT)或光电二极管(PD)对电信号进行增强,提高信号的亮度和对比度。

(4)电光转换。增强后的电信号经过电光转换,转换为光信号,形成可见的图像。

(5)显示图像。通过目镜或显示屏将图像呈现给人眼或电子设备观察。

微光成像技术广泛应用于军事、公安、天文、航天、航海、生物、医学、核物理、卫星监测、高速摄影等领域,特别是在军事领域中的夜间作战、侦察、指挥、火控、炮瞄、制导、预警、光电对抗等方面发挥了巨大作用。随着技术的不断进步,微光成像技术将继续在各个领域发挥重要作用。

4.1.2 光电倍增管

光电倍增管(PMT)也叫像增强器,是一种极灵敏的光电探测器,主要包括入射窗、光电阴极、电子光学系统、倍增系统、阳极等部分。电子倍增原理如图 4-1 所示。

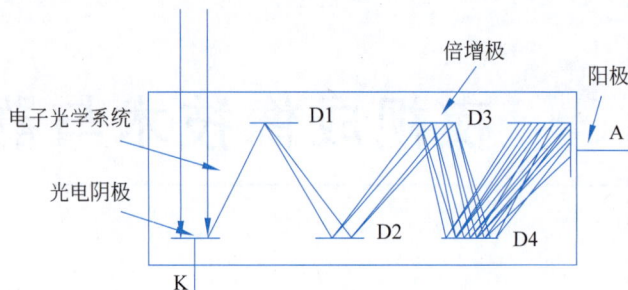

图 4-1　电子倍增原理

（1）入射窗是光线的入口，通常由石英或熔融硅石制成，能够让紫外线、可见光和近红外线的光子进入管内。

（2）光电阴极能够将入射的光子转换为光电子。

（3）电子光学系统由聚焦极和加速极组成，它能够将光电子聚焦并加速到倍增系统中。

（4）倍增系统通常由多个电子倍增极组成，每个倍增极都能够将电子倍增一定的倍数，从而实现光电子的放大。

（5）阳极收集经过倍增系统放大的电子，并产生输出信号。

光电倍增管的主要结构包括光电阴极、电子倍增器和荧光屏等关键部件。

光电阴极是 PMT 的核心部件。从电子材料表面逸出的角度来看，目前常见的光电阴极材料主要分为两大类。一类是正电子亲和式（PA）光电阴极，其中包括含有碱金属元素（如 Cs、Rb、K 和 Na）以及锑元素的多晶薄膜。碱金属元素通常具有高化学活性和低电离能量，锑（Sb）元素具有良好的电子发射能力，这些材料的组合可以优化光电阴极的性能，使其在特定应用中更加有效。PA 型光电阴极在近紫外和可见光区域具有光谱响应，波长峰值通常为 400～500nm，被广泛应用于一、二代光电倍增管。另一类是负电子亲和式（NEA）光电阴极，这类光电阴极的化学结构主要包括位于元素周期表Ⅲ和Ⅳ族的单晶半导体化合物，如 GaAs、InGaAs 和 GaAlAs 等晶体，以及硅单晶体半导体。NEA 光电阴极具有高量子效率、低暗发射、光电子能量分布和角分布集中等特点，因此具有灵敏度高、背景噪声低、光谱响应范围宽等优势，被广泛应用于三代以上光电倍增管。NEA 光电阴极的发展也成为三代以上光电倍增管的显著标志，甚至被称为"第四代"。光电阴极通常通过真空粘接（或沉积）在入射窗基底上，并在真空环境中激活（活化）。

二次电子发射倍增系统由若干倍增极组成，工作时各电极依次加上递增的电位。从光电阴极发射的光电子，经过电子光学系统入射到第一倍增极上，产生一定数量的二次电子；这些二次电子在电场作用下入射到下一个倍增极，二次电子又得到倍增，如此不断进行，一直到电子流被阳极收集。

荧光屏类似电子束荧光屏，微光器件中的荧光屏也属于电致发光显示器，受到 $10^3 \sim 10^4$ eV 高能电子轰击时，荧光粉原子中的低能级电子被激发，跃迁到高能级。当它们回到发光中心能级时，释放荧光并以黄绿色光辐射。在微光管中，常使用沉积在光纤面板或光纤倒像器上的荧光屏。后者广泛应用于近贴型薄片管，以校正光学系统在光电阴极上的目标倒像为正像，便于人眼观察。光纤元件在这里起到二维图像传递的作用。

PMT 的性能指标包括灵敏度、暗电流、噪声、光谱响应、时间响应等。

（1）灵敏度指 PMT 对光子的响应能力，通常用光子通量与输出电流之比表示。

（2）暗电流指在没有入射光的情况下，PMT 输出的电流。

（3）噪声指 PMT 输出的随机波动，它会影响 PMT 的测量精度。

（4）光谱响应指 PMT 对不同波长光子的响应能力，它决定了 PMT 的适用范围。

（5）时间响应指 PMT 对光子的响应速度，它决定了 PMT 在高速测量中的应用能力。

光电倍增管虽然可以将微弱的光信号放大成清晰可见的图像，但是当遇到突然的强光闪过时，光电倍增管的自动光控系统可能会出现超级放大的情况，这会导致使用者眼睛暂时失明或闪瞎。

为了避免这种情况，现代微光夜视仪通常配备自动光控系统或具有抗强光干扰的功能，能够在遭遇突然强光时自动调节光电倍增管的放大倍数，减少对使用者眼睛的影响。此外，一些夜视仪还配备了光灵敏度调节功能，用户可以手动调节光电倍增管的灵敏度，以适应不同的光线条件和环境。

4.1.3　微光夜视仪的组成与分类

微光夜视仪可在微光条件下（普通夜晚室外）实现夜视，但在完全黑暗的环境下（如井下）需要借助红外发射灯或白光灯作为辅助光源才能视物。

微光夜视仪包括物镜、光电倍增管、目镜和高压电源 4 个主要部件，设备组成如图 4-2 所示。它实质上是一种带有光电倍增管的特殊望远镜，基于光学原理工作。

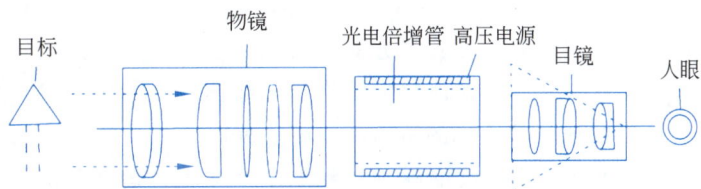

图 4-2　微光夜视仪的组成

在操作过程中，微弱自然光通过目标表面反射并进入夜视仪。在物镜的作用下，光被聚焦于光电倍增管的光电阴极面（与物镜后焦面重合），激发出光电子。这些光电子在光电倍增管内部的电子光学系统作用下被加速、聚焦，然后以极高速度轰击光电倍增管的荧光屏，激发出足够强的可见光。这一过程将微弱自然光照明的远方目标转变为适合人眼观察的可见光图像。

整个过程包括了光学图像到电子图像再到光学图像的两次转换，最终通过目镜的进一步放大，实现更有效的目视观察。

微光夜视仪内部的关键器件是光电倍增管，光电倍增管分为一代、一代$^+$、二代、二代$^+$、三代和四代等。目前夜视仪的分类和价格也主要取决于光电倍增管的代数和价格，理论上代数越高，夜视效果越好；市场上二代及以上夜视仪的售价都在 2 万元人民币以上。

第一代微光夜视仪采用光电倍增管作为核心技术，在增强亮度方面取得了显著进展，但对于微弱光源的探测仍有限制。

第二代微光夜视仪引入了微通道板（Micro Channel Plate，MCP）技术，用于替代传统的电子倍增器。MCP 能够在电子通道中引入离子层,使电子经过通道时产生更多的电子,从而提高增益。这种技术改进使第二代微光夜视仪在低光环境下具有更高的分辨率和更灵敏的性能,同时减小了设备体积和质量。

第三代微光夜视仪在技术上取得了更大的进步。主要创新之一是引入光电二极管作为光电阴极的替代方案。PMT 的灵敏度和信噪比得到提高,进一步增强了低光条件下的探测性能。此外,第三代微光夜视仪采用更先进的材料和制造工艺,提高了可靠性和耐用性。

最新一代微光夜视仪通常被归类为第四代,采用先进的数字技术和夜视传感器,包括微光级别 CMOS 传感器和其他先进的光电材料。第四代微光夜视仪在分辨率、灵敏度和探测距离等方面取得了显著提升,数字化的处理能力使得夜视图像更清晰,同时还提供了更多的功能,如图像记录和夜视设备的智能控制。

此外,微光夜视仪还可以根据使用环境和需求的不同,分为手持式、头盔式、车载式、机载式等多种类型。

未来微光夜视技术的发展趋势包括更高的分辨率、更低的噪声水平、更广泛的波段覆盖和更轻便的设备。随着纳米技术和量子技术的进步,夜视仪将更趋于微型化、集成化和多功能化。同时,微光夜视仪在军事、安保、医疗和消费市场等领域的应用将进一步扩大,满足不同领域对于低光环境观测需求的多样性。

4.1.4　微光夜视仪性能参数

微光夜视仪性能参数主要有以下几个方面。

(1) 放大倍率。放大倍率是指夜视仪能够将目标物体放大的倍数,通常以×表示。放大倍率的大小会直接影响到观察目标的清晰度和细节表现。

(2) 视场角。视场角是指夜视仪能够观察到的水平或垂直角度范围。视场角越大,观察到的范围就越广。

(3) 调焦范围。调焦范围是指夜视仪能够清晰观察目标的距离范围。调焦范围越宽,夜视仪适应不同距离目标的能力就越强。

(4) 物镜焦距。物镜焦距是指夜视仪物镜的焦距,通常以毫米(mm)表示。物镜焦距的大小会影响目标的清晰度和视场角大小。

(5) 分辨率。分辨率是指夜视仪能够分辨的最小物体间距,通常以 lp/mm 表示,即在 1mm 的长度上能区分出多少对黑白线条。分辨率越高,观察到的目标细节就越清晰。

需要注意的是,以上参数并不是孤立的,它们之间相互关联,相互影响。因此,在选择微光夜视仪时,需要综合考虑这些参数,以满足实际使用需求。

4.1.5　关键技术及典型设备

1. 图像增强(Image Intensifier)技术

图像增强技术通过整合光电阴极、电子倍增器和荧光屏等核心组件,实现了对图像信号的高效捕捉、放大和显示。

(1) 光电阴极通常由钯、铊、钠等材料制成,具有高灵敏度和快速响应的特点。

（2）电子倍增器，如Ⅲ型光电倍增管和Ⅱ型/Ⅲ型反射电子束管（Electron Bombarded Avalanche Photodiode，EBAPD），适用于军事特种部队和专业应用。

（3）荧光屏通常由石榴石或磷光体等材料制成，具有较高的发光效率和长寿命。

美国 ITAR 公司的 AN/PVS-14（全称为 Individual AN/PVS-14 Monocular Night Vision Device）微光夜视仪是一款美国军方广泛采用的单目微光夜视仪（外观见图 4-3），也是世界各国军队和执法部门中常见的装备之一，采用图像增强技术和光电倍增管技术，轻小、便携，外壳具有防水、防震和防尘的性能。此外，它还配备了头盔支架，可供使用者将其安装在头盔上。

2. 微光 CMOS/CCD 数字传感器技术

CMOS 和 CCD 数字传感器技术是一种先进的微光夜视技术，它利用数字图像传感器将微弱的光信号转换为数字图像。这些传感器具有较高的灵敏度和低噪声的特点。

CMOS 传感器由多个光敏单元组成，能够直接将光信号转换为电信号，具有低功耗、高集成度和低制造成本的优势。

CCD 传感器由一系列电荷耦合器件组成，能够将光信号转换为电荷信号，并通过读出电路转换为数字图像，具有高灵敏度、低噪声和较高的图像质量等特点。

图 4-4 所示的 ATN X-Sight 4K Pro 型微光夜视仪采用了微光 CMOS 传感器技术，能够在低照度条件下捕获 4K 分辨率的图像；其融合了数字图像处理技术和夜视功能，用户可以通过设备的菜单系统调整亮度、对比度、色彩和锐度等参数，并且可以进行数字图像增强和录像等功能；可以用作瞄准镜，也可以作为望远镜使用。

图 4-3　AN/PVS-14 型微光夜视仪　　图 4-4　ATN X-Sight 4K Pro 型微光夜视仪

3. 图像融合技术

微光成像利用微弱的可见光源，如月光或星光，通过光放大器将光线放大数千倍，从而增强在夜间或低光条件下的视觉效果。红外热成像则利用目标物体散发的热量，即红外辐射，来生成图像。红外热传感器可以探测目标发出的红外辐射，并将其转换为可见的图像。这使得用户能够在完全黑暗的环境中看到目标物体，而不依赖于可见光源。

图像融合技术将微光成像和红外热成像产生的图像进行融合，以获得更全面、更清晰的目标信息。美军的一款名为微光与红外热学式图像融合的头盔夜视仪——AN/PSQ-20，即同时具备微光成像和红外热成像两种功能，能够将微光和红外热图像进行光学叠加融合，充分发挥两种技术的优势，并且配备了软件融合算法，以生成更清晰全面的图像，如图 4-5 所示。

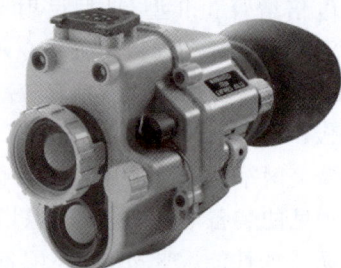

图 4-5　AN/PSQ-20 型头盔夜视仪

4.2　红外光成像原理与器件

4.2.1　红外光成像原理

红外成像技术分为主动成像和被动成像两种类型,二者的主要区别在于是否使用了辅助照明。本书将利用物体主动发射的红外辐射增强视觉的红外成像系统称为红外热成像系统,而将借助外界辅助光源的红外成像系统称为红外光成像系统。二者在红外探测以及光学系统设计上并没有实质性的差异。

红外光成像系统使用外界发射的辅助光源增强视觉。这种辅助光源通常包括红外光或白光,然后由光学系统的物镜接收这些红外辐射,光电探测器捕捉并处理这些反射光。红外光成像系统组成如图 4-6 所示。

第 6 集
微课视频

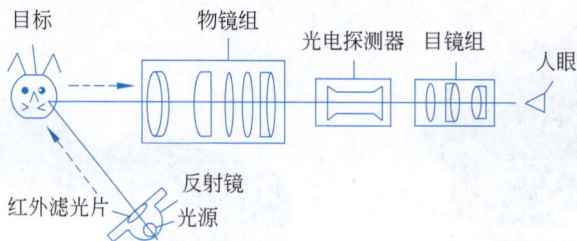

图 4-6　红外光成像系统组成

(1) 辅助光源。辅助光源作为辅助发射的光源,用于照亮目标并提供反射光(见图 4-6 中光源、反射镜、红外滤光片)。

(2) 物镜组。光线通过目标反射进入物镜组,其作用为收集和聚焦反射光线。

(3) 光电探测器。当可见光/红外光照射到传感器上时,会产生电荷或电压信号。

(4) 显示装置。显示装置是将图像传递给用户的设备,如目镜组或显示屏。

4.2.2　光电探测器与红外光学系统

1. 光电探测器

光电探测器有两种类型。

(1) 热电探测器。基于物体热辐射的原理进行工作,常见的类型包括热敏电阻、热电偶和热电堆等。

(2) 光子探测器。基于光电效应的原理进行工作,通过吸收红外线并将其转换为光电子探测和成像。常见的类型包括光电导探测器和光电倍增管等。

光电探测器的性能参数如下。

(1) 探测率,表示对红外光的敏感程度,以单位时间内探测到的光子数或信号噪声比来表示。

(2) 响应时间,表示对红外光变化的响应速度。较短的响应时间意味着传感器能够更快地捕捉到环境变化。

(3) 工作温度范围,决定了其适用的环境和工作条件。

2. 红外光学系统

红外光学系统主要用于红外成像,包括发射红外信息的光学系统和接收反射红外信息的光学系统。虽然在光学概念上与一般光学系统没有本质区别,但由于其操作在红外波段,因此在光能的传递、成像和接收方面具有一些特殊之处。通常采用光电探测器作为光能接收元件。红外光学系统的分类方式有多种,按工作原理可分为主动式和被动式,前者通过自带红外光源照明目标,后者则直接侦测目标的红外辐射。

红外光学系统按其应用原理大致分为两类。

(1) 探测目标方位和距离的红外光学系统,如红外测距仪、红外测温仪、红外跟踪器等。

(2) 发射红外辐射的红外光学系统,如红外照相机、红外摄像头等。

此外,红外光学系统按工作方式可分为扫描系统和凝视系统。红外光学系统的主要特点包括:红外辐射的波长比可见光的大一个数量级,容易发生衍射;红外光学材料的折射率大且种类较少,用不同材料组合进行光学像差校正的选择范围小。另外,红外波段的辐射能量与可见光波段的辐射能量相差几个数量级。

4.2.3 红外光成像典型器件

红外光成像的典型器件为固体成像器件,包括 CCD 和 CMOS 图像传感器等,它们构成红外摄像机、红外照相机的关键部件,具有集成度高、功耗低、速度快等优点,在红外光成像领域得到了广泛应用。

图 4-7 所示为 Arlo Technologies Inc. 公司开发和生产的 Arlo Pro 3 型智能红外安防摄像机,除了具有普通摄像机的基本功能外,可以在全黑环境下获得清晰的红外图像。

Arlo Pro 3 型智能红外安防摄像机具体功能和特点如下。

图 4-7　Arlo Pro 3 型智能红外安防摄像机

(1) 视频质量。支持 2K 超高清视频质量,即 2560×1440 像素。

(2) 夜间视觉。摄像头配备了 6 个高性能红外 LED,提供强大的红外夜视功能,能够在完全黑暗的环境下提供黑白夜视视频,最大夜视距离为 7.62m。

(3) 视野角度。视野角度为 160°,具有广角视野。

(4) 运动检测。准确捕捉到监控区域内的运动,支持自定义活动区域,用户可以根据自己需求设置特定区域进行监控,从而减少误报情况的发生。

(5) 双向音频。支持双向音频通信,用户可通过手机 App 与监控区域内的人员实时对话。

（6）防水设计。IP65 级防水等级。

（7）智能集成。支持与智能家居平台集成，通过语音控制操控摄像头。

（8）电源。使用两节 1.5V LR6（AA）锂电池供电，也可通过室内充电电缆供电。

（9）存储。支持云存储功能，用户可以通过 Arlo 的云服务订阅套餐，将录制的视频存储在云端，随时随地通过手机 App 查看和分享录制的视频；还支持通过 USB 接口连接外部存储设备，如 USB 闪存驱动器，将视频存储在本地设备上。

（10）安装。采用磁吸式安装设计，附带磁吸式支架。

第 7 集
微课视频

4.3　辅助光源

辅助光源是指在环境光线不足或无法提供足够照明的情况下，为成像设备提供额外的光源，以提高成像质量、增强图像清晰度或延长成像距离的装置。以下是几种常见的辅助光源类型。

（1）白光 LED。白光 LED 是一种常用的辅助光源，其光谱类似于自然光，适用于大多数成像场景，可以提供均匀的、可调节的照明，使拍摄的图像具有更好的色彩还原性和清晰度。

（2）红外 LED。红外 LED 发射的是红外光，人眼不可见。红外 LED 常用于红外光成像系统中，能够提供在夜间或低光条件下的照明，使红外照相机、摄像机能够捕获到目标的红外反射并进行成像。

（3）激光照明。激光照明具有高亮度、集中度高、穿透力强等特点，常用于需要远距离照明的应用场景，如夜视、安防监控、激光测距等。

（4）红外激光。发射红外光，同样对人眼不可见，通常用于长距离照射和指示，如红外照明、红外通信等。

（5）其他光源。包括紫外光源、可见光滤光片等，根据特定的应用需求选择合适的辅助光源。

辅助光源的选择取决于具体的应用场景和要求，需要考虑成像环境、目标特性、成像距离等因素。正确选择和合理配置辅助光源能够提高成像系统的性能，改善成像效果，满足不同应用场景的需求。同时，在使用辅助光源时，也需要注意对人眼和周围环境的安全性进行评估和保护。

4.3.1　红外 LED

1. 概述

红外 LED 即夜视监控红外灯，是一种与监控摄像机搭配使用的夜间图像辅助光源设备。其发出的光波长为 850nm 和 940nm，均为不可见光，具有隐蔽和节能的特点。随着社会对安全问题的不断关注，安防监控技术的发展备受关注。可见光监控已无法满足 24 小时连续监控的需求，因此红外 LED 在夜视系统中变得至关重要。

图 4-8　摄像机红外灯示意图

红外光摄像技术是夜视系统中常见的应用，它通过"红外灯"人为产生红外辐射，使摄像机能够捕捉到人眼看不见的红外光，如图 4-8 所示。这种技术利用红外灯辅助照明景物和环境,摄像机的光电探测器感知周围环境反射回来的红外光,从而获得清晰的黑白图像,实现夜视监控。因此,现代红外摄像技术主要采用辅助红外摄像技术,以红外灯协同摄像机工作,应用于普通低照度黑白摄像机、白天彩色夜间自动切换黑白摄像机或低照度彩色摄像机,以确保夜间监控的有效性。

2. 红外灯的原理及其特性

红外发光二极管矩阵构成了红外灯的发光体。这种发光二极管由高红外辐射效率的材料(常用的是砷化镓 GaAs)制成 PN 结,通过外加正向偏压向 PN 结注入电流,从而激发红外光的发射。其光谱功率分布在中心波长 $830\sim950$nm,半峰带宽约为 40nm,呈窄带分布,适应了普通 CCD 黑白摄像机的感知范围。其最大优点是可以完全消除红眼效应(使用 $940\sim950$nm 波长的红外管),或仅出现微弱红眼效应(即有可见红光),且具有较长的使用寿命。

随着环境温度的升高,包括其自身产生的发热效应,红外二极管的辐射功率会下降。对于红外灯,尤其是远距离红外灯,需要在设计和选择时考虑热耗的问题。

3. 红外 LED 发展历程

目前,红外 LED 主要分为传统 LED 红外灯、第二代阵列式集成红外光源、第三代点阵式红外光源和激光红外灯等 4 种形式。

(1) 传统 LED 红外灯由红外发光二极管矩阵组成,波长为 $830\sim950$nm。优点:体积小,生产工艺简单,发热低,可完全无红暴或微弱红暴。缺点:散热不良,可能影响周围电子元器件寿命;光衰减快,寿命短。

(2) 第二代阵列式集成红外光源在 LED 红外技术的基础上,采用先进封装技术,将多个红外晶体集成在一个平面上。优点:解决了散热问题,不会因高温伤害周围电子元器件。缺点:价格相对较高,透镜偏心现象可能导致送光效率不佳。

(3) 第三代点阵式红外光源使用高集成 LED 阵列芯片技术,LED 阵列输出较大,电光转换效率提高。优点:散热性能良好,有效寿命较长,解决了传统 LED 的一些问题。缺点:价格相对高,但寿命比传统 LED 长 $5\sim10$ 倍。

(4) 激光红外灯利用半导体激光器产生红外激光,适用于远距离照明,最远可达 3000m。激光具有良好的方向性和光束角度小的特点。激光红外灯适用于大面积环境监控、森林防火、景区监控等领域。

4.3.2 白光辅助灯

白光辅助是一种在交通、摄影、电影制作、医疗和其他领域中广泛使用的技术。这种技术使用白光辅助灯(简称白光灯),通常与闪光灯一起使用,以提供更明亮、更均匀的照明,帮助拍摄者获得更好的拍摄效果。

1. 白光灯的基本概念

白光灯是一种可见光的照相机、摄像机辅助光源,常见的一般都是 LED 白光灯。作为冷光源,白光灯在各类监控场景中发挥重要作用,可以改善拍摄环境的亮度和清晰度。白光灯可以提供一种均匀、稳定的白色光线,通常用于拍摄和照明需要自然色彩还原的场景。它们的色温通常为 $5000\sim6500$K,类似于自然阳光的色温。白光灯可以是连续光源,也可以是闪光灯。

闪光灯是一种通过瞬间发出强光来提供额外光源的辅助光源。它们通常由电池供电，并在拍摄时以极短的时间内发出强光，称为闪光脉冲。这个脉冲的持续时间通常非常短，一般为几微秒到几毫秒。闪光灯指数简称 GN，是反映闪光灯功率大小的指数之一。GN 数值越大，代表闪光灯的功率越大。闪光灯的工作原理是利用电容器存储电能，然后在快门被按下时将电能释放成为光能。这种瞬间的强光能够补充光线不足的情况，使拍摄场景更加明亮，还能够帮助消除因低光环境而产生的模糊或噪点，从而提高图像质量。

手机上的照明白光和闪光灯来自同一个光源，通常是 LED 灯。这个 LED 灯可以在不同模式下工作。例如，在拍照时可以作为闪光灯瞬间闪光，或者在录制视频或提供常规照明时持续提供白光。对于专业摄像机，通常具有不同的照明系统。一般来说，摄像机上的照明系统包括白光灯和闪光灯，是分开的，它们通常是不同的光源。白光灯用于提供持续的照明，以拍摄视频或照片，而闪光灯则用于瞬间提供强烈的闪光，通常用于在低光条件下拍摄静止图像。闪光灯外观如图 4-9 所示。

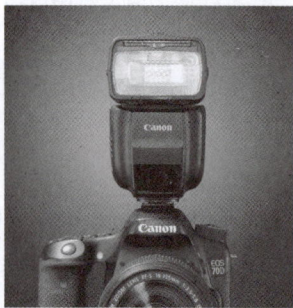

图 4-9　闪光灯外观

白光灯的应用场景多样，主要包括卡口摄像机拍摄机动车牌号、小区停车场的进出口车牌记录、企事业单位大门口的监控等。在白光灯的照明下，摄像机夜间捕捉到的图像是彩色的，因此适用于需要在夜晚获取彩色图像的监控需求，特别适合与单彩摄像机配套使用。

闪光灯通常用于主光源不足的情况，特别是低光环境或需要强调特定区域的情况。闪光灯的瞬间发光能够减少因快速运动而产生的模糊，使拍摄的主体更加清晰。此外，闪光灯还可以用来创造特定的光影效果，如高光、阴影等，为图像增添一些艺术感。

2. 白光灯与红外灯的区别

红外灯在夜间监控中扮演辅助照明角色，以实现隐蔽和无打扰的监测，因其人眼不敏感，生成的图像为黑白。相比之下，白光灯在夜间监控中可提供彩色图像，也可用作路灯，其光束较为集中，适用于拍摄出入口车辆。红外光波长通常在 850nm，人眼微弱可见；940nm 波长已微弱至人眼不可见；808nm 则为激光常用波长。白光则覆盖了暖色到偏蓝色之间的连续光谱。白光灯与红外灯的区别具体有以下几点。

（1）白光灯具有出色的成像效果，即使在低光环境下，也能协助摄像系统清晰地捕捉图像，同时能够有效抑制车辆大灯的眩光。在白天光照强烈时，它能够有效抑制光线反射，避免光幕现象的发生。相比之下，红外灯更多地用于夜间图像采集。

（2）白光灯发出的是可见光，属于冷光源，在辅助道路监控时十分方便，但在监控应用中可能不隐蔽；相反，红外灯发出的是不可见光，具有节能和隐蔽的优势，更适用于安防监控。

（3）白光灯的光污染较小，对人眼无伤害，安装在道路监控上也不会影响行车安全；红外灯通常在室外使用，但由于其广角的发光角度，需要在室外选择合适的位置进行安装。

（4）白光灯采用优质材料，寿命较长；红外灯在选用 LED 作为发光材质时，由于电流较大可能导致热量上升,寿命相对较短。

(5)白光灯的发光角度和强度可调,安装灵活,可与多种摄像设备匹配,应用广泛;相较之下,红外灯对摄像机有一定的要求,需要成套使用。因为一般的彩色相机无法感知红外灯,并且红外灯的发光角度较难调节,在某些场景中可能会出现光幕现象。

4.3.3　多光源组合

多光源组合技术是多个辅助光源协同工作,在夜间环境中提供更全面、高效的夜视成像。例如,红外光和白光结合智能光源控制系统技术,使红外光和白光光源有机地结合,以在不同光照条件下提供更优质、更逼真的夜视图像(见图4-10)。

红外光与白光协同技术的关键在于系统如何智能地调配这两种光源。当环境光足够时,系统倾向于使用白光,以保持彩色和高清晰度的夜视成像。但在极低光或全黑情况下,红外光源被启用,通过捕捉红外辐射获取图像。

1. 智能光源控制系统

(1)环境感知。该系统使用光感应器、温度传感器、运动传感器等传感器实时监测环境条件。这种感知使系统能够了解当前光照水平、温度和周围活动等因素。

(2)自适应调控。基于传感器反馈,智能算法自适应地调整红光和白光的使用。在光线足够时,系统倾向于使用白光,而在低光或完全黑暗的情况下,系统切换至红光,确保夜间成像的清晰度和效果。

图4-10　多光源组合

(3)任务需求响应。系统能够根据不同任务需求灵活调整光源。例如,需要低光污染的监控场景可能更多地使用红光,而对于需要高彩色还原度的应用,则更倾向于使用白光。

2. 红外与白光协同工作的特点和优势

(1)全天候夜视能力。红外与白光协同技术的主要特点之一是提供全天候夜视能力。无论是在完全黑暗的夜间,还是在低光环境中,系统能够自动切换和协同使用红外光和白光,以确保连续且高质量的夜视成像。这种全天候性能使其在各种应用场景中得以广泛应用。

(2)智能光源调控。该技术采用智能光源调控系统,能够根据环境光照条件自动调整光源的选择和强度。在光线足够的情况下,系统倾向于使用白光以提供高彩色还原度和清晰度的图像。而在低光甚至完全黑暗的环境中,红外光源被启用,确保依然能够获得清晰可见的夜视成像。这种智能调控机制提高了系统的适应性和灵活性。

(3)减少光污染。采用红外与白光协同技术的系统在不同场景下能够灵活选择光源,从而减少对周围环境的可见光污染。这对于需要保持低光环境原始状态的应用场景尤为重要,如天文观测、野生动物监测等。通过减少光污染,这项技术有助于维护生态平衡和自然环境。

（4）高度适应性。由于智能调控系统的存在,红外与白光协同技术在不同环境和任务需求下表现出高度适应性,使其适用于军事、安防、监控等各种领域。从城市街道到战场战术行动,系统能够根据具体情境迅速做出光源调整,保障视觉效果的稳定性和质量。

第 5 章

红外热成像技术与器件

5.1 红外热成像技术

5.1.1 红外热成像概述

红外热成像是一种基于对物体的红外辐射进行探测和成像的技术。由于所有物体都会根据温度的不同发出不同强度的红外线,因此红外热成像技术能够显示出物体表面的温度分布,从而提供关于物体热状态的信息。

红外热成像技术在军事、工业、汽车辅助驾驶、医学等领域有广泛的应用。例如,在军事领域,红外热成像技术可以用于夜间侦察和目标识别;在工业领域,红外热成像技术可以用于设备的热状态监测和故障预测;在医学领域,红外热成像技术可以用于人体的热状态监测和疾病诊断。

第 8 集
微课视频

红外热成像技术也存在一些局限性。例如,红外图像的对比度和分辨率通常较低,视觉效果较差;同时,红外热成像仪的价格也相对较高,限制了其在某些领域的应用。

红外热成像技术具有以下优势。

(1)非接触。红外热成像技术无须与目标物体接触,通过测量目标物体的红外辐射获取其温度信息,可在远距离和复杂环境中进行测量。

(2)高灵敏度。红外热成像技术可以检测到微小的温度变化,适用于许多应用场景,如电气设备故障检测、建筑结构检测等。

(3)快速。红外热成像技术能够快速获取目标物体的温度分布图像,适用于动态场景的监测和分析。

总的来说,红外热成像技术通过感测物体的红外辐射,实现了对目标物体温度分布的非接触式测量和成像,具有广泛的应用前景,在工业、建筑、医疗、军事等领域均有重要应用。

5.1.2 红外热成像原理

红外热成像的基本原理基于热辐射物理学,即所有物体温度大于绝对零度时都有红外辐射。这种辐射波长通常为 $0.7 \sim 1000 \mu m$,其中 $2 \sim 14 \mu m$ 的红外波段被广泛应用于热成像技术。

以下是红外热成像的基本原理。

(1)红外辐射。任何高于绝对零度的物体都会产生红外辐射,尤其在环境温度下,绝大部分的红外辐射出现在波长 $3\mu\text{m}$ 以上的光谱区域。然而,并非所有波段的红外辐射都在大气中表现出良好的透过性。研究指出,红外光在大气中透过率较高的波段主要包括近红外区域(低于 $2.4\mu\text{m}$ 的一些波段)、中波红外(波长为 $3\sim5\mu\text{m}$)、长波红外(波长为 $8\sim14\mu\text{m}$)。根据黑体辐射定律,物体的温度越高,其红外辐射能量越大。

(2)传感器。红外热成像设备通常配备有红外探测器,这些探测器能够感知并测量物体的红外辐射。

(3)图像重建。探测器接收到的红外辐射信号被转换为数字信号,并通过图像处理算法进行处理,最终生成热成像图像。

红外热成像利用红外探测器和光学成像物镜接收被测目标的红外辐射能量分布图形反映到红外探测器的光敏元件上,从而获得红外热像图,这种热像图与物体表面的热分布场相对应。通俗地讲,红外热成像就是将物体发出的不可见红外能量转换为可见的热图像。热图像中不同颜色代表被测物体的不同温度。红外热成像系统构成如图 5-1 所示。

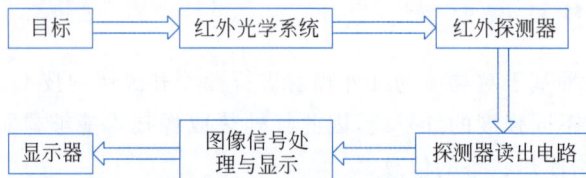

图 5-1 红外热成像系统构成

1. 红外光学系统

红外光学系统主要负责接收物体辐射能量,通过光学和空间滤波,将景物的辐射热图聚焦到探测元件的焦平面上。目前常用的红外光学系统主要有反射式、折射式和全透式等,其透过材料主要有锗、硅和氟化镁等。由于探测器尺寸较小,系统的瞬时视场也相应较小,一般为毫弧度(mrad)数量级。为了实现对径向、纬向数十度的物面成像,需要借助扫描器以瞬时视场为单位,通过连续分解图像的方法,移动光学系统,从而实现大视场成像。

2. 红外探测器

红外探测器负责将目标的红外辐射转换为电信号,并通过信号处理形成热图,实现目标热分布的成像。红外探测器在现代热成像设备中得到广泛应用,特别是光子探测器,主要使用基于窄禁带半导体材料的设备,其中以 HgCdTe(汞镉碲)材料居多。这类材料受到关注的原因主要在于其具有优良的红外探测特性,能够在红外波段范围内高效地转换红外辐射为电信号,而且通过调整材料中 CdTe 和 HgTe 的组分比例,可以灵活调整其工作波段,以适应不同的红外辐射频段和应用需求。

在选择探测器时,理论上应优先考虑高探测率,同时对探测器的响应时间有一定要求,应保持不低于瞬时视场在探测器上的驻留时间。此外,为了获得良好的传输效率,探测器的输出阻抗需要与后续电路的参数相匹配。至于制冷方面,要求工作温度不能过低,制冷量也不能过大。

3. 信号处理系统

在热像仪中,红外探测器的输出信号通常非常微弱,需要通过充分的放大和处理才能进行显示。

当使用多元探测器列阵时,原则上应具有与列阵元件数相等的信号通道数。然而,出于对成本、尺寸和质量的考虑,实现这一点较为困难。一种可行的解决方案是使用时间分配多路传输器。近年来,新的固态开关技术的发展已用于光电导探测器的低电平开关系统中。随着探测器性能的提升,热像仪信号处理变得越来越简单。

4. 显示系统

通过红外探测器捕捉到的红外辐射信息以图像的形式呈现给用户,显示系统进一步处理来自信号处理电路的数据,进行数字信号处理,如调整对比度、亮度、增强图像细节等,以优化显示效果。显示屏使用液晶显示(LCD)或有机发光二极管(OLED),用于显示经过处理的红外图像,高分辨率和高对比度的显示屏提供清晰、真实的热图。用户界面提供控制和交互的方式,包括按钮、触摸屏、遥控器等。用户可以通过界面进行模式切换、设置参数、调整图像显示等操作。视频输出接口允许将红外图像传输到外部设备,如计算机、监视器或记录仪上,以进行进一步分析、存储或共享。有些系统支持将红外图像与可见光图像叠加,提供更全面的信息,使用户能够直观地对比两者。部分热成像仪采用头戴式显示器或热成像眼镜,将红外信息投影到用户的视野中,实现更灵活的观察方式。

5.1.3　红外探测器

红外探测器是根据物质与红外辐射相互作用所呈现出的物理效应探测红外辐射的器件。红外探测器按工作原理主要可分为红外探测器、微波红外探测器、被动式红外/微波红外探测器、玻璃破碎红外探测器、振动红外探测器、超声波红外探测器、激光红外探测器、磁控开关红外探测器、开关红外探测器、视频运动检测报警器、声音探测器等许多种类。此外,还可以根据探测范围、响应波长、工作温度等特性进行分类。

根据探测范围的不同,红外探测器可以分为点控红外探测器、线控红外探测器、面控红外探测器和空间防范红外探测器。

根据探测器响应波长的不同,红外探测器可以分为近红外、短波红外、中红外、长波红外和远红外探测器。

根据工作温度的需求不同,红外探测器可以分为制冷型红外探测器和非制冷型红外探测器。

根据探测原理的不同,红外探测器又可分为光子红外探测器和热红外探测器。光子红外探测器利用半导体材料中的光电效应,将红外辐射转换为电信号。热红外探测器则基于红外辐射对材料的热效应。

总的来说,红外探测器的种类繁多,各有其特点和适用场景。在实际应用中,需要根据具体的使用情况和安全防范要求,合理选择不同类型的红外探测器。

1. 光子红外探测器

光子红外探测器采用半导体材料制造。吸收光子后,电子从半导电状态上升到导电状态,激发非平衡载流子(电子或空穴),引起电学性能变化。光子红外探测器的工作原理与探测器材料有关,可分为本征型和非本征型。在本征型材料中,每吸收一个光子即产生一个电子空穴对,携带正负电荷;而在非本征型材料中,产生的电荷为正或负,不会同时产生两种载流子,称为内光电效应。光子红外探测器主要包括光导型和光伏型,另外还有量子探测器等。

2. 热红外探测器

热红外探测器的运作方式如下：当热探测器接收入射辐射时，半导体材料温度变化，从而导致器件的某一物理参数发生变化，并产生可测量的输出信号。这类探测器通常在室温下工作，主要包括测辐射热计、温差电偶、气动探测器和热释电探测器4种类型。

测辐射热计是根据材料电阻或介电常数对辐射引起的温升变化进行探测的。其中，半导体具有较高的温度系数，因此电容式和电阻式是主要的测辐射热计类型。电容式测辐射热计通过材料介电常数与温度关系感知热辐射，但由于其温度系数不足以大规模制备和使用，因此电阻式测辐射热计更为普遍。电阻式测辐射热计在吸收红外辐射时产生温度变化，其电阻随之变化，形成电路中的输出信号。这些探测器通常包括金属、半导体和超导体类型，其中金属电阻线性变化，而半导体电阻则随温度升高而下降，呈指数关系。半导体测辐射热计通常被称为"热敏电阻"。

近年来，随着高温超导材料的研发，超导探测器备受关注。这类探测器分为两种，一种利用在转变温度附近电阻急剧变化的效应进行测辐射热计；另一种采用由两个超导体构成的约瑟夫森结，红外辐射导致超导带隙的变化，进而影响电流关系。倘若室温超导变为现实，这将是21世纪最引人注目的探测器技术。

热释电探测器基于热释电效应，其灵敏元件在接收红外辐射后迅速升温，快速的温度变化会引起晶体的自发极化强度发生变化，进而表面电荷发生变化。将这一器件接入电路中，可形成电信号。采用优异的热释电性能的材料主要包括铁电体晶体，如钛酸锂（$LiTiO_3$）、铌酸锶钡（SBN）、硫酸三甘肽（TGS）和聚合物（PVDF）等。后来，更为先进、易于制备和控制的铁电氧化物陶瓷材料得到发展，如碱性锆酸铅陶瓷（PZ）、钛酸锶钡（BST）。由于热释电探测器的响应速度较快，因此在红外探测器领域占据着重要地位。

热释电探测器无须制冷（超导除外），易于使用、维护，具有良好可靠性。它们为无选择性探测器，光谱响应与波长无关，制备工艺相对简易，成本较低。然而，其灵敏度较低，响应速度较慢，主要受热绝缘设计的影响。

3. 红外探测器的发展

红外探测器的发展历程可以追溯到20世纪初，经过多个阶段的演进和技术突破。红外探测器的发展历程以及当前的发展趋势如下。

（1）早期发展（20世纪初至20世纪50年代）。早期的红外探测器主要基于热释电效应，使用铋金属等材料制成，对红外辐射的响应较为有限。这些探测器主要用于热成像和测温等应用。

（2）热探测器时代（20世纪50年代至20世纪70年代）。热探测器的引入标志着红外探测技术的重大进步。其中，铅盐探测器（如铅硒（PbSe）、铅锑（PbS）等）成为主流，实现了在不同波段的红外探测。

（3）半导体红外探测器的兴起（20世纪70年代至20世纪90年代）。半导体红外探测器（如硒化铟（InSb）和汞镉锌（HgCdTe）等）逐渐取代了热电探测器，具有更高的灵敏度和更广泛的波段覆盖。这一时期还见证了探测器制造技术的改进，实现了更小型化、更灵活的红外系统。

（4）多元化技术应用（20世纪90年代至今）。随着技术的发展，红外探测器在军事、医疗、工业和消费电子等领域得到广泛应用。探测器的分辨率、灵敏度和速度等不断提高，同时在制造上实现了更高效的生产。

（5）光子探测器和新型材料。光子探测器，如量子阱探测器（QWIP）等，以及新型红外材料的研究推动着红外探测技术的进一步发展。光子探测器在光谱选择性、高温操作等方面具有优势，能够应对更多的应用需求。

（6）集成技术和智能化应用。当前的趋势包括将红外探测技术与集成电路技术相结合，实现更小型化、低功耗、智能化的红外系统。这种集成有助于推动红外技术在自动驾驶、人脸识别、智能安防等领域的广泛应用。

5.2　红外热像仪

5.2.1　红外热像仪概述

红外热像仪是一种能够测量物体表面温度并生成对应温度分布图像的设备。它利用物体的红外辐射反映其温度，通过检测不同温度的辐射并将其转换为可见图像，使用户能够直观地看到物体表面的温度差异。

1. 红外热像仪的构成

（1）接收和汇聚景物红外辐射的红外光学组件。

（2）既实现红外望远镜大视场与红外探测器小视场匹配，又按显示制式的要求进行信号编码的光学机械扫描器（当使用探测元数量足够多的红外焦平面探测器时，光学机械扫描器可以省去）。

（3）将热辐射信号转换为电信号的红外探测器组件。

（4）对电信号进行处理的电子学组件。

（5）将电信号转换为可见光图像的显示器。

（6）进行信号处理的算法和软件。

第 9 集
微课视频

2. 红外热像仪的技术优点

（1）非接触性测温。能够在不接触目标物体的情况下测量其表面温度，适用于对温度敏感性高的物体或远距离目标的监测。

（2）实时成像。能够即时生成热图像，提供对温度分布的实时视觉呈现，有助于快速识别问题或异常。

（3）适用于暗光环境。在光照较差的环境或夜间，仍能够可靠工作，因为其基于红外辐射而不受可见光条件限制。

（4）广泛应用领域。在电力、建筑、医学、军事等领域有广泛应用，用于检测热异常、提高安全性和监测环境变化。

（5）高灵敏度。能够探测微小温度变化，使其对于一些需要高灵敏度的应用场景特别有效。

（6）避免污染。不需要直接接触目标物体，因此不会引起交叉污染或影响被测物体的状态。

3. 红外热成像系统分类

（1）扫描型红外热成像系统：通过机械或电子扫描获取场景信息，适用于大范围区域的监测。

（2）凝视型红外热成像系统：通过固定的视场感测器，实时捕捉整个场景的图像，常用于追踪移动目标。

（3）制冷型热像仪：内置制冷系统，用于提高探测器的灵敏度和性能。

（4）非制冷型热像仪：无制冷系统，更轻便，成本更低，适用于一些不需要极高性能的应用。

（5）长波、中波、短波红外热像仪：根据波长范围的不同，适用于不同应用场景。

（6）双波段红外热像仪：同时工作于两个不同的红外波段，提供更全面的信息。

（7）多波段红外热像仪：能够在多个波段进行工作，增强系统对不同目标的观测能力。

（8）平台观瞄型热像仪、便携式热像仪、制导型热像仪：针对不同使用场景和需求设计的热像仪类型。

4. 红外热像仪探测距离

红外热像仪的探测距离受到多种因素的影响，包括环境条件、目标表面反射率、气溶胶浓度、热像仪的分辨率和技术、环境温度以及目标的表面材质等。

在理想的条件下，红外热像仪可以探测到几百米甚至几千米外的热源。然而，在实际应用中，由于各种因素的影响，探测距离通常在几十米到数百米。如果目标足够大且热像仪的分辨率足够高，那么可以在较远的距离识别目标。但如果目标很小或热像仪分辨率不够高，那么即使探测到了热源，也可能无法识别出目标的形状和特征。

5. 红外热像仪工作模式

根据扫描方式，红外热像仪可分为 3 种类型：光机扫描、电扫描（包括固态自扫描和电子束扫描），以及光机扫描＋电扫描。

根据多元探测器的排列方式以及与光机扫描的协调配合，红外热像仪可分为串扫型热像仪、并扫型热像仪，以及串并扫型热像仪。

5.2.2　红外热像仪设备性能参数

常见的红外热像仪设备性能参数如下。

（1）分辨率。分辨率是红外热像仪设备能够分辨的最小物体间距或温度差异的能力。高分辨率的红外热像仪设备可以捕捉到更多的细节和温度变化，从而提高图像的清晰度和准确性。

（2）灵敏度。灵敏度是红外热像仪设备对红外辐射的响应能力。高灵敏度的系统能够更准确地检测到较弱的红外辐射信号，从而提高图像的对比度和清晰度。

（3）噪声等效温差（Noise Equivalent Temperature Difference，NETD）。NETD 是评估红外热像仪设备性能的关键参数之一，它表示系统能够检测到的最小温差。NETD 值越小，系统的测温精度越高，图像质量也越好。

（4）动态范围。动态范围指红外热像仪设备能够测量的最大和最小温度之间的差异。较宽的动态范围意味着系统能够覆盖更大的温度范围，并在图像中显示更多的细节和温度变化。

（5）帧频。帧频指红外热像仪设备每秒可以捕捉和显示的图像帧数。高帧频可以提高系统的实时性能，使其更适合于动态场景的观察和监测。

这些参数共同决定了红外热像仪设备的整体性能，包括图像的清晰度、准确性、测温精度和实时性等。

5.2.3　红外热成像典型器件

1. 红外热成像器件介绍

（1）红外热像仪。图 5-2 所示为美国福禄克（Fluke）公司的 Ti450 PRO 型红外热像仪，分辨率为 640×480 像素，具有热成像和可见光相机的双重功能，采用 Fluke 专利的 MultiSharp 焦平面阵列技术，可以在不同焦距下实现自动对焦，具有 1200℃ 的测温范围，配备 Fluke Connect 无线连接功能，可将实时图像传输到智能设备上。

（2）红外扫描仪。图 5-3 所示为海康威视公司生产的 DS-2TD1217-x/PA 型红外扫描摄像头，配备红外热像传感器，能够生成热图像，显示目标物体表面温度分布情况，支持智能温度测量功能，能够远距离实时测量人员的体温。

图 5-2　福禄克 Ti450 PRO 型红外热像仪　　　**图 5-3　海康威视 DS-2TD1217-x/PA 型红外扫描摄像头**

2. 改进的红外热成像技术

（1）红外探测器技术改进。图 5-4 所示为 FLIR T1K 红外热成像相机，采用纳米技术和微电子加工技术制备的红外探测器，具有低噪声水平和高信噪比、更高的灵敏度和更快的响应速度，分辨率为 1024×768 像素，温度测量范围为 −40～2000℃。

（2）光学系统优化。图 5-5 所示为 FLIR A400/A700 系列红外热成像相机镜头，针对透镜和反射镜进行了设计和加工工艺的优化，加装了红外滤波器，以屏蔽可见光，提高光学质量和成像性能。

（3）图像处理和算法优化。图 5-6 所示为 AXIS Q1942-E 型红外热成像摄像头，在红外热成像图像处理中应用了深度学习技术，在温度测量中采用了自适应温度测量算法。

图 5-4　FLIR T1K 红外热成像相机

图 5-5　FLIR A400/A700 系列红外热成像相机镜头

图 5-6　AXIS Q1942-E 型红外热成像摄像头

第 6 章

医学影像技术与设备

医学影像学是医学领域的重要分支,医学影像技术在 X 射线成像、磁共振成像、超声波成像等医学影像设备中得到广泛应用,帮助医生诊断疾病、制定治疗方案。

6.1 X 射线成像技术与设备

X 射线成像技术是一种利用 X 射线穿透物体并在其内部产生吸收、散射、透射等物理效应获取物体内部结构和信息的非接触式无损检测技术。

6.1.1 X 射线基础知识

1. X 射线简介

X 射线于 1895 年由德国物理学家威廉·康拉德·伦琴(Wilhelm Conrad Roentgen)首次观察到。他在研究阴极射线时,偶然发现一种无法通过常规手段阻挡的新型辐射。这种辐射穿透物质,能够在屏幕上产生阴影图像,即 X 射线影像。伦琴对这一发现的描述如下:"我用黑色硬纸板把阴极射线管严密包裹起来,结果发现 1m 以外的一个荧光屏发出微弱的浅绿色闪光,切断电源后,闪光立即消失。这说明放电管放出了能穿透黑纸的射线,但不会是阴极射线,因为它仅能穿透几厘米的空气。"这种辐射后来被命名为 X 射线。伦琴的发现为医学领域的影像学奠定了基础。伦琴因发现 X 射线在 1901 年荣获第一届诺贝尔物理学奖。

伦琴的发现迅速引起了医学界的关注。由于 X 射线表现出卓越的穿透能力,能够穿透人体并展现出骨骼中的缺陷,这使得它在医疗领域具有显著的实用价值。1896 年,医生开始尝试使用 X 射线成像技术进行诊断。早期的 X 射线影像主要用于骨折的检测和外科手术的导航。

放射医学是一个专门领域,它运用放射线照相技术及其他方法生成诊断图像,尤其是 X 射线技术的广泛应用。X 射线主要用于检测骨骼病变,但在软组织病变探测方面同样有效。常见应用如胸腔 X 射线,用于诊断肺部疾病;而腹腔 X 射线则用于检测肠梗阻、自由气体和自由液体。尽管 X 射线在某些情况下(如结石)的应用存在争议,但其在医学诊断中发挥着关键作用。

X 射线是一种电磁辐射,具有高能量和短波长,波长一般为 0.001～10nm,位于紫外线和伽马射线之间。X 射线服从光的一般规律,但是由于光子能量大,还具有普通光线所没有

第 10 集
微课视频

的特殊性质。

（1）穿透性。X射线具有很强的穿透性，能够穿透人体组织。这种特性使得X射线成像能够深入观察骨骼和软组织，产生详细的影像，支持医生进行临床诊断。

（2）荧光效应。当X射线通过物质时，可能会激发物质内部的原子产生荧光辐射。这种效应在X射线荧光光谱学中有应用，用于分析物质的成分和浓度。

（3）感光效应。X射线可以与感光材料发生相互作用，产生影像。在传统X射线摄影中，感光效应是通过感光胶片捕捉X射线影像的基本原理。

（4）电离效应。X射线具有足够的能量，可以从原子中剥离电子，导致物质发生电离。在医学影像中，这种电离效应是用于创建X射线影像的关键步骤。

（5）对比度调整。调整X射线的能量水平，以增强对不同类型组织的对比度。这使医生能够更清晰地识别和区分骨骼、器官和其他结构。

（6）高分辨率。X射线成像提供高分辨率的图像，使医生能够观察微小的解剖结构和病变，支持早期疾病的准确诊断。

这些特性使X射线成像成为一种多功能的医学工具，广泛用于诊断、监测和治疗的各方面。在使用中，需要平衡获得清晰图像与最小化辐射风险之间的关系，以确保患者的安全和医学诊断的准确性。

2. X射线的产生

X射线的产生主要涉及高速电子与物质相互作用的过程，称为电子轰击法。基本的X射线产生装置是X射线管，它由阴极和阳极组成。

X射线管是一种利用高速运动的电子束击打靶材而产生X射线的装置。其操作原理涉及电子运动和原子特性。X射线管通电后，阴极会释放高速运动的电子，这些电子经加速后被引导到阳极的靶材。电子撞击靶材时，发生两个主要效应：电子束被靶材原子吸收或散射，产生热量；同时，电子束也与靶材原子的内层电子相互作用，将这些电子击出，形成X射线。

X射线管原理结构如图6-1所示。

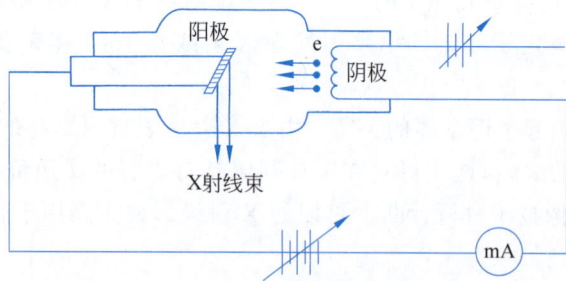

图 6-1　X射线管原理结构

在X射线管中，阴极是一个发射电子的源头。通过加热阴极，电子从金属阴极上发射出来，形成电子云。

阳极是X射线管中的靶材，一般由金属材料制成，如钨、钼等。阳极的主要作用是接收电子束并产生X射线。当电子束击打阳极时，会与阳极原子发生相互作用，产生热量和X射线。

聚焦杯位于阴极和阳极之间,是控制电子束聚焦的部件。它一般由镍制成,具有导电性。聚焦杯的形状和结构可以影响电子束的聚焦效果,从而影响 X 射线的产生和成像质量。

X 射线管的主体部分是由玻璃制成的外壳,用于保护内部结构。玻璃外壳具有良好的绝缘性能,可以防止电子泄漏和外界干扰。

在电子轰击靶的过程中,有两种主要的 X 射线产生机制:连续辐射和特征辐射。医用诊断 X 射线主要使用连续 X 射线,物质结构光谱分析时使用特征 X 射线。X 射线谱如图 6-2 所示。

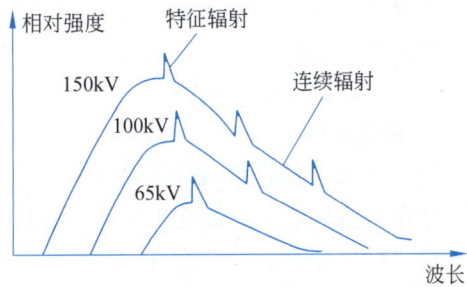

图 6-2　X 射线谱

(1)连续辐射。当被电子击中的原子的外层电子被挤出而形成空位时,为了填补这些空位,较外层的电子会掉到较内层释放能量。这种过程导致连续能谱的 X 射线辐射产生,其能量范围取决于原子材料。

(2)特征辐射。在连续辐射中,部分电子可能会进入靶原子的内层轨道,形成空位。当外层电子掉到这些空位时,会释放特定的能量,产生特征 X 射线。由于电子跃迁涉及特定的能级差,这种辐射具有固定的能量,因此称为特征辐射。特征 X 射线的能量取决于原子的种类。

3. X 射线成像原理

X 射线成像的基本原理源于 X 射线的穿透性质和物质对 X 射线的吸收差异。X 射线管中产生的 X 射线穿透人体组织,被吸收或散射,形成影像。表 6-1 列出了人体组织对 X 射线的透过性。

表 6-1　人体组织对 X 射线的透过性

可透性组织	中等透过性组织	不透过性组织
气体	结缔组织	骨骼
脂肪组织	肌肉组织	含钙的组织
	软骨	
	血液	

X 射线成像设备主要包括 X 射线发生器、X 射线探测器、成像系统等。

X 射线发生器是产生 X 射线的设备,通常由 X 射线管、高压电源和控制系统等组成。X 射线管是产生 X 射线的核心部件,它通过将电子加速到高速并撞击靶材产生 X 射线。高压电源则提供必要的电压和电流,以保证 X 射线管的正常工作。

X 射线探测器是接收 X 射线并将其转换为电信号的设备,主要有闪烁体探测器、气体探测器、半导体探测器等类型。闪烁体探测器是最常用的一种探测器,它通过将 X 射线转换为可见光并再将其转换为电信号实现 X 射线的检测。

成像系统负责将探测器接收到的 X 射线信号转换为可见图像。成像系统通常由像增强器、数字图像处理器和显示器等组成。像增强器可以将探测器输出的微弱信号进行放大和增强，以便后续的数字图像处理器进行处理和显示。数字图像处理器负责将模拟信号转换为数字信号，并进行图像重建、增强、滤波等处理。处理后的图像最终显示在显示器上。

6.1.2 传统 X 射线摄影技术

传统 X 射线摄影基于 X 射线在物质中的透射和吸收，目前临床诊断常采用透视成像系统和胶片摄影系统。

1. X 射线透视成像系统

1）成像原理

第一代 X 射线透视成像系统为荧光透视，荧光透视接收器采用平板荧光屏，然而这种方法存在一些缺陷。平板荧光屏的亮度较低，导致观察时感觉较困难，很多较复杂的部位看不清楚。在进行透视工作前，放射科医生通常需要在黑暗环境中逗留 15min 左右，以适应黑暗环境，并且这种方法只能提供一个重叠的阴影图像。

为了克服平板荧光屏亮度不足的问题，现代 X 射线成像系统引入了影像增强管，这被视为透视 X 射线成像系统的一项显著改进，其成像效果如图 6-3 所示。

在影像增强管中，X 射线输入荧光屏与一个光电阴极密切连接。入射的 X 射线与荧光屏相互作用，产生可见光。可见光刺激光电阴极产生电子，随后，这些电子通过一个透镜系统加速并聚焦到输出荧光屏上。输入荧光屏的直径为 150～550mm，而输出屏的直径则为 16～35mm。由于输出面积减小和电子加速等，亮度的总增益达到了约 5000 倍。这种改进使得 X 射线成像系统在亮度和图像质量方面都取得了显著的提升。

影像增强管类似于光电倍增管，它由以下设备组成：X 射线源、输入荧光屏、光电阴极、聚焦电极、阳极、输出荧光屏，其结构如图 6-4 所示。它通过将 X 射线转换为可见光，然后增强和优化这些光子信号，以产生更明亮、清晰的图像。

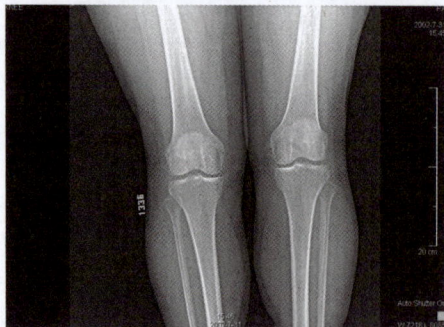

图 6-3 X 射线透视成像效果

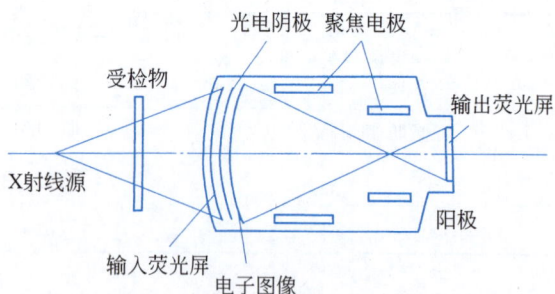

图 6-4 影像增强管结构

影像增强管工作原理：入射的 X 射线与荧光屏相互作用，激发荧光屏发出可见光；可见光照射到光电阴极上，激发产生电子；通过一个透镜系统，电子被加速和聚焦；电子最终聚焦到输出荧光屏上，产生最终图像。

2）X 射线透视成像设备简介

传统 X 射线透视成像系统外观如图 6-5 所示，它主要由以下几部分组成。

（1）透视 C 臂。透视 C 臂是传统 X 射线透视成像系统的核心组件之一。该 C 形臂能

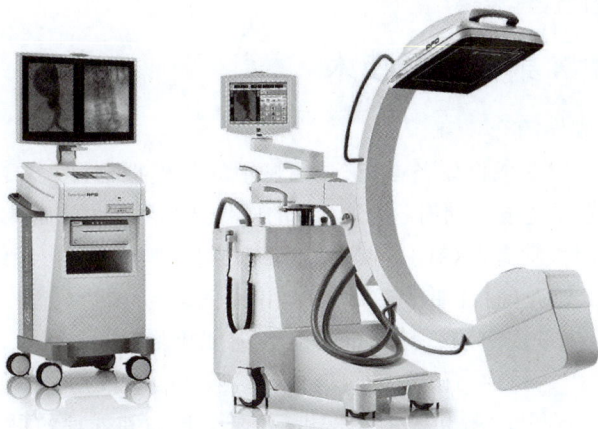

图 6-5　传统 X 射线透视成像系统外观

够在水平和垂直方向上灵活旋转,提供多角度的透视成像。其设计允许医生在手术或介入操作中获得实时的内部结构图像。

(2)X 射线源。位于 C 臂的一端,X 射线源释放高能 X 射线,这些射线穿透患者的身体并被后续的探测器捕捉。X 射线源通常可调节,以适应不同病患体质和手术需求。

(3)探测器。位于 C 臂的另一端,探测器捕捉透过患者的 X 射线,将其转换为数字图像。现代系统通常采用平板探测器或透视管,具有高分辨率和敏感度。

(4)图像处理系统。传统 X 射线透视成像系统配备了先进的图像处理技术,可即时处理、增强和优化成像质量。图像处理系统还能提供多种图像模式,包括透视图、数字减影血管造影(Digital Subtraction Angiography,DSA)等。

(5)显示器。处理后的图像会显示在专用的监视器上,供医生实时观察。一些系统还支持多显示器设置,以方便医生同时查看多个图像。

2. X 射线胶片摄影系统

X 射线胶片摄影和 X 射线透视的差异在于使用摄影感光胶片替代透视荧光屏。X 射线穿过患者后在胶片上形成潜影,经过显影和定影处理后将影像固定在胶片上。

X 射线胶片摄影系统组成如下。

(1)X 射线机。包括 X 射线源和相关控制系统,用于产生和控制 X 射线。

(2)X 射线胶片。一种感光的胶片,通常包含银盐等感光物质,用于捕捉 X 射线透射的图像。胶片主要由基底层(Base Layer)、感光乳胶层(Emulsion Layer)组成。基底层通常由透明的聚酯材料构成,厚度为几十到一百微米。这一层提供胶片的整体支撑结构,并确保成像时的稳定性。感光乳胶层是感光胶片的关键部分,位于基底层之上。感光乳胶层的厚度通常在几十到一百微米,包含微小的银卤化物晶体颗粒,典型尺寸在纳米级。

(3)透视设备。用于观察和定位 X 射线胶片的透视器材。

X 射线胶片摄影系统操作步骤如下。

(1)患者定位。患者被放置在 X 射线源和 X 射线胶片之间,通常需要采取特定的体位以获取所需的影像。

(2)暴露。X 射线源释放 X 射线,穿过患者的身体,在 X 射线胶片上形成透射图像。

(3)胶片处理。暴露后的 X 射线胶片被取出并放置在暗室中,经过显影和定影等化学处理,最终形成可视的医学影像。

6.1.3　数字 X 射线成像技术

1. 数字 X 射线成像简介

在传统的投影 X 射线成像设备中,记录和显示的是模拟信号,需要精准控制曝光强度,因为记录器的动态范围受限。同时,对所记录的图像的后续处理相对较为困难。相较之下,数字 X 射线摄影使用大动态范围的数据采集系统,克服了胶片摄影系统的限制。数字图像不仅容易进行进一步处理,而且便于存储、归档和通信。

20 世纪 80 年代末 90 年代初,计算机辅助 X 射线摄像(Computed Radiography,CR)技术出现。CR 系统使用一种称为磷光层的荧光层接收 X 射线,并将图像数字化。这些数字图像随后被存储在计算机中,提供了对图像进行存储、传输和处理的更多灵活性。

数字 X 射线摄像(Digital Radiography,DR)技术在 21 世纪逐渐取代了 CR 技术。DR 系统直接使用数字传感器(如硅酸盐或硒酸盐探测器)捕获 X 射线图像,去除了 CR 系统中使用的磷光层和扫描步骤,提高了图像的质量和效率。

随着技术的进步,硅探测器和硒探测器等平板探测器技术得到广泛应用。这些平板探测器具有更高的空间分辨率、更快的成像速度和更广泛的动态范围,使其在各种医学应用中成为首选。近年来,数字 X 射线成像已经发展为全数字成像系统,其中包括直接数字射线(DR)系统、数字断层成像(X-CT)、数字减影血管造影(DSA)等,提供更先进、精确和快速的医学成像。

下面着重讲述数字断层成像技术。

2. X-CT 技术

传统 X 线摄影将三维物体结构投影到一个二维平面上,导致深度方向的信息叠加,增加片子的解读难度。为了获得特定深度的图像,采用了数字断层成像。将被检测的物体视为由众多薄片排列构成的三维结构,X-CT 能够单独提取每层信息并成像。X-CT 能够展示各组织间 0.5% 的密度差异,使得在不同造影条件下对软组织进行观察成为可能。X-CT 直接呈现脏器内部结构,其密度分辨率明显优于普通 X 射线。

X-CT 扫描设备通常由多个关键组件组成,包括 X 射线发生器、检测器、旋转架、工作站或控制台、计算机系统、扫描床等,其外观如图 6-6 所示。这些组件协同工作,通过在不同方向上获取 X 射线的数据,计算机可以生成详细的横截面图像,用于医学诊断。

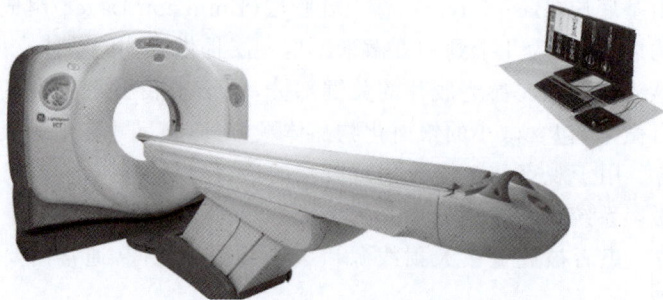

图 6-6　X-CT 扫描设备

　　X-CT 系统核心包括 X 射线管和位于相对位置的检测器。X 射线管释放高能 X 射线束,穿过患者身体后被探测器测量。X-CT 扫描采用细束 X 射线,以降低散射对图像质量的影响。检测器记录 X 射线通过组织的强度,形成一系列的投影数据。

　　X-CT 成像利用 X 线源和检测器同步旋转,围绕病人运动。通过电子计算机处理投影信息并重建图像,最后在终端显示。拍摄后的图像为 X-CT 片。如图 6-7 所示,假设 A、B 是病人体内需要研究的区域,X 射线源在曝光时间内从 S_1 移动到 S_2,而胶片沿相反方向移动。

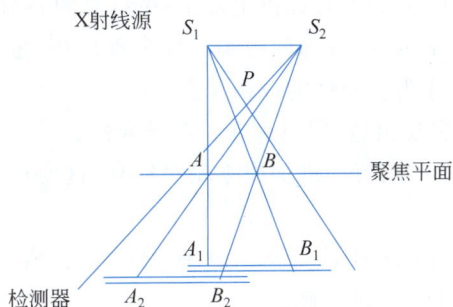

图 6-7　X 射线扫描图

　　通过确保 X 射线源与检测器按照指定的规律运动,可以使聚焦平面中 A、B 点的影像在整个运动过程中保持落在胶片的固定位置,而其他深度处的结构的影像则从胶片的一端移动到另一端。这使得最终的图像突显了聚焦平面所在深度上的断面结构。

6.2　磁共振成像技术与设备

6.2.1　磁共振成像概述

　　磁共振成像(MRI)是一种利用强磁场和射频波生成身体内部结构图像的医学影像技术。该技术不使用放射线,而是通过检测原子核释放的信号,生成详细的人体或物体内部结构图像,对于诊断许多疾病和病症非常有用。

　　MRI 在 20 世纪初被发现,直到 20 世纪 70 年代初才在医学上得到应用。20 世纪 80～90 年代,技术升级,MRI 设备变得更紧凑,成像速度更快,图像质量显著提高。20 世纪 90 年代末,引入功能性 MRI 和高级技术,如磁共振波谱学。21 世纪初,新型磁共振造影剂增强了图像对比度。近年来,人工智能应用逐渐增加,用于自动化图像处理和加速医学影像解读。MRI 经历不断创新,从实验室到临床,应用领域不断扩展。

　　磁共振成像技术具有许多显著优点,使其在医学影像学中成为重要检查手段。

　　(1) 无电磁辐射危害。MRI 无须使用放射线或其他有害物质,对患者不会产生任何辐射风险,因此是一种相对安全的检查方法。

　　(2) 多参数成像。传统的成像技术,如 X-CT,通常只使用单一参数,而 MRI 则能同时获取多种参数信息。MRI 主要通过观察活体组织中氢质子密度的分布及其弛豫时间实现多参数成像,包括质子密度、纵向弛豫时间 T_1、横向弛豫时间 T_2 以及体内液体流速。这些参数可单独成像,也可相互结合,提供更全面、丰富的图像信息。其中,质子密度成像主要反映组织的大小、范围和位置;而 T_1 和 T_2 参数则包含了丰富的生理和生化信息,使 MRI 在临床应用中更加灵活和准确。

（3）多平面成像。MRI 具有多角度和多平面成像的能力，可在任何方向上获取图像，从而更全面、更准确地显示人体内部结构。

（4）无须使用对比剂。MRI 在心血管成像中无须使用对比剂即可直接显示心脏和血管结构。相较于传统的心血管造影需要依赖对比剂，MRI 的磁共振血管成像（Magnetic Resonance Angiography，MRA）技术为无创伤的血管成像提供了全新的选择，同时还避免了可能由对比剂引起的副作用，为患者提供更安全、更可靠的心血管检查手段。

（5）适用于多种组织。MRI 在成像软组织方面表现出色，也适用于关节、骨髓、脑部等多种组织类型的检查，使其成为全身性的成像工具。

MRI 虽然在许多方面表现出色，但也存在一些局限性。

（1）高造价。MRI 设备的购置和维护成本相对较高，这使得一些医疗机构可能不易获得 MRI 设备。

（2）对金属的敏感性。由于 MRI 依赖强磁场，对金属敏感，植入金属物体或装有心脏起搏器或人工耳蜗等患者可能受到限制。

（3）持续噪声。MRI 扫描时产生的噪声较大，可能对患者造成不适，尤其是在需要长时间扫描的情况下。

（4）不适用于部分患者。由于强磁场的存在，MRI 可能不适用于某些患者，如孕妇（特别是早期）、严重的心血管疾病患者等。

（5）相对较慢的成像速度。相比于某些其他成像技术，MRI 的成像速度相对较慢，这在某些情况下可能不适用于紧急情况或无法忍受长时间扫描的患者。

（6）可能需要患者保持静止。高质量的 MRI 图像需要患者保持相对静止，这可能对一些患者造成不便。

尽管有这些限制，MRI 在医学影像学中仍然是一种功能强大而用途广泛的成像技术，其优势通常超过了其局限性。

在近年来，MRI 技术迎来了一系列先进的技术发展。其中一些比较突出的进展如下。

（1）超高场 MRI。使用更高的磁场强度，如 7T（特斯拉）或更高，以提高图像分辨率、信噪比和对微结构的敏感性。

（2）全脑连接图谱。通过采用先进的数据分析技术，全脑连接图谱研究使我们能够更深入地了解不同脑区域之间的功能连接和网络。

（3）动态对比增强 MRI（DCE-MRI）。结合了时间和对比剂动力学的观测，DCE-MRI 可提供更详细的血管动力学信息，对肿瘤的诊断和治疗过程监测有着重要作用。

（4）高角度分辨率成像。采用先进的图像采集和重建算法，可以实现更高的角度分辨率，使更细微的解剖结构得以显示。

（5）多模态融合。融合不同模态的成像技术，如结构 MRI、功能 MRI 和磁共振波谱成像（Magnetic Resonance Spectrum Imaging，MRSI），以获取更全面的信息，对疾病进行全面评估。

（6）实时 MRI。能够在患者进行动态活动时进行实时监测，适用于导航手术、生物反馈和器官运动观察。

这些先进技术的发展，使 MRI 在医学和科研领域更加灵活和强大，提高了对疾病的早期诊断、治疗跟踪以及基础研究的能力。

6.2.2　磁共振成像原理

1. MRI 的物理学基本知识

原子是物质的基本单位,由质子、中子和电子组成。这 3 种基本粒子通过静电力和核力相互作用,维持了原子的结构。原子的质子数决定了其元素的种类,而电子数则决定了原子的电荷状态。核外的电子排列形成了电子壳层,决定了原子的化学性质和反应行为。其中仅质子与 MRI 有关。原子核总是绕着自身的轴旋转,即自旋,如图 6-8 所示。

质子内部带正电,其旋转产生环形电流,电流的方向与旋转的方向相同。按电磁理论,电流周围形成类似磁铁的磁场,带有南北极方向,且这个磁场具有自身磁矩。原子核也正是因为自旋产生核磁。

关于磁矩,原子核的磁矩 $\boldsymbol{\mu}$ 是一个矢量,有大小有方向,是原子核在外部磁场中的磁性表现,源自核内带正电的质子,其方向遵循法拉第右手定则指向磁场方向。磁矩与质子自旋密切相关,它表示了原子核在磁场中的定向。

但是,所有原子核都可以产生核磁吗?答案是否定的,当质子为偶数、中子为偶数时,不产生核磁;当质子为奇数、中子为奇数,或质子为奇数、中子为偶数时,产生核磁。

图 6-8　原子核的自旋

2. MRI 技术原理

由于质子为奇数,中子为奇数或偶数时,产生核磁,因此氢核成为首选的成像核种。由于人体各种组织富含水和碳氢化合物,氢核磁共振具有出色的灵敏度和信号强度,这使得氢核成为人体成像的理想元素。MRI 信号与氢核密度相关,人体各组织中水分含量不同,导致 MRI 信号强度差异,从而产生磁共振图像。人体组织之间的氢核密度、弛豫时间 T_1 和 T_2 的差异,构成 MRI 的主要物理基础。

产生磁共振需要 3 个关键条件。

(1) 原子核产生共振跃迁。物质中的原子核必须具备共振跃迁的特性,使其能够在特定频率的电磁波作用下发生共振跃迁。

(2) 静磁场的存在。需要一个恒定且强的外部静磁场(主磁场),通常由超导磁体产生。这个磁场使原子核的磁矩定向排列(部分与磁场方向平行,部分反平行),从而创造了一个可以共振的条件。

(3) 交变磁场产生射频信号。必须有一个交变磁场,即射频磁场(Radio Frequency Magnetic Field),其频率需要匹配原子核的进动频率。这个射频磁场的作用是引发共振跃迁,使原子吸收能量并从低能态跃迁到高能态。

在磁共振中,"磁"指的是静磁场(主磁场)和射频磁场,而"共振"表示射频磁场的频率与原子核的进动频率匹配,从而导致原子核吸收能量,产生能级间的共振跃迁。

在人体进入静磁场之前,尽管每个质子自旋均产生一个小的磁场,但呈随机无序排列,磁化矢量相互抵消,人体并不表现出宏观磁化矢量。而进入静磁场之后这一现象发生改变。

静磁场是磁共振成像中至关重要的组成部分,其作用主要涉及原子核的磁性行为,其作用如

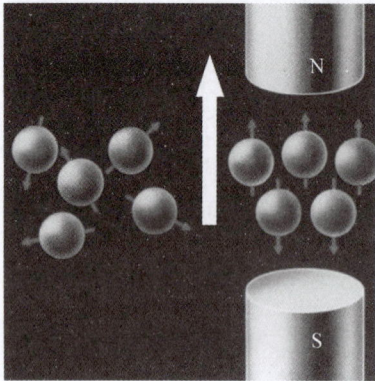

图 6-9　静磁场的作用

图 6-9 所示。以下是恒定静磁场在 MRI 中的作用。

(1) 定向原子核。恒定静磁场是通过超导磁体等方式产生的极为强大的磁场,通常在数千至数百万高斯(Gauss)的范围内。这个静磁场使得在其中的原子核,尤其是氢核,具备磁性。原子核的磁矩(磁偶极矩)在静磁场中会定向,即指向磁场的方向。

(2) 拉莫尔进动。在静磁场中,原子核的磁矩将以特定的进动频率(称为拉莫尔进动频率)旋转。这个进动频率取决于原子核的类型以及静磁场的强度。

(3) 共振条件。恒定静磁场为 MRI 中的共振提供了基础。当外加射频脉冲的频率与原子核的拉莫尔进动频率相匹配时,就会出现共振。这是磁共振成像实现的关键条件之一。

(4) 能级分裂。恒定静磁场引起原子核能级的分裂,导致不同原子核的能级差异。这是 MRI 中获取组织对比的基础,因为不同组织中的原子核(主要是氢核)具有不同的拉莫尔进动频率。

总体而言,恒定静磁场为 MRI 提供了一个稳定的基准,定向了原子核的磁矩,产生了共振条件,并在获取图像时提供了组织对比。这个静磁场的强度和稳定性对 MRI 图像的质量至关重要,直接影响到成像的分辨率和对比度。

同时,射频磁场在磁共振成像中发挥着关键的作用,主要涉及激发和探测原子核的磁矩,从而产生用于生成图像的信号。射频磁场在 MRI 中的主要作用如下。

(1) 激发共振。射频脉冲产生的交变磁场形成射频磁场。这个射频磁场的频率被调整,使其与被研究的组织中的原子核的拉莫尔进动频率相匹配。通过匹配频率,射频磁场能够激发特定原子核的共振,使其从平衡状态偏离,可以理解成机械波传播产生共振效应,如图 6-10 所示。

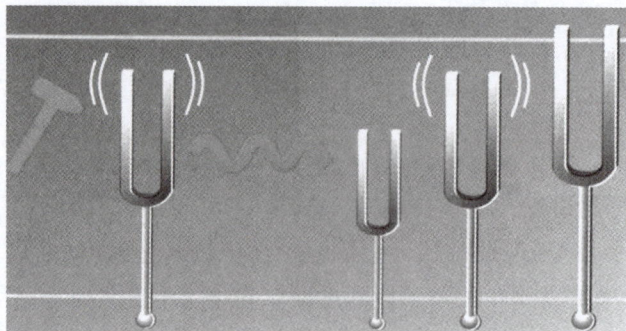

图 6-10　机械波共振效应

(2) 激发态的建立。射频磁场的作用导致原子核的激发态的建立,即原子核的磁矩偏离了静态磁场。这个建立的激发态是 MRI 信号的起源。

(3) 弛豫和信号释放。一旦射频脉冲停止,原子核开始恢复到平衡状态,释放能量。这

种能量释放产生的信号被检测并用于图像生成。"弛豫"是指原子核在激发后恢复到平衡状态的过程。具体而言,这个过程包括原子核磁矩从偏离静态磁场的激发状态返回到其初始状态的过程。

（4）空间编码。射频磁场的梯度分布可以在空间上编码信号的来源。通过在射频磁场中引入梯度,不同位置的原子核将具有不同的共振频率,这样就可以定位不同部位的信号来源,实现图像的空间分辨率。

收集的信号通过计算机进行处理和图像重建,形成高分辨率、高对比度的图像,记录病人的病理变化。

由于人体含有大量水分,MRI技术可准确反映不同器官和组织中的水分分布,揭示很多疾病引起的水分形态变化。MRI图像清晰,提高了医生的诊断效率,避免了开胸或开腹手术。MRI无X射线和过敏反应风险,可多角度、多平面成像,高分辨力展示人体内部结构及相邻关系,对人体各系统疾病尤其是早期肿瘤的诊断具有重要价值。

6.2.3　磁共振成像设备

磁共振成像设备（MRI Scanner）通常包括一个大型的圆筒形磁铁,产生一个强大的磁场。病人躺在设备内部的检查床上,身体被置于磁场中。设备还会发送射频信号,使身体内的氢原子发生共振,并释放能量。设备接收这些释放的能量并转化为图像。图6-11所示为磁共振成像设备组成。

（1）主磁铁。MRI设备的核心是主磁铁,通常采用超导磁体或永久磁体。这个磁体产生静态磁场,其强度通常为$1.5\sim3.0$T,越高的磁场强度通常提供越好的图像分辨率。

（2）梯度线圈。MRI设备包含梯度线圈,用于在体内产生可控的额外磁场梯度。这些梯度场使得在体内的不同位置的原子核具有不同的共振频率,从而实现对图像的空间编码。

（3）射频发射器与感应线圈。射频发射器用

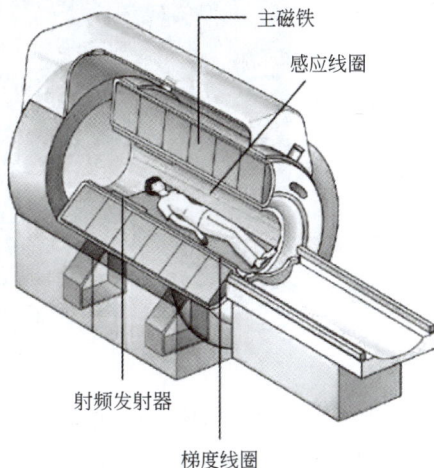

图6-11　磁共振成像设备组成

于发射射频脉冲,感应线圈用于接收弛豫信号。不同类型的射频与感应线圈适用于不同部位的成像,如表面线圈用于局部成像,而整体线圈用于全身成像。

（4）计算机系统。成像过程中的信号采集和图像重建都依赖于强大的计算机系统。计算机负责处理和整合从梯度线圈和射频线圈中接收到的信息,最终生成图像。

（5）显示器。用于显示和解释成像结果的计算机屏幕。

（6）床。将患者置于正确的位置,确保被扫描的部位处于磁场中心。

6.2.4　磁共振成像在医学中的应用与前景展望

1. 磁共振成像技术临床诊断与应用

磁共振成像能够生成高分辨率、详细的人体组织图像。在诊断方面,MRI对脑、脊柱、

关节、心脏等器官提供非侵入性的全面检查,有助于发现肿瘤、损伤、血管病变等,如图 6-12 和图 6-13 所示。MRI 还在神经科学中扮演关键角色,用于研究脑结构,推动对神经系统疾病的深入理解。

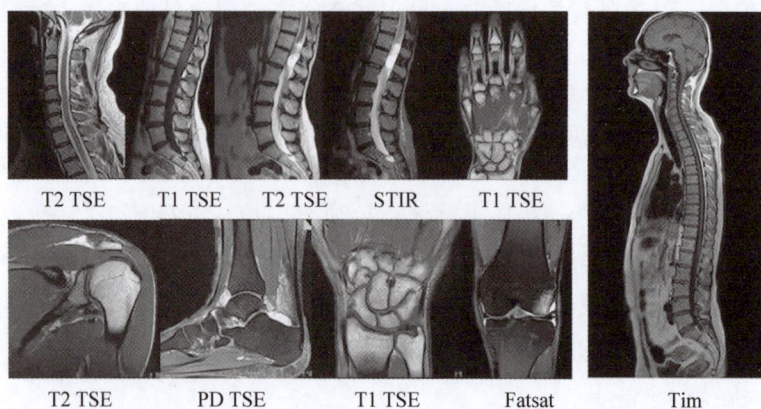

| T2 TSE | T1 TSE | T2 TSE | STIR | T1 TSE | |
| T2 TSE | PD TSE | T1 TSE | Fatsat | | Tim |

图 6-12　骨关节系统检测

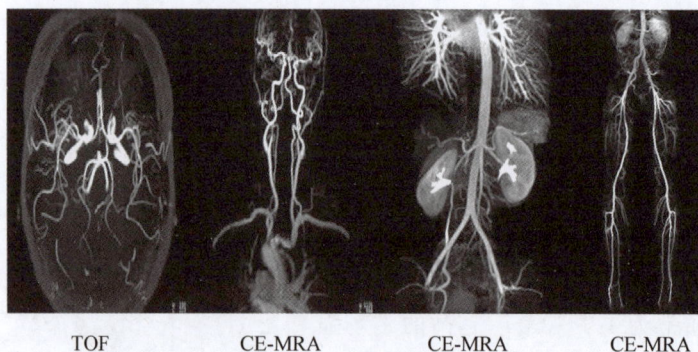

TOF　　　　　CE-MRA　　　　　CE-MRA　　　　　CE-MRA

图 6-13　血管成像检测

磁共振成像医学应用领域详述如下。

(1)神经学。MRI 在神经学中扮演着不可或缺的角色。结构 MRI(S-MRI)用于检测脑部解剖结构,而功能性 MRI(F-MRI)则可揭示大脑活动情况,促进神经科学研究和神经疾病的诊断。

(2)心血管学。心脏 MRI 能提供对心脏结构和功能的高分辨率图像,对心脏病变、心肌梗死等疾病的评估非常有帮助。

(3)骨关节。该部位是 MRI 检查的优势部位,适应症包括脊柱病变(退行性变、肿瘤、炎症、外伤等),膝关节、髋关节、肘关节、腕关节、踝关节、肩关节等大关节病变(外伤、炎症、肿瘤、畸形等)。

(4)妇产科学。用于检测女性生殖系统疾病,如子宫内膜异位症、卵巢囊肿等,对妇科问题提供全面评估。

(5)消化系统。MRI 对肝、胰腺、胆囊等消化系统器官的成像对于检测肿瘤、炎症和其他病变非常敏感。

(6)血管成像。包括使用多种血管成像序列进行动态观察,以及造影剂增强磁共振血管成像技术和无造影剂磁共振血管成像技术,有利于观察动脉和静脉,明确血管性疾病。

（7）整体身体成像。全身 MRI 成像可提供多个系统的全面信息,有助于全身性疾病的早期诊断和治疗。

2. MRI 发展趋势

未来磁共振技术的发展趋势包括以下几方面。

（1）高场磁共振（UHF-MRI）。随着技术的不断进步,高场磁共振成像系统的使用逐渐增多。更高的磁场强度有助于提高图像分辨率和信噪比,进一步优化临床诊断。

（2）超高场磁共振（7T 及以上）。超高场磁共振系统的研发和应用在不断推进,其在神经科学和结构成像方面的优势将进一步拓展,但也需要解决涡流等问题。

（3）多核磁共振成像（Multiple MRI）。多核磁共振成像技术将成为一个重要的发展方向,可以同时获得多种核磁共振谱图,为更全面、精准地分析生物组织提供支持。

（4）更快的成像速度。进一步提高 MRI 的成像速度,如采用更快的脉冲序列、平行成像技术等,以缩短患者扫描时间,提高临床工作效率。

（5）机器学习和人工智能的整合。利用机器学习和人工智能技术,实现更智能的图像分析和疾病诊断,提高对图像数据的自动处理和解释能力。

（6）动态成像和功能性成像的进步。不断改进动态成像技术,实现对生理活动的实时观察。同时,功能性成像方法（如动态对比增强成像和 F-MRI）将更好地用于疾病诊断和治疗监测。

总的来说,未来磁共振技术将朝着更高分辨率、更多功能、更快速度、更智能化、更安全的方向发展,为医学临床和科研提供更强大的工具。

第 12 集
微课视频

6.3　超声波成像技术与设备

6.3.1　超声波成像技术概述

超声波成像是一种利用超声波在物体内部传播时受到物体内部结构阻碍而产生的反射、散射、透射等物理效应,通过接收并处理这些反射回来的超声波信号,将其转换为图像的技术。

19 世纪末,物理学家发现某些晶体在受到电压激发时能够产生高频的超声波,这为超声波技术应用奠定了一定基础。医学超声波成像的发展历史可以追溯到 20 世纪初,当时超声波的物理性质首次被测量和记录。

此后经历过第一次世界大战,战争中的声呐技术推动了超声波的应用。超声波开始用于水下目标探测。第二次世界大战后,医学界对超声波进行了更深入的研究。20 世纪 50 年代初,医生们首次利用超声波进行医学成像实验。然而,初期的超声波成像技术仅限于检测囊肿和囊肿内的液体。

20 世纪 50 年代后期,A 模式（振幅模式）和 B 模式（亮度模式）的超声波成像方法应运而生。A 模式用于显示不同深度的反射振幅,而 B 模式通过显示组织的亮度差异形成更清晰的图像。20 世纪 70 年代初,超声心动图的出现为心脏病的诊断提供了新的手段。20 世纪 80 年代,彩色多普勒技术的引入允许医生观察血流速度和方向,使得超声波在心血管疾病诊断中更加精确。

随着计算机技术的进步,超声波成像逐渐转向高频和三维成像,提高了分辨率和图像质量。这使得医生们能够更详细地观察人体内部结构,为疾病的早期诊断提供了更好的工具。

医学超声波成像与其他成像技术相比,具有一系列优势和局限性。以下是其与放射性核素成像(如 X-CT)和磁共振成像的比较。

(1) 对软组织的高分辨率。超声波成像在观察软组织方面具有卓越的分辨率,能够提供更详细的结构信息,相较于 X-CT,尤其在肝脏、乳腺等领域有明显的优势。

(2) 实时性与移动性。超声波成像的实时性使其在手术室、急诊室等环境中得到广泛应用,与 X-CT 和 MRI 相比,更适用于动态观察和操作。

(3) 无辐射风险。超声波成像利用高频声波生成图像,对人体没有电离辐射的风险。X-CT 使用 X 射线,有电离辐射,长期暴露可能增加癌症风险。MRI 使用磁场和射频波,无辐射,但部分患者可能对磁场过敏或有禁忌。

(4) 低成本和广泛可用性。超声设备相对经济,操作相对简便,使其在一些资源匮乏的地区或基层医疗单位中更为普及,相较于 MRI 和 X-CT 的设备成本和维护成本更低。

总体而言,医学超声波成像因其适用于观察软组织、实时性和相对低成本等优势,在许多医学场景中成为首选的成像技术。然而,它也存在一些缺点。

(1) 深度限制。超声波在组织中传播时,其能量会逐渐减弱,因此对深部结构的成像能力相对有限,尤其在肥厚组织或气体存在的情况下。

(2) 对骨骼成像有限。超声波难以穿透骨骼,因此对于在骨骼后面的组织或器官的成像能力相对较差。

(3) 图像质量受体积和体型影响。超声波成像对患者的体型和组织特性较为敏感,这可能导致在某些情况下图像质量的下降,尤其是对于肥胖患者或在存在气体干扰的情况下。

(4) 依赖传导介质。超声波成像需要通过传导介质(如凝胶)传播声波,这可能在某些情况下引起不适或过敏反应。

(5) 无法提供组织细胞学信息。超声波成像提供的是组织的形态和结构信息,但不能提供组织的细胞学细节,这在某些病理学研究中可能限制了其应用。

6.3.2 超声波成像原理

1. 超声波的基础物理知识

超声波是一种机械波,是由高频声音构成的波动,属于弹性机械波。传导介质的质点在水平方向上作往返运动,表现为疏密波交替,以纵波形式向远方传导。

(1) 频率。人耳可以听到的声波频率为 20~20 000 Hz,超声波的频率通常高于人类听力范围,一般在 1 MHz 以上。医学超声中常用的频率范围是 1~15 MHz。

(2) 频率与波长的关系。频率(每秒振动周期数)与波长(每一振动周期占有的空间距离)成反比。在组织中,高频的超声波具有较短的波长,这有助于提高图像的分辨率。其关系式如式(6-1)所示。

$$C = \lambda f \tag{6-1}$$

其中,C 表示声速;f 表示频率;λ 表示波长。

(3) 传播速度。超声波在不同介质中的传播速度取决于介质的密度和弹性。通常,超声波在固体中传播速度最快,在液体中次之,在气体中最慢。人体软组织的声速与液体声速

（1500m/s）近似，约为 1540m/s，人体软组织声速的总体差异约为 5%，因此超声测距误差在 5% 左右。

（4）声强（Acoustic Intensity）表示声波在单位面积上的强度，以 W/cm^2 为单位。超声诊断要求声强一般小于 $100mW/cm^2$，尤其在检查胎儿时应保持声强偏小，且检查时间宜短。

2. 超声波成像工作原理

医学超声波成像是一种利用超声波在组织内传播和反射的原理，通过分析声波的回波生成人体组织结构的影像。在人体内，超声波在组织中传播的速度取决于组织的密度和弹性。当超声波遇到组织界面或有反射体时，一部分能量被反射回来，另一部分可能被组织散射。这种反射和散射的现象是超声波成像的基础。因为超声成像的速度非常快，可以提供实时的动态图像，适用于观察器官的运动和血流等动态过程。

3. 超声波成像物理基础

1）组织声阻抗差与超声波成像

组织声阻抗差是指声波在不同组织之间传播时，由于组织密度和弹性的不同而导致的声波阻抗的差异。这种差异是超声成像的基础，声阻差大于 1%，就会产生回声反射。声阻抗差异会引起声波反射的程度不同，进而导致产生不同亮度的反射信号。表 6-2 列出了人体不同组织回声反射差异，这种差异性被用来形成图像，亮度的变化反映了组织的不同特性。

表 6-2　人体不同组织回声反射差异

回　声	介质的声阻差	组　织　类　型
极强	极大	气体-固体界面（如肠道气体、肺气），不利于超声波深部传输
强	大	钙质、纤维组织含量高的组织（如骨骼、钙化物、结石）
高	较大	非均质的实质组织、纤维增生组织、血管壁、肾集合系统
中	较小	实质均质性组织（如子宫、卵巢、肝脏、肾皮质、肌肉）
低	很小	密度更均匀的组织（如肾髓体、某些肿瘤）
无回声	无	血液、羊水、尿液、囊液、胆汁、渗出液、漏出液

2）人体组织中超声波能量衰减特点

（1）频率依赖性。超声波的能量衰减与其频率密切相关。高频超声波在传播过程中能量衰减更为显著，因此在医学超声波成像中通常选择适中频率，以平衡深度和分辨率之间的需求。

（2）深度相关性。超声波在组织中的传播距离增加，能量衰减更为明显。这种深度相关性使得超声图像的深层结构通常呈现较弱的回波信号，影响图像的清晰度和对深层结构的分辨。

（3）组织类型影响。不同类型的组织对超声波的能量衰减表现不同。例如，脂肪组织对超声波的能量衰减较小，而骨头等高密度组织则导致更明显的衰减，对于组织的密度和结构的差异性有影响。

4. 超声波检测技术

1) B 型超声(B-mode Ultrasound)

B 型超声图像采用光点表示回声信号,通过多声束扫描获得具有一定深度和宽度的回声图像。回声强度的高低以灰阶度表示,灰阶梯越多,超声仪器显示力越强。回声图的形状根据探头类型的不同可呈矩形、弧形或扇形。

在妇产科超声应用中,经腹探查通常采用平面线阵探头或凸阵探头,振子排列呈直线或弧形。凸阵探头更为常用,频率为 35MHz,振子数为 128 256 枚。通过按一定顺序发射和接收超声,获得一帧断面回声图,呈现弧形声像图。腹部超声扫描为每秒 16～18 帧,可实时显像。

2) M 型超声(Motion-mode Ultrasound)

M 型超声主要用于获取在时间轴上的动态结构信息。相比于 B 型超声,M 型超声更注重在相同位置进行连续的测量,以显示组织或器官的运动和变化。

M 型超声是通过单一声束在时间轴上的连续运动获取图像。传统的 B 型超声在空间上进行扫描,而 M 型超声则专注于连续的时间测量。这种技术可用于显示心脏的收缩和舒张过程、动脉壁的脉动以及其他生物组织的运动。

M 型超声在心血管领域中得到广泛应用,尤其是用于心脏功能评估。通过在特定位置上持续测量,M 型超声能够提供心脏瓣膜的运动、心室的壁运动和心脏的整体收缩舒张过程的详细信息。此外,在妇产科、血管学等领域也有其他应用,如观察胎儿的运动和心脏的血流动态。

3) 多普勒超声(Doppler Ultrasound)

多普勒超声利用多普勒效应,即声波与流动液体发生相互作用时,声波频率会发生变化。多普勒超声通过测量声波频率的变化,可以计算出被测物体中流体运动的速度,提供关于血流和其他液体动力学的详细信息。这种技术主要用于心血管和血管系统的评估,包括动脉和静脉的血流速度、方向和血流图谱的分析。多普勒超声分为彩色多普勒和脉冲多普勒两种主要类型,其中彩色多普勒通过颜色表示速度方向和大小,而脉冲多普勒则提供单点速度测量。

彩色多普勒超声将血流速度信息映射成彩色图像,提供直观的速度和方向信息。通常,向心流动呈红色或暖色调,而远离探头的血流则呈绿色或冷色调。这使医生能够轻松地识别和分析血流模式,检测异常血流、瓣膜反流等情况。

脉冲多普勒超声适用于获取单一点上的速度信息,可用于定量测量特定位置的血流速度,如心脏瓣膜的血流速度。这种方式允许医生更准确地评估血流情况,检测异常和狭窄等情况。

4) 三维立体成像(3D Imaging)

三维立体成像通过多个平面的二维超声图像,结合患者的解剖结构和运动信息,利用计算机算法进行重建,生成一个完整的三维图像。超声波的传播时间和回波强度被用来确定不同深度的结构,从而形成三维图像。

与传统的二维超声成像相比,三维立体超声提供更全面的空间信息,使医生能够以立体视角观察解剖结构。这对于复杂结构的评估,如心脏瓣膜、胎儿的面部特征等,具有显著的优势。

6.3.3　超声波成像设备

1. 超声波成像设备组成

超声波成像设备主要包括超声探头、信号处理系统和成像系统等组成部分。

1）超声探头

超声探头是超声波成像设备的核心部件,负责发射超声波并接收反射回来的信号。超声探头通常由压电晶体或压电陶瓷等材料制成,这些材料在受到电信号激励时会产生机械振动,从而发射超声波;当超声波遇到物体内部结构时,会发生反射、散射等物理效应,反射回来的超声波信号被探头接收并转换为电信号。

超声探头的发射频率是关键特性之一,根据不同检查对象和部位,常选用不同的频率,如2MHz、2.5MHz、5MHz、10MHz。发射频率由晶体厚度决定,晶片形状则影响声束形状和声场分布。探头分凸阵、平面线阵、相控阵、3D等类型。

（1）凸阵探头。大 R（晶片曲率半径）通常用于腹部检查,而小 R（10～20mm,也称为微凸）主要用于心脏检查,如图 6-14 所示。

（2）平面线阵探头。在凸阵探头兴起之前,平面线阵探头主要用于腹部检查,频率多为3.5MHz。凸阵探头崭露头角后,主要应用于小器官和表浅组织检查,频率一般为 5～7.5MHz（有时达 9MHz）,如图 6-15 所示。

（3）相控阵探头。相控阵探头应用于心血管彩色血流成像,可在解剖结构的灰阶图像上叠加彩色图像和多普勒频谱,实现多模式成像,如图 6-16 所示。

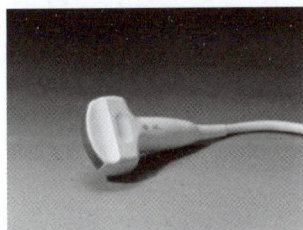

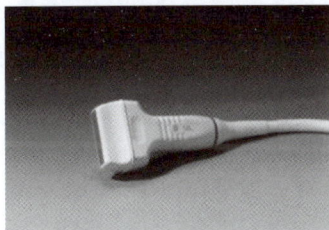

图 6-14　凸阵探头　　　　图 6-15　平面线阵探头　　　　图 6-16　相控阵探头

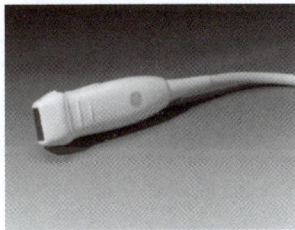

（4）3D探头。三维立体扫描是通过二维扫描加上机械旋转构成,其拥有二维探头的所有功能,可进行静态、动态三维扫描。

2）信号处理系统

对接收到的超声波信号进行处理,包括放大、滤波、解调等处理,以便提取出有用的信息。信号处理系统通常由放大器、滤波器、模数转换器等电路组成,这些电路可以对接收到的信号进行必要的处理,以提高图像的质量和分辨率。

3）成像系统

将处理后的超声波信号转换为可见图像。成像系统通常由计算机和图像处理软件组成,计算机可以对处理后的信号进行进一步的处理和分析,如图像重建、增强、滤波等处理,最终将处理后的图像显示在显示器上。

2. 医学超声波成像设备

目前市面上的医学超声波成像设备可大致分为 4 类:巨无霸型医学超声成像仪、便携式医学超声成像仪、手持式医学超声成像仪、3D 超声成像系统。这 4 种类型的医学超声成像仪器在尺寸、移动性和性能方面存在差异,满足不同临床环境和应用场景中的医学成像需求。

巨无霸型医学超声成像仪在医院里常见,如 Siemens 公司的 Acuson Sequoia 型超声成像仪,其外观如图 6-17 所示,广泛用于全身各器官的详细检查。

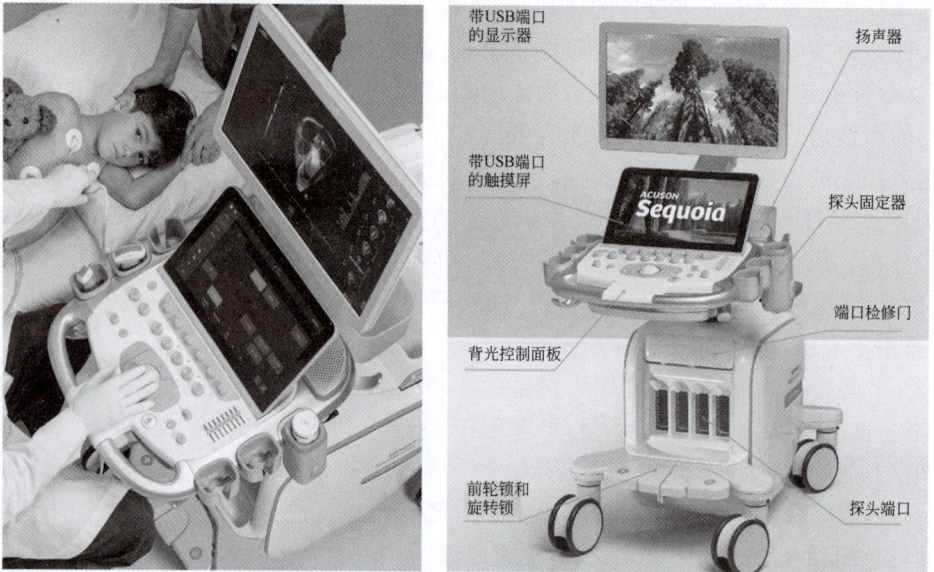

图 6-17　巨无霸型医学超声成像仪

便携式医学超声成像仪是一种小型、轻便、易携带的超声设备,可以在不同场景下提供灵活、实时的医学成像,外观如图 6-18 所示。

手持式医学超声成像仪是一种更加小巧轻便、方便携带的超声设备,适用于床边检查、急诊室、移动医疗服务等场景,外观一般如图 6-19 所示。

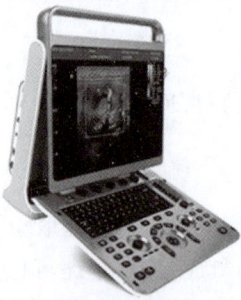

图 6-18　便携式医学超声成像仪

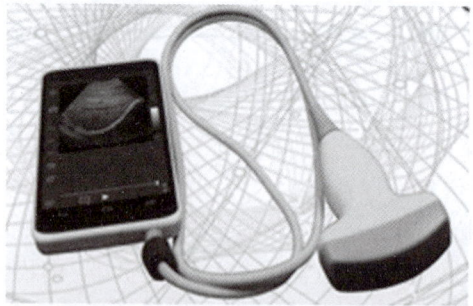

图 6-19　手持式医学超声成像仪

3D 超声成像系统主要由超声探头、计算机处理单元、显示器、用户界面、电源系统以及存储设备等组成。系统通过探头产生入射超声波(发射波)和接收反射超声波(回波),实时捕获多个方向和切面的数据。计算机处理单元对接收的超声信号进行复杂的处理,包括信号处理、图像重建和优化,以产生高质量的三维超声图像。

第 7 章
CHAPTER 7

视频监视技术与系统

视频监视系统是利用摄像设备和相关技术进行监视和录像的系统。随着科技的不断发展,视频监视技术已经取得了许多进展和突破:摄像设备分辨率不断提高,高清(HD)、超高清(UHD) 4K 和 8K 视频已经成为视频监视系统的主流;视频监视系统已经具备了智能分析的能力,包括人脸识别、行为分析、车牌识别等;实现了网络化和远程监视的功能,监控人员可以通过互联网远程访问监控画面,实时监视和管理多个监控点;可以通过多摄像头协同工作,实现对一个区域多个角度的全方位监视。本章主要针对摄像设备以及视频监视系统进行深入阐释。

7.1 摄像技术发展史

摄像/影技术诞生于 19 世纪末的法国,距今已有 100 多年的历史。照相技术发明后,人们又提出了一个新的问题:如何解决连续拍照的问题?摄像技术最初应用于电影拍摄——很多张照片连续快速播放的一种艺术形式。

第 13 集
微课视频

7.1.1 胶片摄像机时代

1888 年,美国柯达公司的前身伊斯曼干版公司发明了以明胶为基底的胶卷,自此拍摄连续运动的图像成为可能。最初,一盘标准的 35mm 电影摄像机胶卷盒包含 122m 或 305m 长的胶卷,最长可以拍摄 10min 左右,因此这种电影摄像机非常沉重(见图 7-1)。胶片摄像机的优点显而易见——画面细腻、色彩自然、适合大荧幕,但胶片摄影机的缺点也非常令人头疼——成本高、易被损毁、拍摄工序复杂等。

图 7-1 老式胶片摄像机

7.1.2 模拟磁带摄像机时代

第一台磁带摄像机问世于 20 世纪 50 年代末,和胶片摄像机类似,记录的都是模拟信号,也都是将信号录制在特殊的介质基带(磁带)上,拍摄时间长度也受制于磁带盘的物理长度(单面一小时),也存在不易保存以及随着使用时间增长和使用次数增多,磁带盘记录的信号出现衰减的问题。但磁带摄像机一问世,因其信号记录、传播和调试解调方式与电视信号的无线电传输完美匹配,就迅速进入电视领域成为电视节目的制作标准设备(见图 7-2)。

7.1.3　数码摄像机时代

在记录模拟信号的磁带摄像机问世 20 多年后,数码照相机横空出世,逐步取代了胶片照相机。同样地,作为单张相片照相机的扩展,数码摄像机也很快相生相伴地被发明出来,并和数码照相机几乎步调一致地取代了胶片摄像机。相比胶片摄像机,数码摄像机的优势在于存储方便,成本低,一盒磁带、一张光盘或一张闪存卡就能存储大量影像数据,非常轻便,而且可以反复写入,便于复制,记录的信号也不会衰减;高档数码摄像机甚至是摄录放一体机(见图 7-3)。

图 7-2　磁带摄像机

图 7-3　摄录放一体机

7.1.4　监控摄像头时代

20 世纪 60 年代,伴随着黑白摄像机逐步走进大众生活,早期的视频监视系统诞生了,称为闭路电视(Closed-Circuit Television,CCTV)监视系统,采用模拟方式传输,也叫作模拟监视系统。彼时,摄像机作为系统其中一部分而存在,又称为摄像头。模拟摄像头

图 7-4　网络摄像头

输出的是模拟视频信号,通过编码器可以将摄像头采集的模拟视频信号转换为数字信号,进而将其压缩存储在计算机里。随着以嵌入式技术为依托,以网络、通信技术为平台的网络视频监视时代的来临,网络摄像头开始流行。网络摄像头(见图 7-4)除了具备一般传统摄像机所有图像捕捉功能外,机内还内置了数字化压缩控制器和基于 Web 的操作系统,使得视频数据经压缩加密后,可以通过局域网、Internet 或无线网络送至终端用户。

7.1.5　高清时代

以往在标清①时代,摄像机受到分辨率的影响,录制的视频画面都较为模糊。因此,一直以来"看得清"是安防监控领域的基本诉求之一。近些年,随着安防产品技术尤其是监控

---

①　标清(Standard Definition,SD):标清视频的分辨率通常为 720×480 像素(NTSC 制式)或 720×576 像素(PAL 制式)。

类产品技术得到飞跃式发展,摄像机核心图像传感器 CMOS 或 CCD 已经可以满足百万高清摄像机的需求,以高清、超高清为代表的新一代技术应用打开了摄像机发展新空间,如人脸、车牌识别等。

7.1.6 智能时代

摄像机从 2011 年推出移动侦测、视频遮挡等智能分析功能发展至今,随着算力的提升,前端摄像机通过内置人工智能芯片,可以实时分析视频内容,检测运动对象,识别人、车属性信息,并通过网络传递到后端人工智能的中心数据库进行存储。目前,人脸身份确认、车辆识别应用、视频结构化、行为分析已经较为常见。

随着智能手机的出现和兴起,越来越多的人已经将笨重的数码相机抛开,用智能手机代替相机进行拍照、摄像和分享。

7.2 摄像设备

7.2.1 摄像机

摄像机是指用于捕捉图像或视频的设备,可以是专业级的摄像机,也可以是监控摄像头、智能手机等。

目前,摄像机的主流产品是以 CCD、CMOS 成像器件为核心的 CCD、CMOS 摄像机。图 7-5 所示为数码摄像机的工作原理。

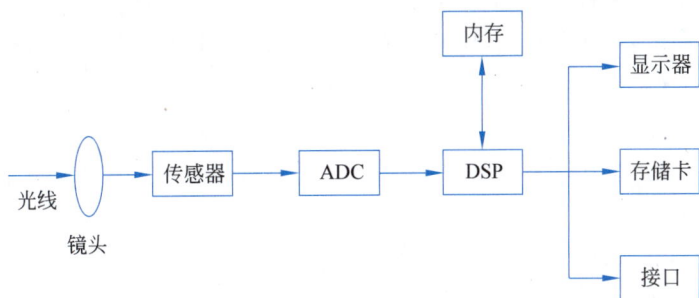

图 7-5 数码摄像机的工作原理

光线通过镜头进入摄像机,传输到传感器上进行光电转换,接下来通过 ADC 将电信号转换为数字信号,再通过 DSP 进行数字信号处理,去除一些干扰,进行色彩校正,若需要存储图像数据和其他临时数据,可以直接在内存中缓存图像数据、存储配置文件,最后将摄像设备捕捉到的图像投射于显示器上,从而达到拍摄的目的。此外,摄像设备上还有各种接口方便用户进行数据传输以及调制使用,常见的接口包括 USB、HDMI、SDI、Ethernet 等,它们可以实现摄像设备与显示器、计算机或其他外部设备之间的数据传输和交互,有的摄像设备上还可安装可扩展内存以更好地存储视频数据。

摄像机基本组成如下。

(1)光学系统。由镜头、光圈和快门等组件组成,用于调节进入摄像设备的光线,以聚焦并控制图像的曝光时间和深度。

（2）图像传感器。用于将光信号转换为电信号。常见的传感器包括 CMOS 和 CCD 传感器，用于捕捉图像或视频。

（3）图像处理器。用于处理传感器捕捉到的图像信号，进行去噪、锐化、色彩校正等处理，以提高图像质量和清晰度。

（4）存储设备。用于存储捕捉到的图像或视频数据，包括内置存储和外部存储介质，如 SD 卡、硬盘、闪存等。

（5）显示器。用于实时显示捕捉到的图像或视频，方便用户进行取景、调整参数和预览。

7.2.2　摄像头

安全防范系统中的监控摄像头是一种半导体成像器件，具有灵敏度高、抗强光、畸变小、体积小、寿命长、抗震动等优点。

1. 摄像头分类

按照成像色彩划分，摄像头包括以下几类。

（1）彩色摄像头。适用于景物细部辨别，如辨别衣着或景物的颜色。因有颜色而使信息量增大，信息量一般认为是黑白摄像机的 10 倍。

（2）黑白摄像头。适用于光线不足地区及夜间无法安装照明设备的地区，在仅监视景物的位置或移动时，可选用分辨率通常高于彩色摄像机的黑白摄像机。

按照分辨率划分，摄像头包括以下几类。

（1）影像像素在 25 万左右、彩色分辨率为 330 线、黑白分辨率为 400 线左右的低档型。

（2）影像像素在 25 万～38 万、彩色分辨率为 420 线、黑白分辨率在 500 线上下的中档型。

（3）影像像素在 38 万以上、彩色分辨率大于或等于 480 线、黑白分辨率在 600 线以上的高档型。

按照灵敏度划分，摄像头包括以下几类。

（1）普通型。正常工作所需照度为 1～3lux。

（2）月光型。正常工作所需照度为 0.1lux 左右。

（3）星光型。正常工作所需照度为 0.01lux 以下。

（4）红外照明型。原则上可以为零照度，采用红外光源成像。

按摄像元件的 CCD 靶面的大小划分，有 1in、2/3in、1/3in、1/4in 等。

按摄像头外观形状划分，有以下几类。

（1）半球机。外观呈半球形，一般镜头较小，可视范围广，安装在室内，体积小，分辨率低，价格低，易安装（见图 7-6）。

（2）枪机。外观呈长方体，带镜头、红外 LED 等，多用于户外，对防水、防尘等级要求较高；但不具备变焦和旋转功能，只能完成一个固定角度的监视（见图 7-7）。

（3）球机。将摄像机、变焦镜头、辅助光源、云台、解码器等设备组合内置到一个球形防护罩内，可以 360°无死角监控（见图 7-8）。

图 7-6　半球机

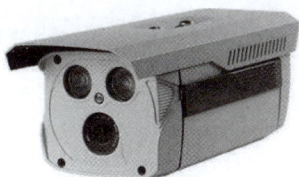

图 7-7　枪机

图 7-8　球机

2. 摄像头规格参数

以杭州海康威视数字技术股份有限公司的 iDS-2DE7823IX(T5)型星光智能球形网络摄像机为例,说明摄像头的基础参数。

(1) 快门:1/1 ～ 1/30 000s;

(2) 慢快门:支持;

(3) 聚焦模式:半自动、自动、手动;

(4) 日夜转换模式:自动 ICR 彩转黑;

(5) 日夜转换方式:自动、白天、夜晚、定时;

(6) 背光补偿:支持;

(7) 强光抑制:支持;

(8) 透雾:支持;

(9) 电子防抖:支持;

(10) 区域曝光:支持;

(11) 区域聚焦:支持;

(12) 白平衡:自动白平衡、钠灯、日光灯、室内、室外、手动白平衡、锁定白平衡;

(13) 数字变倍:16 倍;

(14) 光学变倍:23 倍;

(15) 隐私遮蔽:最多 24 块,支持多种颜色设置,多边形区域,支持马赛克;

(16) 信噪比:大于 52dB;

(17) 增益控制:自动、手动;

(18) 供电方式:AC 24V;

(19) 最大功耗:42 W(其中红外灯最大功耗为 16W);

(20) 恢复出厂设置:支持;

(21) 除雾:加热玻璃除雾;

(22) 材质:铝合金 ADC12;

(23) 尺寸:220mm×353.4mm;

(24) 防护等级:IP68;

(25) 质量:4.5kg。

这里补充一下国际设备防护等级,它是一种国际标准,用于表示电子设备的防护能力。这一标准被称为 IP 代码(Ingress Protection Rating),通常由字母 IP 后跟两个数字组成,如 IP68,第一个数字表示设备的防尘等级,第二个数字表示设备的防水等级,具体含义如表 7-1

所示。

表 7-1   数字防护等级

第一个数字含义		第二个数字含义	
数字	含　义	数字	含　义
0	无特殊防护	0	无特殊防护
1	能阻挡直径大于 50mm 的物体	1	能防止垂直落入水滴的侵入
2	能阻挡直径大于 12.5mm 的物体	2	能防止倾斜 15°角范围内的落入水滴的侵入
3	能阻挡直径大于 2.5mm 的物体	3	能防止 60°角范围内喷射的水的侵入
4	能阻挡直径大于 1.0mm 的物体	4	能防止任何方向喷射的水的侵入
5	能阻挡细小的灰尘颗粒	5	能防止喷射的水从各个方向侵入
6	完全防尘,无尘粒进入	6	能防止大波浪或湿气冲击的侵入
		7	能在一定时间内浸泡在水中,且在规定条件下不会受到有害影响
		8	能长时间浸泡在水中而不受损

7.2.3　图像传感器

摄像设备最核心的部分就是图像传感器。图像传感器相当于摄像机的“大脑”,主要通过光电转换的过程来工作。当光线照射到传感器上时,光子会撞击传感器上的半导体材料,使电子从价带跃迁到导带,形成自由电子和空穴对,这些电子和空穴对在电场的作用下分离,并被收集起来,形成电信号。电信号经过放大和模数转换后,就变成可观察到的数字图像。

目前市面上摄像机的图像传感器主要有 CMOS 和 CCD。CCD 成像质量高,尤其是在高 ISO(感光度)环境下;但功耗高、成本高,现已被许多新型制造工艺成熟的 CMOS 传感器取代,前面章节已经详细讲解了这两种传感器,此处不再深入讨论。

图 7-9 所示为浙江大华技术股份有限公司的一款网络摄像机——DH-IPC-HFW34DBM-I1。该摄像机搭载 1/3 英寸逐行扫描的 CMOS 传感器,共有 400 万像素。最低照度:0.002lux(彩色模式);0.0002lux(黑白模式);0lux(补光灯开启)。

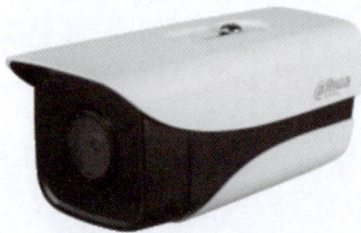

图 7-9　DH-IPC-HFW34DBM-I1 网络摄像机

7.3　视频监视系统

7.3.1　视频监视系统分类

视频监视系统是一种用于监视和记录特定区域活动的系统,可以分为本地视频监视系统和远程视频监视系统。

1. 本地视频监视系统

本地视频监视系统组成如下。

(1)摄像头。本地视频监视系统使用的摄像头通常包括固定摄像头和云台摄像头。固定摄像头适用于固定区域的监控;而云台摄像头可以实现远程控制和调整监控角度。

(2)云台。云台是一种可旋转和倾斜的装置,用于控制云台摄像头的方向和视野,实现全方位监控。

(3)编解码器。用于将摄像头捕获到的视频信号进行编码和解码,以便实现高效的视频传输和存储。

(4)数字录像设备(Digital Video Recorder,DVR)。用于将摄像头捕获到的视频信号进行录制和存储,通常具有本地存储功能,可以存储数天至数月的视频数据。

(5)显示器。用于实时显示监控区域的视频画面,方便监控人员进行观察和监视。

(6)声光告警(Audible and Visual Alarm)。可以在监控区域发生异常时发出声音和光信号,提醒监控人员进行处理。

2. 远程视频监视系统

远程视频监视系统组成如下。

(1)网络摄像头。远程监视系统使用的摄像头通常是网络摄像头,可以通过网络实现远程访问和控制。

(2)网络硬盘录像机(Network Video Recorder,NVR)。用于录制和存储网络摄像头捕获到的视频信号,具有远程访问和管理功能。

(3)云存储。一些远程监视系统支持将视频数据存储到云端,用户可以随时随地通过互联网访问和管理视频数据。

(4)远程控制。可以通过手机应用或网络平台实现远程控制和管理,包括远程观看、录制、调整摄像头角度等功能。

(5)电源管理。稳定的电源供应,可以通过智能电源管理系统实现远程电源开关和监控。

3. 其他附件

(1)罩子和支架。用于保护摄像头免受恶劣天气和破坏,同时提供合适的安装位置和角度。

(2)电源设备。稳定的电源供应,包括电源适配器、备用电池等设备。

4. 通用视频监视系统组成

通用视频监视系统组成如图 7-10 所示,前端摄像设备一般不会单独存在,需要一些辅助设备,如通过调节云台可以达到更好的监视效果,增加可靠的防护罩能大大延长摄像设备的使用寿命,连接电源可以监视更长时间等。通过摄像设备获得的视频信息通过编码压缩,方便视频在本地或网络上的传输,一般也需要视频存储设备,将一段时间录制下来的视频通过特定技术进行记录存储。在终端视频显示设备上可以观察记录整个来自视频监视系统的

第 14 集
微课视频

状态。接下来将详细介绍各部分设备。

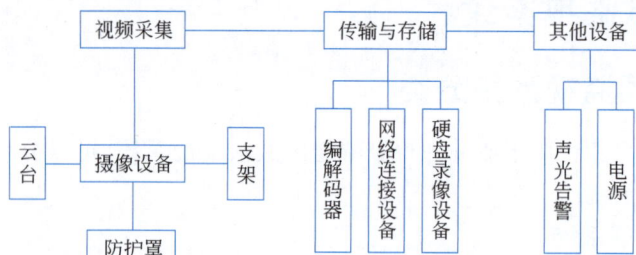

图 7-10　通用视频监视系统组成

7.3.2　摄像辅助设备

1. 云台

云台是安装、固定摄像头的支撑设备,它分为固定云台和电动云台两种。

固定云台适用于监视范围不大的情况,在固定云台上安装好摄像机后可调整摄像机的水平和俯仰的角度,达到最好的工作姿态后只要锁定调整结构就可以了。

电动云台适用于对大范围区域进行扫描监视,它可以辅助扩大摄像机的监视范围。电动云台高速姿态是由两台执行电动机实现的,电动机接收来自控制器的信号精确地运行定位。在控制信号的作用下,云台上的摄像机既可自动扫描监视区域,也可在监控中心值班人员的操纵下跟踪监视对象。

云台根据其回转的特点可分为只能左右旋转的水平旋转云台和既能左右旋转又能上下旋转的全方位云台。一般来说,云台的水平旋转角度为 $0°\sim350°$,垂直旋转角度为 $+90°$。恒速云台的水平旋转速度一般为 $3\sim10°/s$,垂直速度为 $4°/s$ 左右。变速云台的水平旋转速度一般在 $0\sim32°/s$,垂直旋转速度为 $0\sim16°/s$。在一些高速摄像系统中,云台的水平旋转速度在 $480°/s$ 以上,垂直旋转速度在 $120°/s$ 以上。图 7-11 所示为某品牌水平旋转云台。

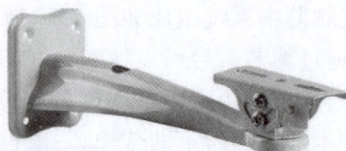

2. 防护罩

为了保证摄像头、镜头工作的可靠性,延长其使用寿命,必须给摄像机装配具有多种特殊性保护措施的外罩,这种外罩称为防护罩。防护罩有多种类型,如不锈钢安防监控护罩等。这些护罩通常由特定的材质制成,如 304 不锈钢,具有防护和防尘的功能。此外,还有一些护罩设计有防水密封圈和橡胶垫圈,以防止雨水渗漏和避免因震动造成的噪声干扰。

3. 支架

支架是用于固定摄像头的部件,根据应用环境的不同,支架的形状和类型也会有所不同。图 7-12 所示为某品牌监控摄像头支架。

图 7-11　某品牌水平旋转云台

图 7-12　某品牌监控摄像头支架

7.3.3　编解码器

编解码器(Codec)是一个计算机程序或硬件设备,用于处理数字音频或视频数据,包括编码和解码两个过程。编码是将原始音频或视频数据压缩成较小的文件,以便存储或传输;解码则是将已压缩的音频或视频数据还原成原始格式,以便播放或进一步处理。

编解码器通常使用特定的算法和技术实现压缩和解压缩,这些算法和技术可以根据不同的标准或规范进行设计和实现。常见的编解码器标准包括 MPEG、H.264、H.265(HEVC)、AV1(AOMedia Video 1)等,这些标准都定义了不同的编码和解码算法以及文件格式,以满足不同的应用需求。

7.3.4　网络连接设备

网络连接设备是把网络中的通信线路连接起来的各种设备的总称,这些设备包括中继器、集线器、交换机和路由器等。

1. 中继器

中继器即网络延长器,就是能够把网络传输距离有效延长的设备。其原理是将网络数字信号调制为模拟信号,通过电话线、双绞线、同轴线进行传输,在另一端再将模拟信号解调为网络数字信号。中继器能够突破传统以太网传输距离在 100m 以内的限制,可以将网络信号传输距离延长到 350m 甚至更长。它将网络的传输距离的极限从 100m 扩展到数百米以上,可简便地实现集线器、交换机、服务器、终端机与远距离终端机之间的互连。

中继器采用自主产权的长线以太网(Long-Reacher Ethernet,LRE)驱动技术,与 IEEE 802.3 标准一致,该款延长器提供了前导码的生成、对称和幅度补偿。对信号进行重定时,使收发器和电缆引起的信号抖动不会在多个网段上积累。中继器可以侦测到不完整的数据包或冲突,并产生一个堵塞信号以加强这个侦测,最后分离那些有问题的端口以使网络正常工作。传输端口具有数字预修正功能,对双绞线电缆内在固有的信号强度衰减进行补偿。

插卡式中继器是模块式的 10M 或 100M 以太网长线交换机产品,以成熟的技术、较低的成本完成以太网光长距离传输。

第 15 集
微课视频

2. 集线器

集线器的工作过程非常简单。首先是节点发送信号到线路,集线器接收该信号,因信号在电缆传输中有衰减,集线器接收信号后将衰减的信号整形放大,最后将放大的信号广播转发给其他所有端口。集线器通常都提供 3 种类型的端口,即 RJ-45 端口、BNC 端口和 AUI 端口,以适用于连接不同类型电缆构建的网络。一些高档集线器还提供光纤端口和其他类型的端口。

集线器从结构上分类有机架式和桌面式两种,一般部门采用桌面式;企业机房通常采用机架式。机架式集线器便于固定在一个固定的地方,一般是与其他集线器、交换机或服务器安装放在一个机柜中,这样便于网络的连接与管理,同时也节省了设备所占用的空间。

3. 交换机

交换机是按照通信两端传输信息的需要,把要传输的信息发送到符合要求的相应路由上。交换机根据工作位置的不同,可以分为广域网交换机和局域网交换机。广域网交换机主要应用于电信领域,提供通信用的基础平台。而局域网交换机则应用于局域网络,用于连接终端设备,如个人计算机(Personal Computer,PC)及网络打印机等。

交换机工作于 OSI 参考模型的第二层,即数据链路层。交换机内部的 CPU 会在每个端口成功连接时,通过将 MAC 地址和端口对应,形成一张 MAC 表。在今后的通信中,发往该 MAC 地址的数据包将仅送往其对应的端口,而不是所有端口。因此,交换机可用于划分数据链路层广播,但它不能划分网络层广播。

4. 路由器

路由器又称为网关设备。路由器在 OSI/RM 模型中完成网络层中继以及第三层中继任务,对不同的网络之间的数据包进行存储、分组转发处理,其主要作用就是在不同的逻辑上分开网络。数据从一个子网传输到另一个子网,可以通过路由器的路由功能进行处理。

路由器分为本地路由器和远程路由器,本地路由器用来连接网络传输介质,如光纤、同轴电缆、双绞线;远程路由器用来连接远程传输介质,并要求有相应的设备,如电话线要配调制解调器,无线要通过无线接收机、发射机。

在网络通信中,路由器具有判断网络地址以及选择 IP 路径的作用,可以在多个网络环境中,构建灵活的连接系统,通过不同的数据分组以及介质访问方式对各个子网进行连接。路由器在操作中仅接收源站或其他相关路由器传递的信息,是一种基于网络层的互联设备。路由器应用于局域网络,用于连接终端设备,如 PC 及网络打印机等。

7.3.5　硬盘录像设备

当摄像设备拍摄完成后,可以实时观看,但更重要的是将视频资源压缩存储下来。顾名思义,硬盘录像机就是使用硬盘存储视频录像的设备。硬盘录像机搭配摄像头、显示器、键盘和鼠标就能组成一套完整的监视系统,可以做到摄像头的管理控制,录像的存储、查看、回放,实时告警等功能。

1. 数字硬盘录像机

硬盘录像机在视频监视系统中扮演着至关重要的角色,它能够有效地记录和存储监控摄像头所捕捉到的画面,为安全防范提供重要的依据和证据。在本地视频监视系统中主要采用数字硬盘录像机(DVR)达到存储视频数据的目的;而在远程视频监视系统中一般使用网络硬盘录像机(NVR),这样只需连接上网络即可接收视频并存储。同时,硬盘录像机或网络视频录像机还能够配合监视系统的其他功能,如智能分析、远程监控等,以实现更加全面和智能的监控和管理。图 7-13 所示为一般硬盘结构。

硬盘上的数据存放在硬盘的盘片上。硬盘盘片一般采用硬质合金制造,将磁粉附着其上,圆盘片的表面上通过磁头的磁力作用,将数据记录在其中。通常一个硬盘由很多张盘片叠加而成。

硬盘磁头是硬盘读取数据的关键部件,它是由线圈缠绕在磁心上制成的。它的主要作用是将存储在硬盘盘片上的磁信息与电信号相互转换进行传输。其基本工作原理是利用特殊材料的电阻值会随着磁场变化而变化,从而实现数据的读/写。

传动部件即磁头臂,在磁头臂的末端安放了硬盘磁头,进行数据的读/写。而硬盘的主轴决定了硬盘的转速,二者都是纯机械化的部件。

在硬盘的反面,是一块印制电路板(Printed-Circuit Board,PCB),上面包含多枚芯片,有硬盘的主控制芯片、缓存芯片和硬盘驱动芯片等,它们的作用是控制盘片转动和磁头

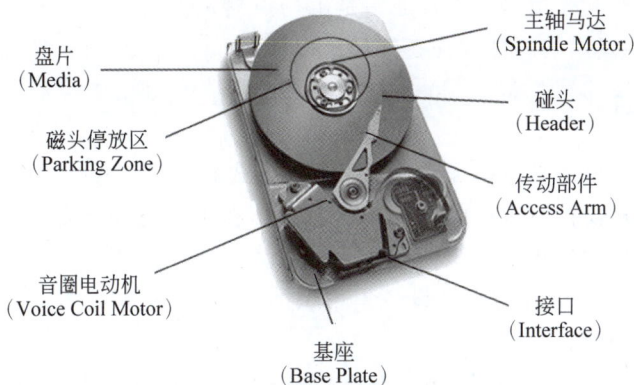

图 7-13　一般硬盘结构

读/写。

接口是硬盘与主机系统的连接模块。接口的作用就是将硬盘的数据发送到计算机主机内存或其他应用系统中,或者反过来,用来接收主机的数据并存储到硬盘中。硬盘的接口类型包括电源接口和数据传输接口。经常说的 IDE 硬盘、SATA 硬盘、SCSI 硬盘、SAS 硬盘等,主要是根据硬盘的接口类型不同来区分的。不同的接口类型会有不同的最大接口带宽,从而在一定程度上影响着硬盘传输数据的快慢。

2. 网络硬盘录像机

相较于传统的数字硬盘录像机,网络硬盘录像机(NVR)通常连接网络摄像机并且方便扩展摄像机,可以实现网络存储,将视频采集与存储分隔开来,允许用户通过远程访问观看视频或回放。但是,NVR 在一定程度上比较依赖于网络信号的质量,视频监控对于数据的连续性要求较高,所以应该注意网络中断等问题。

在网络硬盘录像系统中,自动网络补偿(Automatic Network Replenishment,ANR)是一种功能,用于在网络连接中出现问题或网络断开时,自动补偿和保存视频数据。当网络连接中断或出现问题时,通常情况下 NVR 无法获取网络摄像机发送的视频数据。但是,如果NVR 具备 ANR 功能,它可以在网络连接恢复时自动补偿之前缺失的视频数据,以保证连续和完整的录像。

ANR 通过在 NVR 本地存储一定量的视频缓存来实现。当网络连接断开时,网络摄像机会将视频数据保存到本地缓存中。一旦网络恢复连接,NVR 会检测到缓存的视频数据,并自动将其补充到录像文件中。这样,即使在网络中断期间,NVR 也能够保持连续的录像,并确保视频文件的完整性。ANR 功能提高了 NVR 系统的可靠性和稳定性,特别是在网络不稳定或断开的环境下。它保证了重要的视频数据不会因网络故障而丢失,提供了更可靠的视频监控和录像保护。

7.3.6　声光告警

声光告警是一种在紧急情况下,通过发出声音和光信号提醒人们注意危险或采取相应措施的报警系统。它通常包括声音告警、闪光告警、声光联合告警等方式,广泛应用于工业、家庭、公共安全等领域。

声光告警的工作原理通常是通过传感器或控制系统检测到异常情况或危险信号,触发声光告警器发出声音和光信号。声音通常是由扬声器发出的高分贝警报声,而光信号则是由 LED 或其他光源发出的闪烁或常亮信号。

7.3.7 电源

摄像头电源主要分为直流电和交流电。供电方式有点对点直接供电和集中供电。点对点直接供电方式是从监控室直接引出 220V 交流电,在摄像机旁边接 DC 12V 或 AC 24V 电源,220V 交流电在传输过程中电压损耗低,抗干扰能力强。集中供电方式是在监控室或某个中间点采用 12V 开关电源向摄像设备集中供电,节省了电源成本。对于摄像设备,采用直流稳压电源更加稳定。

以太网供电(Power over Ethernet,PoE)是一种通过以太网电缆传输电力的技术。它允许在以太网电缆上同时传输数据和电力,使得网络设备可以通过一根电缆接收数据和供电,这种技术可以在不作任何改动的情况下为其他设备提供直流供电,主要应用于高清网络数字监视系统或无线网络中。

第 8 章

传统显示技术与设备

8.1 真空荧光管

1967 年,日本的中村正利用低能电子发光原理改进了氧化锌发光材料的制造和涂覆工艺,选择了新的电极结构,获得了 20V 低阳极加速电压条件下的一种封在圆柱管内七段单位显示的真空荧光显示管(VFD)。

VFD 是一种真空封装的玻璃管,内部包含阴极和阳极。阴极加热后产生电子,阳极产生正电场。电子在电场作用下加速,并撞击荧光物质(如荧光粉),使其发光。VFD 是一种自身发光显示器件。

VFD 是从真空电子管发展而来的显示器件,它的基本结构如图 8-1 所示,主要由发射电子的阴极(直热式,统称灯丝)、控制电子流的栅极、覆盖荧光粉的阳极、面板玻璃等构成。面板玻璃和玻璃基板之间是一个真空容器,里面以灯丝(阴极)、栅极和阳极为基本电极。在玻璃基板上分布着阳极、栅极,阳极和栅极与外围的引线电气连接,阳极和栅极分别通过绝缘层与配线隔离,在通孔处进行电气连接。引线采用与玻璃具有相同膨胀率的合金(Ni 占 42%,Cr 占 6%,剩下为 Fe),作为向内部电极提供所需电压和电信号的引出端子。封接玻璃(玻璃粉)用于固定玻璃基板和引线,以保证真空容器所需的真空度。VFD 通过排气孔排出真空容器内的空气,然后用涂覆封框胶的金属盖封住排气孔。消气剂主要用在排气工程的最后阶段,通过高频诱导加热,吸收 VFD 内残留的气体,提高真空度。面板玻璃的内表面有一层 ITO 透明导电膜,引线与灯丝支架通过接点相连,接上阴极电位或其他正电位,形成静电屏蔽层。一方面,屏蔽外部静电场的影响,避免外部静电场干扰灯丝发射的电子束走向而导致发光状态不稳定;另一方面,防止电荷在玻璃基板上积累。

VFD 在早期的电子技术和显示技术中扮演了重要的角色,最早的计算机显示器和电视机均使用了真空荧光管。这种管子具有高对比度和亮度,但体积较大、功耗较高。它的形态大致经历 3 个发展阶段。第一代产品基本沿用普通电子管的生产工艺,外形如普通电子管中的拇指管,与小氖泡类似。这种单管式荧光管用作数字或字符显示时,需将多个单管排列,体积大,安装不方便。1972 年,电子技术和显示技术中开始使用 6~13 位的圆形真空玻璃管,这是第二代产品。它是将一个玻璃管横放,管中一次排列多维数码,使用方便,但其外形仍是玻璃泡电子管的形状。1974 年,荧光管实现了平板多维显示,这是第三代产品。它是在玻璃基板上使用后模印制和薄膜技术制造各种主要电极,成为平板型显示器,如图 8-2

第 16 集
微课视频

所示。

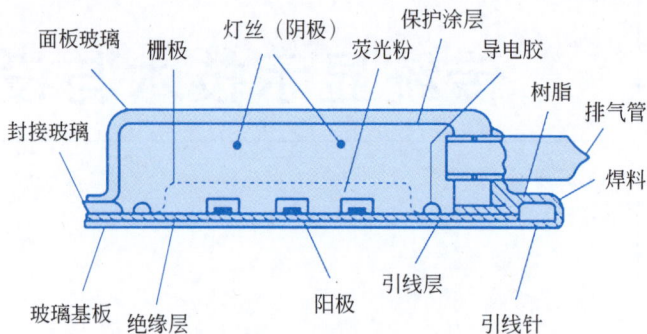

图 8-1　真空荧光管基本结构

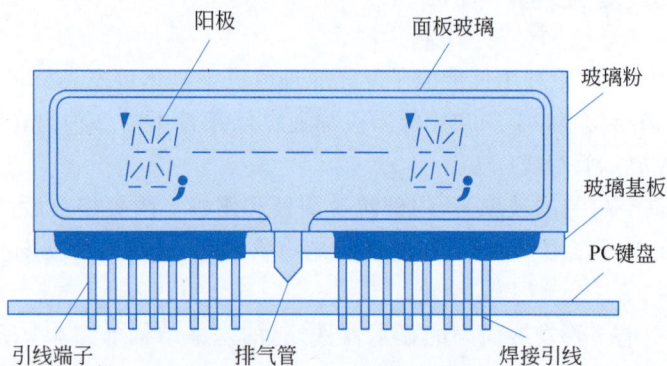

图 8-2　平板型真空荧光管

8.2　辉光放电管

真空荧光管(VFD)和辉光放电管(Glow Discharge Tube,GDT)代表了一部分早期显示技术,虽然它们在现代主流技术中已经被替代,但仍然有一些特定的应用领域在使用这些传统的显示器件。

辉光放电(Glow Discharge,GD)是指低压气体中显示辉光的气体放电现象,即稀薄气体中的自持放电(自激导电)现象。1831—1835 年,迈克尔·法拉第在研究低气压放电时发现辉光放电现象和法拉第暗区。1858 年,J·普吕克尔在研究辉光放电时发现了阴极射线,成为 19 世纪末粒子辐射和原子物理研究的先驱。

辉光放电是一种低气压放电(Low Pressure Discharge)现象,工作压力一般都低于10mbar,其基本构造是在封闭的容器内放置两个平行的电极板,利用产生的电子将中性原子或分子激发,而被激发的粒子由激发态降回基态时会以光的形式释放出能量。

辉光放电管(GDT)也称为"冷阴极离子管"或"冷阴极充气管",是一种带有稀薄气体(通常是氖气)的封闭容器。当电压加到一定程度时,气体被电离形成等离子体,产生可见的辉光。辉光放电管的颜色由气体种类和管内涂层决定,如氖显红色、氩显浅紫色、汞显淡蓝色、氦显粉红色等。

辉光放电有亚正常辉光和反常辉光两个过渡阶段,放电的整个通道由不同亮度的区间组成,即由阴极表面开始,依次为阴极放电区、阴极和阳极放电连接区、阳极放电区,如图8-3所示。这些光区是空间电离过程及电荷分布所造成的结果,与气体类别、气体压力、电极材料等因素有关,这些都可以从放电理论上作出解释。辉光放电时,在两个电极附近聚集了较多的正负空间电荷,因而形成明显的电位降落,分别称为阴极压降和阳极压降。阴极压降又是电极间电位降落的主要成分,在正常辉光放电时,两极间的电压不随电流变化,即具有稳压的特性。

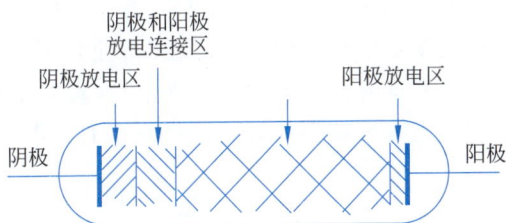

图 8-3 辉光放电分布区

辉光放电的特征是电流强度较小(约几毫安),温度不高,故管内有特殊的亮区和暗区,呈现瑰丽的发光现象。辉光放电管(GDT)常用于指示灯、数字显示和其他应用。用于数字显示时,每个数字由一个独立的数字形状的管子构成,可以显示 0~9,很漂亮,如图 8-4 所示。辉光放电管也被用于早期的计算机控制面板。相较于真空荧光管,辉光放电管更紧凑,且功耗较低。它们可以发出不同颜色的光,具有较长的寿命。

第 17 集
微课视频

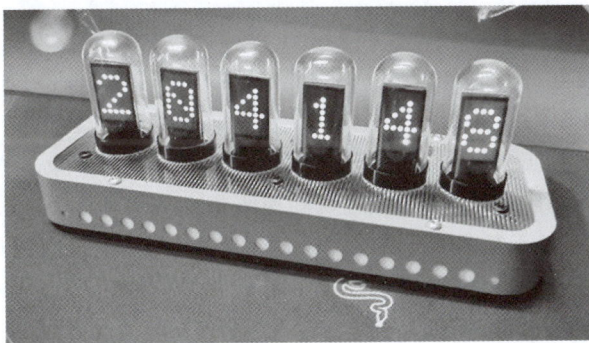

图 8-4 数字辉光管

随着科技发展,液晶显示器和其他现代显示技术逐渐替代了辉光放电管,但这些管子仍然在收藏品、艺术品和 DIY 项目中有一定的应用。

8.3 阴极射线管基本结构与工作原理

阴极射线管(CRT)是一种古老的显示设备,至今已有 100 多年的历史,它曾长期统治显示技术领域,直至各种显示设备蓬勃发展的今天,其仍占有部分地位。

CRT 显示器分为黑白 CRT 显示器和彩色 CRT 显示器两大类。它的核心部件是 CRT 显像管,主要由 5 部分组成:电子枪(Electron Gun)、偏转线圈(Deflection Coils)、荫罩(Shadow Mask)、荧光粉层(Phosphor)及玻璃外壳,其中电子枪是显像管的核心。

　　CRT 显示器的工作原理和家用电视机的显像管基本一样,可以把它看作一台图像更加精细的电视机。经典的 CRT 显像管使用电子枪发射高速电子,经过垂直和水平的偏转线圈控制高速电子的偏转角度,最后高速电子轰击屏幕上的磷光物质使其发光。通过电压调节电子枪发射电子束的功率,就会在屏幕上形成明暗不同的光点,形成各种图案和文字。下面将对两大类 CRT 显示器的基本结构和工作原理进行详细介绍。

8.3.1　黑白 CRT 显示器的基本结构与工作原理

　　黑白 CRT 即单色(Monochrome Monitor)CRT,只有单一的电子枪,仅能产生黑、白两种颜色。它的主要用途是在电视机中显示图像,以及在工业控制设备中用作监视器。黑白 CRT 主要由圆锥形玻壳、玻壳正面用于显示的荧光屏、封入玻壳中用于发射电子束的电子枪系统和位于玻壳之外控制电子束偏转扫描的磁轭器件等 4 部分组成,如图 8-5 所示。

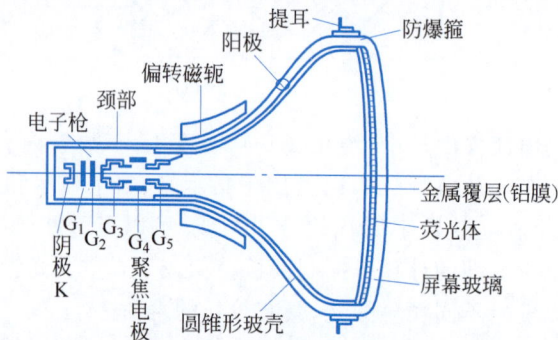

图 8-5　单色 CRT 的结构

　　电子枪结构中,灯丝、阴极(K)、第一控制栅极(G_1 或称调制器)、加速极(G_2 或称屏蔽极)构成发射系统;第二阳极(G_3)、聚焦电极(G_4)、高压阳极(G_5)构成聚焦系统。工作时,电子枪中阴极(K)被灯丝加热至 600℃时,开始大量发射电子。电子束首先由加在第一控制栅极的视频电信号调制,然后经加速和聚焦后,高速轰击荧光屏上的荧光体,荧光体发出可见光。电子束的电流是受显示信号控制的,信号电压越高,电子枪发射的电子束流越大,荧光体发光亮度也越高。最后通过偏转磁轭控制电子束,在荧光屏上从上到下、从左到右依次扫描,从而将原被摄图像或文字完整地显示在荧光屏上。

8.3.2　彩色 CRT 显示器的基本结构与工作原理

　　彩色 CRT 利用三基色图像叠加原理实现彩色图像的显示。荫罩式彩色 CRT 是目前占主导地位的彩色显像管,这种管子的原始设想是德国人弗莱西(Fleshsig)在 1938 年提出的。荫罩式彩色 CRT 的基本结构如图 8-6 所示。

　　彩色 CRT 是通过红(R)、绿(G)、蓝(B)三基色组合产生彩色视觉效果。荧光屏上的每个像素由产生红(R)、绿(G)、蓝(B)的 3 种荧光体组成,同时电子枪中设有 3 个阴极,分别发射电子束,轰击对应的荧光体。为了防止每个电子束轰击另外两个颜色的荧光体,在荧光面内侧设有选色电极——荫罩。

　　在荫罩式彩色 CRT 中,玻壳荧光屏的内面形成点状红、绿、蓝三色荧光体,荧光面与单色 CRT 相同,在其内侧均有铝膜金属覆层。在离荧光面一定距离处设置荫罩,荫罩焊接在

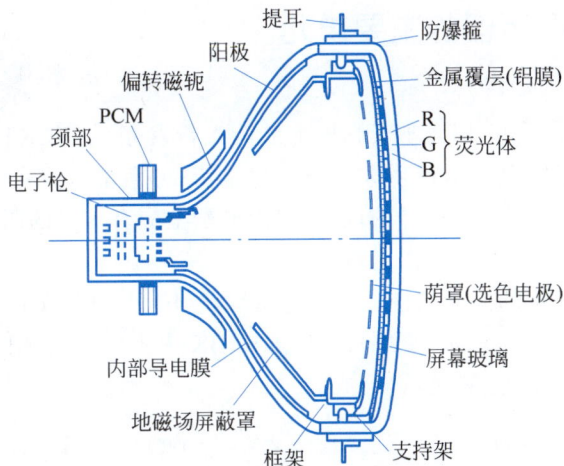

图 8-6 荫罩式彩色 CRT 的基本结构

支持框架上,并通过显示屏侧壁内面设置的紧固钉将荫罩固定在显示屏内侧。

彩色 CRT 的工作原理如图 8-7 所示。由灯丝、阴极、控制栅极组成电子枪,通电后灯丝发热,阴极被激发,发射电子流,电子流受到带有高电压的内部金属层的加速,经过透镜聚焦形成极细的电子束,在阳极高压作用下,获得巨大的能量,以极高的速度轰击荧光粉层。这些电子束轰击的目标就是荧光屏上的三基色。为此,电子枪发射的电子束不是一束,而是 3 束,电子束在偏转磁轭产生的磁场作用下,射向荧光屏的指定位置,轰击各自的荧光粉单元。一般荫罩式 CRT 的内部有一层类似筛子的网罩,电子束通过网眼打在呈三角形排列的荧光点上,以防止每个电子束轰击另外两个颜色的荧光体。受到高速电子束的激发,这些荧光粉单元分别发出强弱不同的红、绿、蓝 3 种光。根据空间混色法(将 3 个基色光同时照射同一表面相邻很近的 3 个点上进行混色的方法)产生丰富的色彩,这种方法利用人们眼睛在超过一定距离后分辨力不高的特性,产生与直接混色法相同的效果。用这种方法可以产生不同色彩的像素,而大量的不同色彩的像素可以组成一张漂亮的画面,而不断变换的画面就成为可动的图像。

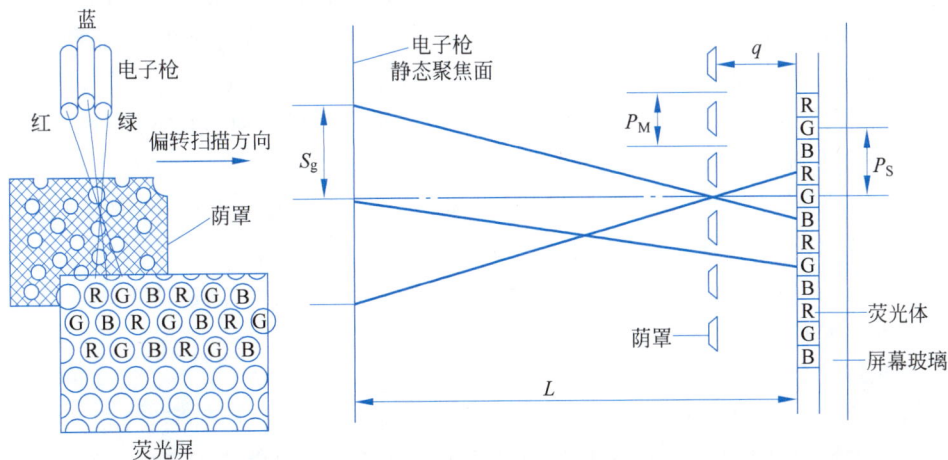

图 8-7 彩色 CRT 的工作原理

8.3.3 CRT 显示器的主要单元

1. 电子枪

电子枪用来产生电子束,以轰击荧光屏上的荧光粉发光。在 CRT 中,为了在屏幕上得到亮而清晰的图像,要求电子枪产生大的电子束电流,并且能够在屏幕上聚成细小的扫描点。此外,由于电子束电流受电信号的调制,因而电子枪应有良好的调制特性。在调制信号控制过程中,扫描点不应有明显的散焦现象。

图 8-8 所示为电子枪的简易结构。电子枪由灯丝(用 H、HT 或 F 表示)和阴极(用 K 表示)组成,彩色显像管由 3 个阴极(分别用 RK、GK、BK 表示)、栅极(用 G_1 表示)、加速极(用 G_2 表示)、高压阳极(用 G 或 V 表示)组成。

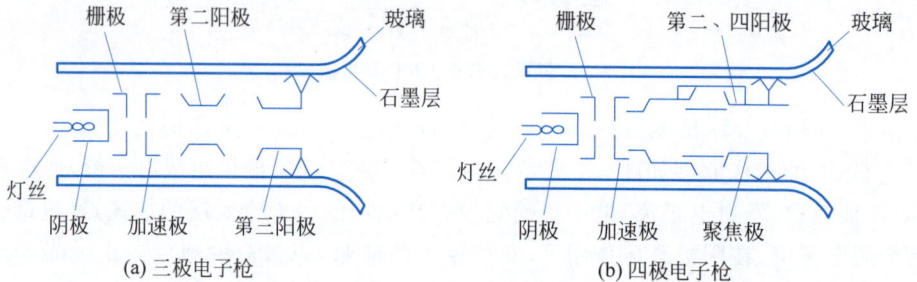

(a) 三极电子枪   (b) 四极电子枪

图 8-8 电子枪的简易结构

下面介绍电子枪中各部分的作用。

(1) 灯丝通电后将电能转换为热能并对阴极加热,使阴极表面产生 600~800℃的高温,创造一个使阴极发射电子的外部条件。

(2) 阴极呈圆筒状,装在圆筒内部,顶端涂有钡锶钙的氧化物,灯丝通电时,阴极受热后发射大量电子。

(3) 栅极套在阴极外面,是一个金属圆筒,顶端开有小孔,让电子束通过。改变栅极与阴极的相对电位可以控制电子束的强弱。如果把视频信号加到阴极或栅极,那么电子束的强弱就会随着视频信号强弱而变化,在荧光屏上就出现与视频信号相对应的图像。在实际应用中,为了提高信号强度,将栅极加负压(0~60V),用电位器(或计算机)控制调整电压调制通过的电子数目,改变显像管束电流的大小,从而控制荧光屏的亮度。

(4) 加速极也是顶部开有小孔的金属筒,其位置紧靠栅极。通常在加速极上加几百伏的正电压,它能控制阴极发射的电子束到达荧光屏的速度。

(5) 彩色显像管聚焦极通常加 5~8kV 电压。聚焦极、加速极和高压阳极一起构成一个电子透镜,使电子束汇聚成一束轰击荧光屏荧光粉层。

(6) 高压阳极建立一个强电场,使电子束以极快的速度轰击荧光屏上的荧光粉。高压阳极的电压通常为 22~34kV。

2. 荧光屏

顾名思义,荧光屏就是发出荧光的屏幕。它是由涂覆在玻璃壳内的荧光粉和叠于荧光粉层上面的铝膜共同组成的。工作时荧光屏后面的电子枪发射电子束打在荧光粉上,于是一部分荧光粉亮起来,显示出字符或图像。

荧光屏是实现 CRT 显像管电光转换的关键部件之一。它要求发光亮度和发光效率足够高,发光光谱适合人眼观察,图像分辨力高,传递效果好,余辉时间适当,机械、化学、热稳定性好,寿命高。

CRT 的发光性能首先取决于所用的荧光粉材料,因为主要由荧光粉层完成显像管内的光电转换功能。黑白 CRT 要求在电子束轰击下荧光粉发白光,一般采用颜色互补的两种荧光粉混合起来发白光或直接采用单一的白色荧光粉。

荧光粉的发光效率是指每瓦电功率能获得多大的发光强度。余辉时间也是荧光粉的重要特性参数。当电子束轰击荧光粉时,荧光粉的分子受激而发光;而当电子束的轰击停止后,荧光粉的发光并非立即消失,而是按指数规律衰减,这种特性称为荧光粉的余辉特性。余辉时间是指荧光粉在电子束轰击停止后,其亮度减小到电子轰击时稳定亮度的 1/10 所经历的时间。

一般把余辉分成 3 类:余辉时间长于 0.1s 的称为长余辉发光;余辉时间为 0.001~0.1s 的称为中余辉发光;余辉时间短于 0.001s 的称为短余辉发光。余辉太长,则同一像素第一帧余辉未尽而第二帧扫描又到了,前一帧的余辉会重叠在后一帧图像上,整个图像便会模糊。若余辉时间太短,屏幕的平均亮度将会降低。

屏幕的亮度取决于荧光粉的发光效率、余辉时间及电子束轰击的功率。荧光粉的发光效率高时屏幕较亮,余辉时间长,平均亮度也较大。

3. 偏转系统

如果不加偏转电压,经过加速、聚焦后具有很高动能的电子束轰击荧光面时,仅能在荧光屏中心位置产生亮度很高的光点,难以成像。为了显示一幅图像,必须让电子束在水平方向和垂直方向上同时偏转,使整个荧光屏上的任何一点都能发光而形成光栅,这就是偏转系统的作用。

由于磁偏转像差小,在高阳极电压下适用于大角度偏转,所以显像管通常采用磁偏转。磁偏转系统由两组套在管颈外面的互相垂直的偏转线圈组成,常为 S/T 型结构,即:垂直偏转线圈绕在磁环上为环形,水平偏转线圈分为上、下两个绕组,绕组外形呈马鞍形;水平线圈放在垂直线圈里面,且紧贴管颈。

偏转线圈是 CRT 显像管的重要部件,分为行偏转线圈和场偏转线圈,即水平偏转线圈和垂直偏转线圈。行偏转线圈通有由行扫描电路提供的锯齿波电流,产生在垂直方向上线性变化的磁场,使电子束作水平方向扫描。场偏转线圈通有由场扫描电路提供的锯齿波电流,产生在水平方向上线性变化的磁场,使电子束作垂直方向扫描。在行扫描和场扫描的共同作用下,有规律地从上到下、从左到右控制电子束的运动,屏幕上呈现一幅矩形的光栅。

4. 荫罩

荫罩、玻璃管壳和电子枪是组成彩色显像管的三大主要部件,在彩色显像管内,荫罩装于玻璃管壳和电子枪之间,起分色作用。也就是说,没有荫罩,就没有现在普遍使用的 CRT 彩色电视机。

5. 玻璃管壳

玻璃管壳通常由屏幕玻璃、锥体、管颈 3 部分组成。用普通玻璃做 CRT 的外围器件,是因为其透明性高,能耐受真空并能吸收从内部发射的 X 射线。

CRT 在工作时产生的电子束打在荫罩及荧光屏上要发射 X 射线。为使 X 射线不逸出管外,选用能吸收 X 射线的材料。这种材料含有 23%~35% 的氧化铅(PbO),即所谓的铅玻璃。但是,这种玻璃不能用在屏幕部分,因为在使用过程由于电子的照射,PbO 被还原成金属铅的微粒子,使玻璃带有颜色,产生着色现象。为了防止产生这种现象,使用钡或锶代替材料中的铅成分。另外,在其他管内产生的 X 射线也可以发生着色现象,这个 X 射线着色现象是在玻璃内的彩色中心发生的,可在玻璃中加入氧化锶(SrO_2)减轻这种现象。通常的屏幕玻璃里含有 0.3% 左右的 SrO_2。

8.3.4 CRT 显示器相关技术

尽管显示器在不断更新换代,但 CRT 的基本工作原理沿用了上百年,直到今天也没有太大的变化。显示器是一种复杂的设备,其扩展性和可靠性也十分惊人,在这方面,电子控制起了很大的作用。任何机械都会有磨损,唯有用电子元件才能延长寿命,甚至能适应数千小时的工作。为了实现 CRT 显示器显示,采用了许多相关的显示技术,这些技术在电视机、示波器中同样适用。

1. 生成图像

CRT 的偏转线圈用于电子枪发射器的定位,它能够产生一个强磁场,通过改变强度移动电子枪。线圈偏转的角度有限,当电子束传播到一个平坦的表面时,能量会轻微地偏移目标,仅有部分荧光粉被击中,四边的图像都会产生弯曲现象。为了解决这个问题,显示器生产厂把显像管制造成球形,让荧光粉充分地接收能量,这样做的缺点是屏幕将变得弯曲。电子束由左至右、由上至下的射击过程称为刷新,不断重复地刷新就能保持图像的持续性。

2. 混合颜色

旧式的 CRT 只有单一的电子枪,仅能产生黑白两种颜色,即单色显示器。新一代显示器有 3 支电子枪,每支电子枪都有独立的偏转线圈,分别发出红、蓝、绿(R、G、B)3 束光线,混合光线可以产生 1600 万种颜色,或者说真彩色。某些显示器能用一个电子枪发出 3 束电子束,经过混合也能生成其他颜色。生成彩色图像电子枪要扫描屏幕 3 次,其过程比黑白图像复杂得多。

3. 回转变压器

回转变压器(Flyback Transformer)类似发动机点火线圈,在特定时间发出一个低能量信号给回转磁线圈,并生成磁场。当低能量源关闭后,磁线圈的能量转移到高能量输出中,最后传到电子枪发出电子束。依照 CRT 尺寸的不同,产生的能量也各有差异,通常为 10 000~50 000V。当电子枪完成一条线的扫描后,回转变压器会放出能量,关闭电子枪并消去磁场,强制电子束发射到屏幕的其他位置,就能画出下一条线。在显示器开启时,不要直接触摸 CRT,它带有上万伏的电压。

4. 垂直和水平同步

垂直和水平同步是 CRT 中两个基本的同步信号。水平同步信号决定了 CRT 画出一条横越屏幕线的时间;垂直同步信号决定了 CRT 从屏幕顶部画到底部再返回原始位置的时间,垂直同步也可以称为刷新率。计算机显卡把这两个参数提供给显示器,显示器用它们驱动内部振荡电路,确定显示器与当前显卡的设置相同。标准电视机的水平同步信号频率为 512 线×30fps,即 15.75 kHz。计算机显示器的水平同步信号可任意调节,幅度在 15.75~95kHz。把水平同步信号频率反转能够得出扫描一条线的时间,即 1/17.75kHz=63.5μs。在垂直折回脉冲使电子枪关闭后,电子枪会返回原来位置,电视机扫描一帧图像要返回 525

次,通常称为525线。因为CRT的频繁开关和扫描切换,在屏幕上实际表现出来的线数比525要少一些,一般为399~428线。

5. 交错和非交错

显示器表现的是静态画面,并以连续的画面组成动画,由于计算机画面是随机的,无法预先录制,在玩3D游戏时就会感到画面的过渡出现停顿感。为了追求显示画面的速度,需要采用两种不同扫描方式。电视机采用的是交错(Interlace)扫描,机器本身刷新速度不足,每帧都要刷新两次,由于人眼的视觉暂停原理,会感到画面是连续播入的,缺点是人眼能发现两次刷新的不同,感到屏幕有闪烁,长时间观看容易使眼睛疲劳。显示器的隔行扫描与之相近,但有少许不同。电视机能稳定运行在30Hz或30fps,但早期CRT并不能保持刷新率不变,磁偏转线圈常常影响着电子束的发射,有时还会减弱电子束,以及荧光粉的发热时间的限制,导致上半部分屏幕比下半部分屏幕更亮,所以不能再沿用电视机的技术,必须有所突破。后来,人们采用了分线刷新的方法,第一次扫描奇数行,第二次扫描偶数行,缺点是每做一样动作要刷新两个周期,显示器的反应较慢,当然,画面闪烁是不可避免的。不过,也因此提高了显示器的刷新速度,以30fps的频率实现60fps的图像也成为可能,避免显像管负荷过大而烧毁。幸运的是,在荧光粉发热时间和稳定性增加,以及电子枪得到重大改进的今天,上述早期发生的CRT应用问题也不复出现。

6. 金属隔板技术

点状荫罩指在电子枪和荧光屏之间放置一个金属隔板,上面有许多小洞让电子通过。其作用是防止一个荧光点加热时传导到附近的点,分离显示器的色彩。在荫罩技术方面,有两点最重要:一是如何使用更薄的金属制造隔板,并缩小点与点之间的间距(Dot Pitch),让它与屏幕上的点一一对应;二是如何修正电子束的颜色,让它更符合要求。

荫罩的主要缺点是金属板会随着能量的变化而产生弯曲,特别是在高亮度的情况下,需要更多的能量战胜荫罩的阻抗,弯曲会更加严重。金属板变形使电子束偏离原定目标,显示的画面会模糊不清。为此,只好不断寻找适合制造荫罩的金属,目前效果最好的是不胀钢(Invar),它是镍/铁合金,膨胀率几乎为零。荫罩的第二个缺点是屏幕弯曲会产生刺眼的眩光,用防眩光涂层(Anti Glare Coatings,AGC)能解决这个问题。

栅条式金属板(Aperture Grills)的原理和荫罩差不多,只是将圆孔换成了垂直的栅条,增大了电子束的穿透率。由于栅条是垂直的,可以使用柱面显像管,在垂直方向实现完全平面。缺点是金属板过热会导致栅条间隔变小,显示图像模糊。除此之外,栅条的微小振动也会导致画面颤抖。Sony公司的特丽珑(Trinitron)采用了两条水平金属线固定栅条的位置,虽然在高亮度时会出现隐约可见的金属线,但并不影响画面的完整。

沟槽式荫罩板(Slot Mask)是NEC公司和Panasonic公司开发的一种技术,它结合了传统荫罩和栅条金属板的优点,以垂直长方形栅条代替了旧式的圆孔,增大了电子束的穿透率。不过,它仍然无法避免金属板的变形,唯有沿用原有的球状显像管。另外,沟槽的形状还要尽量接近电子束的外形,防止荧光粉受到过多的能量照射。

8.3.5　CRT显示器驱控电路

1. 扫描方式

文字及图像画面都是由一个个称为像素的点构成的,使这些点顺次显示的方法称为扫描。一般 CRT 的电子束扫描是由偏转磁轭进行磁偏转控制的。

光栅扫描在垂直方向上采用从左上向右下的顺序,由扫描产生的水平线称为扫描线,按该扫描线的条件决定显示器垂直方向的图像分辨率。光栅扫描方式中有顺序扫描(逐行扫描)方式和隔行扫描(飞越扫描)方式。

如图 8-9(a)所示,在顺序扫描方式中,当场频为 50Hz、扫描行数为 625、图像宽高比为 4∶3 时,则需要 10.5MHz 的信号带宽。这将使电视设备复杂化,信道的频带利用率下降。实际系统采用隔行扫描方式降低图像信号的频带。

隔行扫描方式是把一帧画面分成两场来扫描,第一场扫描奇数行,第二场扫描偶数行,如图 8-9(b)所示。两场扫描行组成的光栅相互交叉,构成一整帧画面。在第 7 行扫过一半时,奇数场扫描结束,偶数场扫描开始,故第 7 行的后一半会在偶数场开始时扫描,这样就会在光栅上端的中点开始,结果使偶数行正好插在奇数行之间,两场组成了一幅完整光栅,如图 8-9(c)所示。

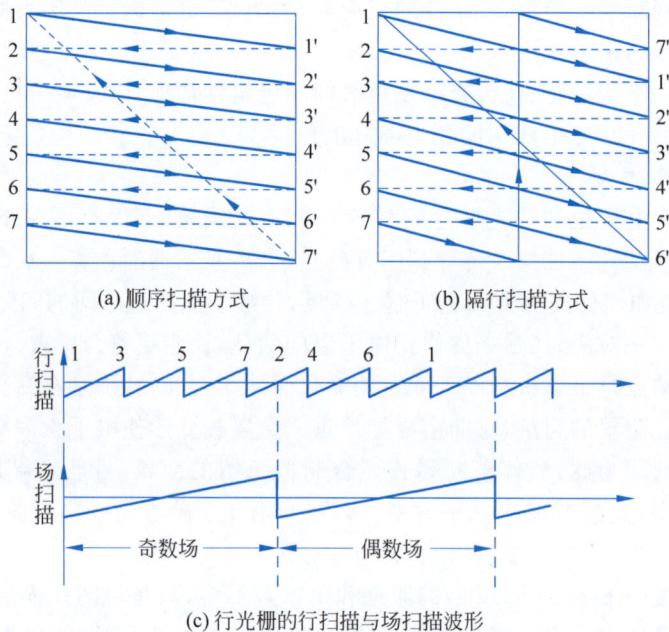

(a) 顺序扫描方式   (b) 隔行扫描方式

(c) 行光栅的行扫描与场扫描波形

图 8-9　CRT 扫描方式

要实现隔行扫描,就应该保证偶数场的扫描行准确地插在奇数场的扫描行之间,否则就会出现并行现象,使图像质量下降。

下面对全球两大主要电视广播制式——NTSC(National Television Standards Committee)和 PAL(Phase Alternating Line)进行简要介绍。日本、美国、加拿大、墨西哥等国家采用 NTSC 制式,德国、英国、新加坡、中国内地和中国香港、澳大利亚、新西兰等国家和地区采用 PAL 制式。PAL 制式和 NTSC 制式的区别在于彩色编解码方式和场扫描频率不同。这两种制式是不能互相兼容的,如果在 PAL 制式的电视上播放 NTSC 制式的影像,画面将变成黑白,反之也是一样。

NTSC 制式的电视全屏图像每帧有 525 条水平线,隔行扫描,每次半帧屏幕扫描需要 1/60s,整帧扫描需要 1/30s。适配器可以把 NTSC 信号转换为计算机能够识别的数字信号。相反地,还有一些设备能把计算机视频转换为 NTSC 信号,能把电视接收器当成计算机显示器那样使用。但是,由于通用电视接收器的分辨率要比一台普通显示器低,所以即使电视屏幕再大也不能适应所有计算机程序。

PAL 制式的电视全屏图像每帧有 625 线,每秒 25 格,隔行扫描。它对同时传输的两个色差信号中的一个采用逐行倒相,另一个采用正交调制方式。这样,如果在信号传输过程中发生相位失真,则会由于相邻两行信号的相位相反起到互相补偿作用,从而有效地克服了因相位失真引起的色彩变化。因此,PAL 制式克服了 NTSC 制式对相位失真的敏感性,图像彩色误差较小,与黑白电视的兼容也好。

PAL 制式根据不同的参数细节,又可以进一步划分为 G、I、D 等制式。中国使用 PAL-D 制式,规定每帧两场,每秒 50 场;每行水平扫描正程为 $52\mu s$,逆程为 $12\mu s$,场正程时间大于或等于 18.4ms,逆程时间小于或等于 1.6ms,垂直方向显示 575 行。

电影放映时是每秒 24 个胶片帧,而视频图像 PAL 制式每秒 50 场,NTSC 制式每秒 60 场,可以认为 PAL 制式每秒 25 个完整视频帧,NSTC 制式每秒 30 个完整视频帧。电影和 PAL 制式每秒只差 1 帧,如果直接一帧对一帧进行制作,PAL 制式视频帧每秒会比电影多放一帧,也就是速度提高了 1/24,而且声音的音调会升高。而 NTSC 制式因为每秒有 30 帧,不能直接一帧对一帧制作,要把 30 个视频帧转为 24 个电影帧,这 30 个视频帧里所包含的内容和 24 个电影帧是相等的,所以 NTSC 的播放速度和电影一样。

2. 辉度及颜色

单色 CRT 只需要对辉度进行控制,对彩色 CRT 来说还需要对颜色进行控制,辉度和颜色都是通过电流量来控制的。辉度与信号幅度的关系如图 8-10 所示。电流控制方式中有栅极(G_1)驱动方式和阴极驱动方式。

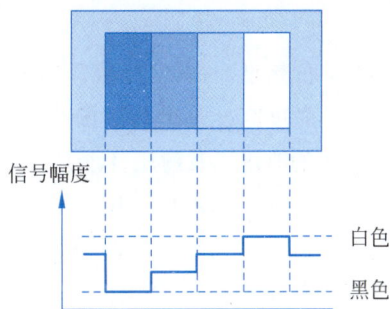

图 8-10 辉度与信号幅度的关系

在栅极(G_1)驱动方式中,在电子枪的栅极/阴极间施加不同的电压,就可以得到相应的辉度。

彩色 CRT 的颜色显示是通过 3 个电子束各自的电流(由电压调制)来调制的。由各色输入阶数的乘积决定显示的色数,对于阶数为 16 的情况,可显示 $4096(16^3)$ 种颜色。

3. CRT 显示器驱控器电路构成

CRT 显示器驱控器电路如图 8-11 所示,主要包括视频电路、偏转电路、高压电路、电源电路等基本电路,以及所选择的动态聚焦电路、水平偏转周波数切换电路等。

视频信号中包含了垂直同步信号、水平同步信号和视频信息,由一系列宽窄不同的脉冲信号构成。当视频信号经过视频放大电路放大后,再经同步信号处理电路分解为垂直振荡电路信号和水平振荡电路信号,驱动垂直驱动电路与水平驱动电路完成 CRT 的垂直方向与水平方向的扫描驱动。扫描信号经由垂直输出电路与水平输出电路控制的偏转线圈实现图像信息的还原。要特别注意的是,由于阳极中流过的是电子束流,对于电流的变化也能确保稳定的高压。偏转电路最终为偏转线圈提供锯齿波电流,这一点与其他平板显示器按矩阵坐标顺序施加一定电压的方式是根本不同的。锯齿波电流的直线性非常重要,若波形产生畸变,则对画面的线性、图像的畸变都会产生影响。

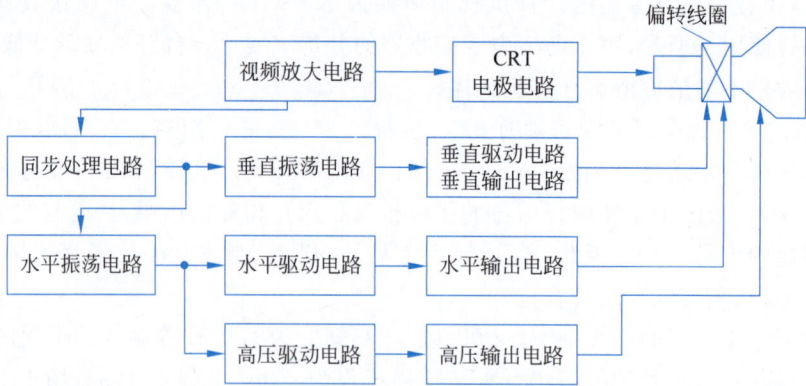

图 8-11　CRT 显示器驱控器电路

8.4　CRT 显示器的特点、性能指标及发展历史

8.4.1　CRT 显示器的特点

CRT 显示器最大的优势在于高性价比及大画面、高密度显示,同时还具有其他一系列优点。

(1) 价格低。CRT 显示器的价格比任何平板显示器都低。

(2) 亮度高。这里指白场亮度。1963 年,红色荧光材料 Y_2O_2:Eu 出现,涂屏工艺、屏铝化工艺的改进以及耐压性能从 20kV 提高到 30kV 以上,使 CRT 显示器的亮度从 $60cd/m^2$ 提高到 $300cd/m^2$,峰值亮度为 $750\sim1000cd/m^2$,但发光效率仅为 5lm/W。TFT-LCD 平均亮度为 $150cd/m^2$,峰值亮度为 $350\sim400cd/m^2$,被动发光效率为 7lm/W。CRT 显示器的荧光屏发光效率很高,3 个电子束直接打到荧光屏上激发荧光粉将发出的光通量全部显示出来,所以亮度高,但是有 4/5 的电子束能量消耗在荫罩上,致使整个器件发光效率降低。对于 TFT-LCD,虽然使用了目前最先进的平板放电荧光灯,但因为背景光要经过两个偏光片,液晶材料及彩色微型滤光膜等对光的吸收使到达屏幕的亮度仅为 $150cd/m^2$。等离子体(PDP)是辉光放电,峰值亮度可达 $550cd/m^2$,发光效率仅为 $1.2\sim2.5lm/W$。由于放电效率低以及真空紫外线(Vacuum Ultra Violet,VUV)的利用率与荧光粉发光效率低,因此其综合的发光效率仅为热阴极荧光灯的 24%~50%,但是 VUV 可直接激发荧光粉发光,加大功率即可提高亮度,故 PDP 虽发光效率低,但亮度还是比较高的。

(3) 对比度高。CRT 显示器采用黑底、着色荧光粉或低透射率(50%)的玻璃屏,使荧光屏的反射率大大降低,因而它在暗室中的对比度可高达 1000:1。

(4) 色域广。CRT 显示器三基色的饱和度高,而且其灰度变化是连续的,因而色域广,CRT 显示器的彩色是真正的全彩色,不论是 PDP 还是 TFT-LCD,其灰度级别仅限于 256,仅能显示 1670 万种彩色,不能说是真正的全彩色。

(5) 分辨率高。CRT 显示器的分辨率主要取决于电子枪,同时荫罩和偏转线圈予以相应的配合。

(6) 响应速度快。CRT 显示器的响应速度取决于荧光粉的余辉,在 CRT 显示器中用的是中短余辉荧光粉,其余辉时间为 $10\mu s\sim 1ms$;而相对的 TFT-LCD 的响应时间主要取决于液晶材料的物理特性,一般大于 20ms。

(7) 视角宽。CRT 屏的视角接近 170°;液晶屏的视角一般在垂直方向为 40°,水平方向为 90°,采取措施之后,水平方向可提高到 140°。

(8) 显示版式可以灵活变化。CRT 屏幕的纵宽比可以为 4∶3,也可以改变为 16∶9,而平板显示器的纵宽比是固定的,不能改变。

(9) 寿命长。CRT 显示器寿命一般都在 10 000h 以上。

8.4.2 CRT 显示器的性能指标

1. 像素和分辨率

像素是指屏幕能独立控制其颜色与亮度的最小区域。分辨率就是屏幕图像的密度,即显示器屏幕的单位面积上有多少个基本像素点,它们是图像清晰程度的标志,也是描述分辨率大小的物理量。对于电子显示设备,常用单位面积上的扫描线数和两光点之间的距离表示分辨率,它们取决于场频和行频的组合。可以把它想象成是一个大型的棋盘,而分辨率的表示方式就是每条水平线上的点数乘以水平线的数目,如 640×480、720×348、1024×768、1024×1024 等。以 640×480 分辨率为例,即每条线上包含 640 个像素点,共有 480 条线,也就是说扫描列数为 640 列,行数为 480 行。分辨率越高,屏幕上所能呈现的图像也就越精细。

分辨率不仅与显示尺寸有关,还要受显像管点距(Dot Pitch)、视频带宽等因素的影响。知道分辨率、点距和最大显示宽度就能得出像素值。例如,一台 17 英寸的 CRT 显示器,一行能容纳 1421 组三基色,能满足 1280 个像素点的需要,因此这台显示器的理想分辨率是 1024×768,勉强可以达到 1280×1024,但不可能达到 1600×1200。

分辨率的计算方法如下:最大显示宽度÷水平点距=像素数。例如,标准 17 英寸 CRT 显示器的最大显示宽度是 320mm,标称点距是 0.28mm,那么首先按 0.28×0.866≈0.243 的公式计算出水平点距,然后按 320÷0.243=1316 的公式得出像素数。

2. 点距和栅距

点距是显像管最重要的技术参数之一,单位为毫米。其实最早所说的点距,一般是针对普通的孔状荫罩式显像管来说的,一般公认的点距定义是荧光屏上两个邻近的同色荧光点的直线距离,即两个红色(或绿色、蓝色)像素单元之间的距离。从原理上讲,普通显像管的荧光屏里有一个网罩,上面有许多细密的小孔,所以称为"荫罩式显像管"。电子枪发出的射线穿过这些小孔,照射到指定的位置并激发荧光粉,然后就显示出了一个点。许多不同颜色的点排列在一起就组成了五彩缤纷的画面。

点距越小越好。点距越小,显示器显示图形越清晰细腻,显示器的档次越高,不过对于显像管的聚焦性能要求也就越高。几年前的显示器的点距多为 0.31mm 和 0.39mm,如今大多数显示器采用的都是 0.28mm 的点距。另外,某些显示器采用更小的点距提高分辨率和图像质量。常见的显示器点距为 0.28mm(水平方向为 0.243mm)。

用显示区域的宽和高分别除以点距,即得到显示器的垂直方向和水平方向上可显示的最大点数。以现在主流的 17 英寸显示器的点距(0.25mm)为例,水平方向最多可以显示 1280 个点,垂直方向最多可以显示 1024 个点,超过这个模式屏幕上的像素会互相干扰,图像就会变得模糊不清。

条栅状荫罩类型的彩色显示器不存在点距的概念。这种显示器的彩色元素是由红、绿、蓝三色的竖向条纹构成,没有像素点,因此我们引入了"栅距"这个概念,栅距(Bar Pitch)是指磷光栅条之间的距离。

由于荫罩和荫栅的结构形式不同,所以二者之间不能简单对比。对于荫栅式显像管,也就是特丽珑管,能够代表它们这方面性能的数据是栅距,也就是磷光栅条之间的距离。但是,由于一般的荫栅式显像管的栅距仅为 0.24mm,所以其画面精细程度还是比点距为 0.28mm 甚至 0.26mm 的显示器高一些。

采用荫栅式显像管的好处有两点:一是显像管长时间工作栅距不会变形,使用多年不会出现画质的下降;二是荫栅式设计可以透过更多的光线,能够达到更高的亮度和对比度,令图像色彩更加鲜艳,逼真自然。

3. 场频(垂直扫描频率)、行频(水平扫描频率)及视频带宽

有了较好的点距,还需要良好的视频电路与之匹配才能发挥优势。在视频电路特性上主要有视频带宽、场频和行频这些指标。如果说画质等显示效果只能通过主观判断的话,那么垂直扫描频率、水平扫描频率及视频带宽这 3 个参数就绝对是显示器的硬指标,并且在很大程度上决定了显示器的档次。

视频带宽是指每秒电子枪扫描过图像点的个数,以兆赫兹(MHz)为单位。它是显示器非常重要的一个参数,能够决定显示器性能的好坏。带宽越高,表明显示器电路可以处理的频率范围越大,显示器性能越好。高的带宽能处理更高的频率,信号失真也越小,显示的图像质量更好,它反映了显示器的解像能力。

视频带宽的计算方法为

$$带宽 = 垂直刷新率 \times (垂直分辨率 \div 0.93) \times (水平分辨率 \div 0.8)$$
$$= 分辨率 \times 垂直刷新率 \times 1.34 \tag{8-1}$$

垂直像素和水平像素都要除以一个参数,是因为要考虑电子枪从最后一行/列返回到第一行/列的回程时间。

场频就是垂直扫描频率也即屏幕垂直刷新率,通常以赫兹(Hz)为单位,它表示屏幕的图像每秒重复描绘的次数,也就是指每秒屏幕刷新的次数。垂直刷新率越高,屏幕的闪烁现象越不明显,眼睛就越不容易疲劳。

行频就是水平扫描频率,指电子枪每秒在屏幕上扫过的水平线数,单位一般是千赫兹(kHz)。场频和行频的关系式一般为

$$行频 = 场频 \times 垂直分辨率 \times 1.04 \tag{8-2}$$

可见,行频是一个综合了分辨率和场频的参数,能够比较全面地反映显示器的性能。当在较高分辨率下要提高显示器的刷新率时,可以通过估算行频是否超出频率响应范围得知显示器是否可以达到想要的刷新率。

4. 刷新率

刷新率是指显示屏幕刷新的速度,单位是赫兹(Hz)。刷新率越低,图像闪烁和抖动得越厉害,眼睛观看时疲劳得越快。刷新率越高,图像显示就越自然、越清晰。刷新率又分为水平刷新率和垂直刷新率。水平刷新率又称为行频,它是显示器每秒水平扫描的次数。垂直刷新率也称为场频,它是由水平刷新率和屏幕分辨率决定的,垂直刷新率表示屏幕的图像

每秒重复描绘的次数,也就是指每秒屏幕刷新的次数。一般来说,垂直刷新率最好不要低于 80Hz,达到 85Hz 以上就可完全消除图像闪烁和抖动感,眼睛也不易疲劳,在目前这是对显示器最基本的要求了。

5. 屏幕尺寸和最大可视面积

屏幕尺寸实际是指显像管尺寸。最大可视面积是指显像管的屏幕显示的可见图形的最大范围。屏幕大小通常以对角线的长度衡量,单位为英寸。一般显示器的最大可视面积都会小于屏幕尺寸,平常说的 17 英寸、15 英寸实际上指显像管尺寸,而实际可视区域(即屏幕)远远到不了这个尺寸。14 英寸的显示器可视范围往往只有 12 英寸;15 英寸显示器的可视范围约为 13.8 英寸;17 英寸显示器的可视区域大多为 15~16 英寸;19 英寸显示器可视区域约为 18 寸英寸。顺便提一下偏转角度,也就是常说的可视角度,或许这个词大家在 LCD 方面听得较多,因为 LCD 屏对观看角度十分敏感,超过一定视角就会出现屏幕亮度下降甚至完全看不到屏幕的现象。但对于 CRT 而言,这个问题几乎不存在,纯平显示器的可视范围接近 $180°$。

6. 色温

色温是表示光源光谱质量最通用的指标。色温是按绝对黑体来定义的,光源的辐射在可见区和绝对黑体的辐射完全相同时,此时绝对黑体的温度就称此光源的色温。色温是人眼对发光体或白色反光体的感觉,这是物理学、生理学与心理学复杂因素综合的一种感觉,也是因人而异的。色温在电视(发光体)或摄影(反光体)上是可以用人为的方式来改变的,现在的显示器上一般都会提供色温调节功能,这是由于不同区域的人眼睛对颜色的识别略有差别,黑眼睛的人看 9300K(开尔文)是白色的,但是蓝眼睛的人看了就是偏蓝,蓝眼睛的人看 6500K 是白色。所以,在不同地区显示器都要将颜色调节到适合这一地区的人使用,调节色温就是为了完善这些功能。

7. 亮度

亮度是指显示器荧光屏上荧光粉发光的总能量与其接收的电子束能量之比。所以,某一点的光输出正比于电子束电流、高压及停留时间三者的乘积。简单地讲,亮度是控制荧光屏发亮的等级。

8. 对比度

对比度是指荧光屏画面上最大亮度与最小亮度之比。一般显示器最起码应有 30∶1 的对比度。

9. 灰度

在图像显示方式中,灰度是指一系列从纯白到纯黑的等级差别。

10. 余辉时间

荧光屏上的荧光粉在电子束停止轰击后,其光辉并不会立即消失,而是要经历一个逐步消失的过程,在这个过程中观察到的光辉称为余辉。

11. 控制方式

显示器都会提供控制功能,用于调节各种物理量,如亮度、对比度、色彩、枕形失真和鼓形失真等。CRT 显示器的控制方式可以分为模拟控制和数码控制两种。

模拟控制一般是通过旋钮进行各种设置,控制功能单一,故障率较高。而且模拟控制不具备记忆功能,每次改变显示模式(分辨率、颜色数等)后,都要重新设置。

数码控制根据界面可分为普通数码式、屏幕菜单式和单键飞梭式 3 种。操作简单方便，故障率也较低。数码控制可以记忆各种显示模式下的屏幕参数，在切换显示模式时无须重新进行设置。

12. CRT 涂层

电子束撞击荧光屏和外界光源照射均会使显示器屏幕产生静电、反光、闪烁等现象，不仅干扰图像清晰度，还可能直接危害使用者的视力健康。因此，通常的 CRT 均附着表面涂层，以降低不良影响。

13. 环保认证

由于 CRT 显示器在工作时会产生辐射，长期的辐射会对人体产生危害。国际上有一些低辐射标准，从早期的电磁干扰（Electro Magnetic Interference，EMI）到现在的 MPR-II 及 TCO，如今的显示器大都通过了严格的 TCO-3 标准。在环保方面要求显示器都符合能源之星的标准，即要求在待机状态下功率不超过 30W，在屏幕长时间没有图像变化时显示器会自动关闭等。

8.4.3　CRT 显示技术的发展历史

阴极射线管显示是现代显示技术中的重要技术，CRT 不仅用于电视，而且在 20 世纪还成为显示器的主角。最近，随着以液晶为代表的平板显示器的快速发展，CRT 逐渐退出了历史舞台。

自 1897 年布劳恩发明 CRT 以来，CRT 就作为最主流的显示手段出现在各种场合，可以说，整个 20 世纪就是 CRT 的时代。

在 CRT 一百多年的发展历史中，其前 50 年只是用于示波应用，后 50 年与黑白电视、彩色电视急剧普及和发展的历史完全一致，最近 30 年则与计算机发展的历史重叠。如果没有 CRT，就难以迎来现在的信息化、多媒体时代。

现在已经很难看到最早的采用绿显、单显显像管的显示器，就连初期的 14 英寸彩色显示器也很少见到。当时这些显示器都是 CRT 显示器，采用的是孔状荫罩，其显像管断面基本上都是球面的，因此被称为球面显像管。这种显示器的屏幕在水平方向和垂直方向上都是弯曲的，弯曲的屏幕造成了图像失真及反光现象，也使实际的显示面积较小。

在此阶段，对屏幕图像的调整也由于受操作系统（主要是 DOS）的限制而只能采用电位器模拟调节，也就是显示器下方的一排旋钮，通过这些旋钮可以对显示效果进行简单的调整（包括调整亮度、对比度、屏幕大小和方向），这种方法缺乏直观的控制度量，在进行模式转换时容易造成图像显示不正常，出现故障的概率也比较大。随着显示器技术和软件技术的发展，这种采用电位器对显示器进行模拟调节的技术慢慢被淘汰。

随着计算机整体水平的进步，人们对显示器的要求也越来越高。到了 1994 年，为了减少球屏四角的失真和反光，新一代的平面直角显像管诞生了。当然，它并不是真正意义上的平面，只是其球面曲率半径大于 2000mm，四角为直角。它使反光和四角失真程度都减轻不少，再加上屏幕涂层技术的应用，使画面质量有了很大的提高。因此，各个显示器厂商都迅速推出了使用平面直角显像管的显示器，并逐渐取代了采用球面显像管的显示器。后来的 14 英寸和大多数的 15 英寸、17 英寸及以上的显示器都采用了这种平面直角显像管。

在此之后，日本索尼公司开发出了柱面显像管，采用了条栅荫罩技术，即特丽珑技术。

三菱公司也紧随其后,开发出钻石珑(Diamondtron)技术,这使得屏幕在垂直方向实现完全的笔直,只在水平方向仍略有弧度,另外加上栅状荫罩的设计,使显示质量大幅度上升。各大厂商纷纷采用这些新技术推出新一代产品。

自1998年底,一种崭新的完全平面显示器出现,它使CRT显示器达到了一个新的高度。这种显示器的屏幕在水平方向和垂直方向上都是笔直的,图像的失真和屏幕的反光都被降低到最小的限度。例如,LG公司推出的采用Flatron显像管的"未来窗"显示器,它的荫罩是点栅状的,使显示效果更出众。与LG的Flatron性能类似的还有三星公司的丹娜(Dynaflat)显像管。另外,View Sonic、Philips等公司也推出了自己的完全平面显示器。

2001年,纯平CRT与LCD液晶显示器进行了一场激烈的竞争,结果谁也没有占上风,纯平CRT与LCD液晶显示器各凭自身的优势,正在进行一场持久的竞赛。显示器的发展一直都是整个IT行业发展的焦点,每当显示器有了革命性产品出现,往往都会为IT行业带来一阵风暴与热潮。

从2008年开始,一些新技术陆续应用于CRT显示器,如LG公司的"方管"、优派公司的"真彩基因"、Philips公司的数字芯以及冠捷科技的"随心技"等。

Philips公司是首家通过欧洲最新无铅认证的显示器厂商,无铅的设计同样在107Q6(显示器型号)上得以延续。无铅制造技术确保了显示器的颜料、喷漆、外部电缆、塑料元件以及外置电源均为无铅化生产。

三星公司随后成功研发出"纤丽管"显示器,也为CRT行业注入了新的活力。"纤丽管"显示器除了能够使显示器色彩亮丽还原真实之外,它的最大优势是比传统CRT显像管要短足足5cm,解决了从事绘图行业的专业设计人员显示器选择的困扰。

平板电视的崛起给全球CRT产业带来了前所未有的冲击,CRT电视市场份额逐步受到挤压,全球范围内CRT电视市场需求迅速萎缩。

从全球彩电市场发展来看,发达国家和地区(如北美、欧洲以及日本、韩国等)对平板电视的需求急速增长,导致CRT电视市场减幅加大,加快了CRT产品退市的速度。未来一段时间内,印度、南非、土耳其、孟加拉国等发展中国家和待发展国家对平板电视的需求量也将稳步增长。

将来基于真空技术的场发射显示器有希望替代LCD。从构造来看,有发射电子束、真空三极管、荧光屏,用高速电子束使荧光粉发光,这些方面与CRT完全相同,甚至可以说是CRT的最终形态。

8.4.4 CRT显示器的新演化——场致发射显示器

1. 场致发射显示技术

场致发射显示(FED)是一种具有较长历史却发展相对缓慢的显示技术。早在1928年,场发射电极理论就被提出;直到1991年,第一款FED显示器产品由法国的一家公司展出。

FED与真空荧光显示(VFD)和CRT有许多相似之处,它们都以高能电子轰击荧光粉。与VFD不同的是,FED用冷阴极微尖阵列场发射代替了热阴极的电子源,用光刻的栅极代替了金属栅网,这种新型的自发光型平板显示器件实际是CRT的平板化,兼有CRT和固体平板显示器件的优点,不需要传统偏转系统,可平板化,无X射线,工作电压低,比TFT-LCD更节能,可靠性高。

2. 场致发射显示器件的构成

场致发射显示器件,即场致发射阵列平板显示器,或称为真空微尖平板显示器(Mini Flat Panel,MFP),是一种新型的自发光平板显示器件,它实际上是一种包含一个矩阵的阴极射线管,每个阴极射线管都会产生一个子像素,一组 3 个子像素形成红绿蓝像素。FED 单元结构是一个微型真空三极管(见图 8-12),包括一个作为阴极的金属发射尖锥、孔状的金属栅极以及由透明导电层形成的阳极,阳极表面涂有荧光粉。由于栅极和阳极间距离很小,但在栅极和阴极间加上不高的电压(小于 100 V)时,在阴极的尖端会产生很强的电场,当电场强度大于 5×10^7 V/cm 时,电子由于隧道效应从金属内部穿出进入真空,并受阳极正电压加速,轰击荧光粉层实现发光显示。

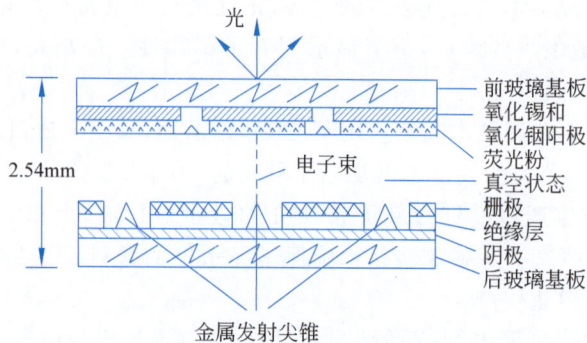

图 8-12　微型真空三极管

场发射显示器是使用大面积场电子发射源提供撞击彩色荧光粉的电子以制造彩色图像的平面显示技术。总体来说,一个场发射显示器包含一个矩阵的阴极射线管,每个阴极射线管都会产生一个子像素,一组 3 个子像素形成红绿蓝像素。场发射显示器结合了阴极射线管的优点,包括高对比度以及非常快的响应速度,还有 LCD 与其他平面显示技术的包装优势。其所需的能量也较低,大约是 LCD 系统所需能量的一半。

FED 的制造过程与 LCD 类似,采用的玻璃平板相同,薄膜沉积和光刻技术也很相似。制作阵列状的微尖锥结构时,采用两步光刻工艺,首先对微孔阵列光刻,这一步有很高的光刻精度(小于 $1.5\mu m$),可用紫外光步进曝光来实现,然后用蒸发和刻蚀制造微尖。用上述方法制造的阴极必须满足以下 3 点要求。

(1) 在整个表面上具有均匀的电子发射。

(2) 提供充分的电流,以便在低电压下获得高亮度。

(3) 在微尖和栅极之间没有短路。

为了满足以上要求,采用了以下两项技术。

(1) 在导通的阴极和选通的微尖之间利用一个电阻层控制电流,使每个选通的像素含有大量的微尖,可保证发射的均匀性。

(2) 高发射密度(10^4 微尖/mm^2)和小尺寸(直径小于 $1.5\mu m$),使得在 100V 激励电压下获得 $1mA/mm^2$ 的电流密度,从而实现高亮度。

3. FED 工作原理

场发射显示器运作起来就像有着一支使用高电压(约 100V)轮流激发荧光粉的电子枪的常规阴极射线管,但 FED 不只有一支电子枪,而是网格各自包含了许多独立的纳米级电子枪。FED 工作原理如图 8-13 所示,两块平板玻璃之间有 $200\mu m$ 的间隙,底板上有一个排气管可抽气,显示器件的阴极由交叉金属电极网组成,一层金属带连接阴极,另一层正交的金属带连接栅极,两层金属带之间由 $1\mu m$ 厚的绝缘层分开,每个像素由相交的金属带行列交叉点所选通,涂有荧光粉的屏对应于像素安放。每个像素有数千个微电子管,即使有一些发射尖锥失效也不会影响像素显示,这一特点非常有利于提高成品率。如果在这些微尖锥发射阵列上加上矩阵选址电路,就构成了 FED。

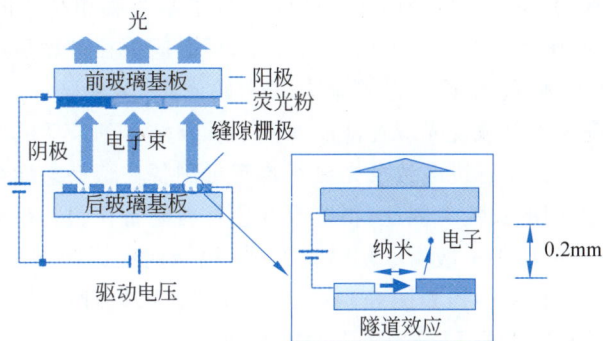

图 8-13　FED 工作原理

8.5　其他传统显示技术

8.5.1　电致变色显示技术及设备

1. 电致变色现象

有许多物质在受到外界各种刺激,如受热、光照、流过电流时,其颜色发生变化,即产生着色现象。所谓电致变色(Eletro Chromism,EC),从显示的角度看专门指施加电压后物质发生氧化还原反应使颜色发生可逆性的变色现象。自从 20 世纪 60 年代国外学者 Plant 首先提出电致变色概念以来,电致变色现象就引起了人们广泛关注。电致变色显示器件(ECD)在诸多领域的应用潜力吸引了世界上许多国家不仅在应用基础研究,而且在实用器件的研究上投入了大量的人员和资金,以求在这方面取得突破。

电致变色主要有以下 3 种形式。

(1) 离子通过电解液进入材料引起变色。

(2) 金属薄膜电沉积在观察电极上。

(3) 彩色不溶性有机物析出在观察电极上。

与同样是被动显示器的液晶显示相比,电致变色有以下优点。

(1) 显示鲜明、清晰,优于液晶显示板。

(2) 视角大,无论从什么角度看都有较好的对比度。

(3) 具有存储性能,如写电压去掉且电路断开后,显示信号仍可保持几小时到几天,甚至一个月以上,存储功能不影响寿命。

(4) 在存储状态下不消耗功率。

(5) 工作电压低,仅为 0.5～20V,可与集成电路匹配。

（6）器件可做成全固体化。

电致变色显示也有一些不容忽视的缺点，如响应慢，响应速度（约 500ms）接近秒级，对频繁改变的显示，功耗大致是液晶功耗的数百倍；往复显示的寿命不高（只有 $10^6 \sim 10^7$ 次）。

许多液态或固态的有机物或无机物都有电致变色功能，其中对三氧化钨（WO_3）的研究较多，因为在三氧化钨中离子的迁移率高，电子注入会产生对可见光的强烈吸收。

2. 电致变色显示器件

电致变色器件（ECD）是一种典型的光学薄膜和电子学薄膜相结合的光电子薄膜器件，能够在外加低压驱动的作用下实现可逆的色彩变化，可以应用在被动显示、灵巧变色窗等领域。以平板显示器件为例，随着 ITO 塑料制备技术的成熟，多种显示器件已经或正在实现塑料柔性化，其中交流无机电致发光屏在液晶背照明等领域得到广泛的应用，可实用的塑料基板 LCD 样机已经出现。而有机电致发光显示具有可制备在塑料柔性衬底上的特点，有望实现柔性显示而备受人们的关注。因此，将电致变色材料制备在塑料衬底上，将推动电致变色器件的应用。电致变色器件一般由 5 层结构组成，包括两层透明导电层、电致变色层、离子导电层、离子存储层的夹层结构如图 8-14（a）所示，其显示原理如图 8-14（b）所示。根据电致变色层材料的不同，ECD 又可分为以下两种类型。

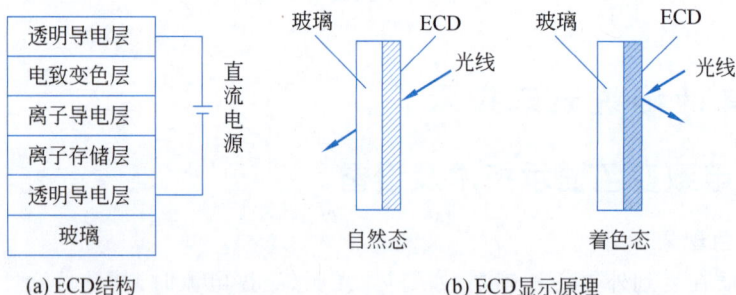

(a) ECD结构   (b) ECD显示原理

图 8-14　ECD 结构及显示原理

（1）全固态塑料电致变色器件。采用低压反应离子镀工艺，在 ITO 塑料衬底上制备 WO_3 和 NiO 电致变色薄膜，采用 $MPEO-LiClO_4$ 高分子聚合物作电解质，制备透射型全固态塑料电致变色器件，变色调制范围达到 30% 左右。

（2）混合氧化物电致变色器件。可以改善单一氧化物电致变色的性能，如 TiO_2 具有适宜的离子输运的微观结构、高的力学性能和化学稳定性，它与 WO_3 混合制作电致变色器件，加快了响应时间及延长了器件的寿命。

8.5.2　电泳显示技术及设备

电泳（Electro Phoretic）是指悬浮于液体中的电荷粒子在外电场作用下定向移动并附着在电极上的现象。1972 年，人们发现应用可逆的电泳现象可作被动显示。

电泳显示技术（Electro Phoretic Display，EPD）是一种基于电泳原理的反射式显示技术。它利用带有不同电荷或电量的颜色颗粒在电场作用下的移动，通过聚集在显示单元上实现图像和文字的显示。这种技术结合了普通纸张和电子显示器的优点，被视为最有可能实现电子纸张产业化的技术之一。

电泳显示技术的核心设备是电泳显示器，主要有扭转球型电泳显示（Twisting Ball

Display，TBD）技术、微胶囊化电泳显示（Microencapsulated Electrophoretic Display，MED）技术、微杯型电泳显示技术（Micro-cup Electrophoretic Display，MED）、逆乳胶电泳显示（Reverse Emulsion Electrophoretic Display，REED）技术等。这些技术各有特点，但基本原理都是通过电场控制带电颗粒的移动来实现显示。

电泳显示技术（EPD）具有以下优势。

（1）高对比度。电泳显示器在黑色和白色状态之间的对比度非常高，类似于普通纸张的效果。

（2）低功耗。由于电泳显示是反射式显示，不需要像液晶显示器那样持续供电，因此功耗较低。

（3）视角宽。电泳显示器的视角通常大于 $160°$，用户从不同角度观看时都能获得较好的显示效果。

（4）可弯曲。电泳显示器具有一定的可弯曲性，可以应用于柔性电子显示领域。

然而，电泳显示技术也存在一些挑战和限制，如生产成本高、颜色表现受限、响应速度较慢等。尽管如此，随着技术的不断进步和应用领域的拓展，电泳显示技术仍具有一定的发展前景。

第 9 章

液晶显示技术与设备

9.1　液晶

液晶显示设备(LCD)的主要构成材料为液晶。所谓液晶(Liquid Crystal,LC),是指在某一温度范围内,从外观看属于具有流动性的液体,同时又具有光学双折射性的晶体。通常的物质在熔融温度从固体转变为透明的液体,但一般说来,液晶物质在熔融温度首先变为不透明的浑浊液体,此后通过进一步的升温继续转变为透明液体。因此,液晶包括两种含义,其一是指处于固体相和液体相中间状态的液晶相,其二是指具有上述液晶相的物质。

第 18 集
微课视频

液晶的发现可追溯到 1888 年,当时奥地利植物学者 Reinitzer 在加热安息香酸胆石醇时,意外发现异常的熔解[①]现象。因为此物质虽在 145℃熔解,却呈现混浊的糊状,达到 179℃时突然成为透明的液体;若从高温降温的过程观察,在 179℃突然成为糊状液体,在 145℃时成为固体的结晶。图 9-1 给出了这一过程中液晶分子排列的变化。其后,德国物理学者 Lehmann 利用偏光显微镜观察安息香酸胆石醇的混浊状态,发现这种液体具有双折射性,证实安息香酸胆石醇的混浊状态是一种"有组织、方位性的液体(Crystalline Liquid)",至此才正式确认液晶的存在,并开始了液晶的研究。所以,Lehmann 将其称为 Fliessende Krystalle,英文为 Liquid Crystal,也就是"液晶"。液晶实质是指一种物质态,因此也有人称液晶为物质的第四态。

固相　　液晶相　　液相
温度

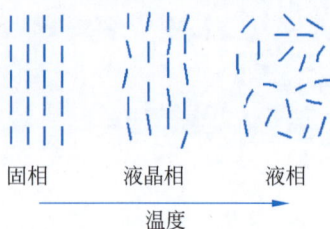

图 9-1　液晶与其固态、液态分子排列对比

液晶自被发现后,人们并不知道它有何用途。但液晶的分子排列结构并不像晶体结构那样坚固,因此在磁场、温度、应力等外部刺激下,其分子容易发生再排列,液晶的各种光学性质会发生变化。液晶所具有的这种柔软的分子排列正是其用于显示设备、光电器件、传感器件的基础。在用于液晶显示的情况下,液晶这种特定的初始分子排列,在电压及热的作用下发生有别于其他分子排列的变化。伴随这种排列的变化,液晶的双折射性、旋光性、二色性、光散射性、旋光分散等各种光学性质的变化可转变为视觉变化,实现图像和数字的显示。也就是说,液晶显示是利用液晶的光变化进行显示,属于非主动发光型显示。经过 50 余年

---

① 熔解指物质由固相转变为液相的相变过程。

的发展,液晶已形成了一门独立的学科。一批当代伟大的科学家都对液晶给予了极大的关注,并作出了杰出的贡献,如法国物理学家 P. G. de Gennes 因对液晶的研究于 1991 年获得了诺贝尔物理学奖。

9.1.1　液晶的分类及晶相

1. 液晶的分类

液晶是白色浑浊的黏性液体,其分子形状为棒状,如图 9-2 所示。

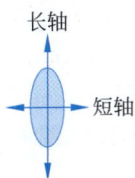

图 9-2　液晶的分子形状

目前,世界上自然存在和人工合成的液晶已有几千种,根据成分和出现液晶相的物理条件进行归纳分类,液晶可以分为溶致液晶和热致液晶两大类。

(1)溶致液晶。有些材料在溶剂中处于一定的浓度区间时便会产生液晶,这类液晶称为溶致液晶。即有机分子溶解在溶剂中,使溶液中溶质的浓度增加,溶剂的浓度减小,有机分子的排列有序而获得液晶。这类液晶广泛存在于自然界中,尤其是一些生物体内。很多生物体的构造(如大脑、神经、肌肉、血液)的生命物质和生命的新陈代谢、知觉、生物信息的传递等现象都与这种液晶态有关,因此它在未来的生物电子工程领域将备受关注。人们还利用溶致液晶聚合物液晶相的高浓度、低黏度特性进行液晶纺丝,制备高强度模量的纤维。溶致液晶材料广泛存在于自然界、生物体中,但在显示技术中尚无应用。

(2)热致液晶。把某些有机物加热熔解,由于加热破坏了结晶晶格而形成的液晶称为热致液晶。采用降温等方法,将熔融的液体降温,当降温到一定程度后分子的取向变得有序化,从而获得液晶态。分子会随温度上升而伴随一连串相转移,即由固体变为液晶状态,最后变为等向性液体。在这些相变化的过程中液晶分子的物理性质都会随之变化,如折射率、介电异向性、弹性系数和黏度等。热致液晶在一定的温度范围内才呈液晶态,这个温度范围称为液晶相温度。低于液晶相温度的下限,液晶就成为晶体;高于液晶相温度的上限,液晶态就会消失,变成普通的透明液体。目前液晶显示设备中都采用热致液晶。

2. 液晶的晶相

常见液晶的晶相有向列相(Nematic)、胆甾相(Cholesteric)和近晶相(Smectic)等,如图 9-3 所示。

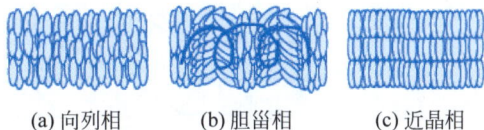

(a) 向列相　　(b) 胆甾相　　(c) 近晶相

图 9-3　常见液晶的晶相

(1)向列相也称为丝状相,它由长径比很大的棒状分子组成。分子大致平行排列,质心位置杂乱无序,具有类似于普通液体的流动性。分子不能排列成层,但能在上下、左右、前后 3 个方向平移滑动,分子长轴方向上保持相互平行或近似平行。单个分子首尾可能不同,但总体排列上不出现首尾之别,光学上一般是单轴正形。

从宏观上看,向列相液晶由于其液晶分子重心杂乱无序,并可在三维范围内移动,表现出液体的特征——可流动性。所有分子的长轴大体指向一个方向,使向列相液晶具有单轴晶体的光学特性(折射系数沿着及垂直于这个有序排列的方向而不同),一般是单轴正性。而向列相液晶在电学上又具有明显的介电各向异性,这样可以利用外加电场对具有各向异性的向列相液晶分子进行控制,改变原有分子的有序状态,从而改变液晶的光学性能,实现液晶对外界光的调制,达到显示的目的。向列相液晶已成为现代显示设备中应用最为广泛的一种液晶材料。

正是由于向列相液晶各个分子容易顺着长轴方向自由移动且分子的排列和运动比较自由,向列相液晶具有黏度小、富于流动性、对外界作用相当敏感等特点。

(2) 胆甾相也称为螺旋相,它可看作由向列相平面重叠而成的,一个平面内的分子互相平行,逐次平面的分子方向成螺旋式(螺距约为 3000Å[①]),与可见光波长同数量级,光学上一般是单轴负性。

向列相液晶与胆甾相液晶可以互相转换,在向列相液晶中加入旋光材料,会形成胆甾相液晶;在胆甾相液晶中加入消旋光向列相材料,能将胆甾相液晶转变为向列相液晶。胆甾相液晶在显示技术中很有用,扭曲向列(Twisted Nematic,TN)、超扭曲向列(Super Twisted Nematic,STN)、相变(Phase Change,PC)显示都是在向列相液晶中加入不同比例的胆甾相液晶而获得的。

(3) 近晶相也称为层状相或脂状相,它的分子分层排列,层内分子互相平行,其方向可以是垂直于层面,或与层面倾斜,层内分子质心可以无序、能自由平移、似液体;或有序呈二维点阵,分子层与层之间的相关程度在不同的相中有强有弱。手征性分子化合物则可以以扭曲的螺旋片层状出现,非扭曲型近晶相依其发现先后,以 A、B、C 等命名,如图 9-4 所示。A 相的分子与层面垂直,层内分子质心无序,像二维流体,层厚约等于或略小于分子长度。含氰基(C≡N)化合物的 A 相可能出现双分子层结构,为 $1.2 \sim 2\mu m$。C 相与 A 相在结构上的唯一不同之处是分子与层面倾斜,倾角各层相同并互相平行,因此 C 相在光学上是双轴的。C 相由手性分子组成,与 A 相类似,不同的是分子在层面上的投影像胆甾相液晶那样呈螺旋状变化,光学上是单轴正性。对称性允许 C 相出现与分子垂直而与层面平行的自发极化矢量,这就是铁电性液晶(1975 年由 R.B.迈耶等首次合成)。B 相片层内的分子质心排列成面心六角形,分子垂直于层面,片层之间的关联随材料不同各有强弱,B 相在光学上是单轴正性。通过 X 射线衍射、中子散射、偏光显微镜的观察和化合物融合性的研究等,人们对其他各种近晶相的结构已渐有了解。有些近晶相事实上可能是三维晶体而非液晶。

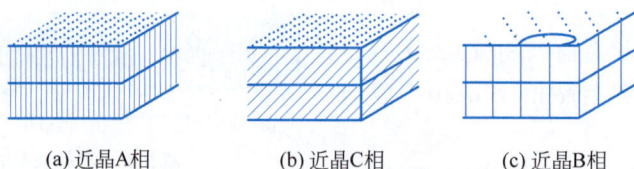

(a) 近晶A相　　　　　(b) 近晶C相　　　　　(c) 近晶B相

图 9-4　近晶相示意图

近晶相因其高度有序性,经常出现在较低温的范围内。近晶相液晶黏度大,分子不易转动,即响应速度慢,一般不宜用于显示设备。

长形分子除上述三大类结构外,还有光学上各向异性的 D 相,即由若干分子为一组的单元所构成的体心立方结构。1977 年,印度 S. Chandrasekhar 等合成了盘形分子液晶。这些分子均具有一个扁平的圆形或椭圆形刚性中心部分,周围有长而柔软的脂肪族链。盘形分子液晶具有向列相、胆甾相和柱状相 3 类结构。盘形分子的向列相和胆甾相与上述长形

---

① Å 是光波长度和分子直径的常用计量单位。Å 比纳米小一个数量级,即 $1\text{Å} = 10^{-10} \text{m}$。

分子相似,只需把长形分子的长棒轴用盘形分子的法向轴代替即可。柱状相是盘形分子所特有的结构,盘形分子在柱状相中堆积成柱,在同一柱中分子间隔可以是规则有序的,如图 9-5 所示。当然,柱状相也可以是不规则无序的,不同柱内的分子质心位置无相关性。各分子柱可以排列成六角形或长方形。

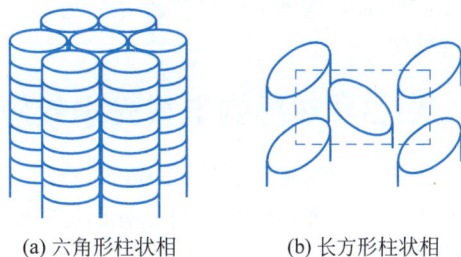

(a) 六角形柱状相   (b) 长方形柱状相

图 9-5 柱状相液晶

长形分子和盘形分子构成的液晶的各向异性与分子本身的不对称形状有关。这些液晶的基本性质,绝大部分可以通过无体积的一维或二维分子模型来描述。1978 年,有人考虑了由质点分子组成二维点阵,提出二维晶体在熔化为液体之前,可能出现一个六角相的液晶态。其后,有人认为在三维点阵中也可能存在立方相的液晶态。与长形分子和盘形分子液晶不同,这些质点分子液晶相中的方向性来自连接相邻质点的键,而不是分子本身。

9.1.2 液晶的物理性质

液晶受扰动时,分子取向有恢复平行排列的能力,称为曲率弹性,弹性常数一般很小。向列相和胆甾相的分子取向改变有 3 种形式:展曲、扭曲、弯曲。近晶相发生形变时,层厚保持不变,只有展曲和层面位移引起的混合弹性。

液晶既是抗磁体,又是介电材料,介电各向异性依材料而定,并与频率有关。液晶分子受外电场或磁场影响容易改变取向。例如,把胆甾相放在与螺距相垂直的外磁场中,磁场达到数千高斯即可使螺距成为无穷大,胆甾相变为向列相。液晶发生展曲或弯曲时,会产生极化甚至产生空间电荷,这是由于形变使分子的电偶极矩不再相互抵消,这种现象称为挠曲电效应。

液晶是非线性光学材料,具有双折射性质。向列相液晶的平行于分子长轴的折射率 $n_{\parallel}$ 大于垂直于分子长轴的折射率 $n_{\perp}$。沿螺旋轴方向入射于胆甾相的白光分解为两束圆偏振光,其中旋光性(旋光性由面对光源时电场矢量的转动方向规定)与螺旋结构相同的一束发生全反射,另一束透射反射光与波长有关,波长为 $\lambda_0 = \bar{n}h$ 的光具有最大反射率。且当波长差在 $\Delta\lambda = \Delta n \times h$($\Delta n = n_{\parallel} - n_{\perp}$,$n_{\parallel}$ 和 $n_{\perp}$ 分别表示对普通光和特殊光的折射率,h 为螺距)范围内的光发生反射。所以在白光照射下胆甾相呈现彩色,颜色与螺距有关。胆甾相对透射光的旋光本领可达 20 000°/mm。

液晶的缺陷有位错和向(斜)错两种,后者是由于分子取向发生不连续变化引起的,向列相只有点向错和线向错;胆甾相可以有位错和向错。液晶缺陷的研究导致对有序结构奇异性的拓扑分类。一般来说,液晶的流动可以引起分子取向的改变,反之亦然。向列相的黏度约为 0.01Pa.s(帕秒)(比水约大 10 倍)。胆甾相的黏滞性比向列相可高出 10 倍,这是由于流动时螺旋结构不变而分子平移时发生转动的渗透机理引起的。在近晶 A 相的分子层内,分子像简单液体中的分子一样流动,而在垂直于分子层方向,分子可以在相邻层间相互渗透。近晶相的黏滞性比向列相大。

在温度梯度作用下,向列相液晶可以发生与简单液体相似的瑞利-本纳德对流不稳定性。不同的是,在液晶中温度梯度阈值比较低,并且当上层处在高温情况时也可发生。切变流动或外加电场也可以导致液晶失稳,后者称为电流体动力不稳定性,与液晶电导率的各向异性有关。

9.1.3 液晶的电气光学效应

作为一种凝聚态物质,液晶的特性与结构介于固态晶体与各向同性液体之间,是有序性的流体。从宏观物理性质看,它既具有液体的流动性、黏滞性,又具有晶体的各向异性,能像晶体一样发生双折射、布拉格反射、衍射及旋光效应,也能在外场作用(如电、磁场作用)下产生热光、电光或磁光效应。液晶分子在某种排列状态下,通过施加电场,将向其他排列状态变化,液晶的光学性质也随之变化。这种通过电学方法产生光变化的现象称为液晶的电气光学效应,简称电光效应。液晶技术在最近 20 多年来取得了迅速的发展,正是因为液晶材料的电气光学效应被发现,因此液晶也逐渐成为显示工业上不可或缺的重要材料,并被广泛地应用在需低电压和轻薄短小的显示组件,如电子表、电子计算器和计算机显示屏幕上。液晶作为一种光电显示材料,主要是应用了它的电光效应。

液晶的电光效应主要包括以下几种。

1. 液晶的双折射现象

双折射现象是液晶的重要特性之一,也就是说,液晶会像晶体那样,因折射率的各向异性而发生双折射现象。单轴晶体有两个不同的主折射率,分别为 o 光折射率 n_o 和 e 光折射率 n_e。因折射率的各向异性导致液晶的双折射性,从而呈现出许多有用的光学性质:能使入射光的前进方向偏于分子长轴方向;能够改变入射光的偏振状态或方向;能使入射偏振光以左旋光或右旋光进行反射或透射。这些光学性质都是液晶能作为显示材料应用的重要原因。

2. 电控双折射效应

对液晶施加电场,使液晶的排列方向发生变化,因为排列方向的改变,按照一定的偏振方向入射的光,将在液晶中发生双折射现象。这一效应说明,液晶的光轴可以由外电场改变,光轴的倾斜随电场的变化而变化,因而两双折射光束间的相位差也随之变化,当入射光为复色光时,出射光的颜色也随之变化。因此,液晶具有比晶体灵活多变的电旋光性质。

3. 动态散射

当在液晶两极加电压驱动时,由于电光效应,液晶将产生不稳定性,透明的液晶会出现一排排均匀的黑条纹,这些平行条纹彼此间隔数十微米,可以用作光栅。进一步提高电压,液晶不稳定性加强,出现湍流,从而产生强烈的光散射,透明的液晶变得混浊不透明。断电后液晶又恢复了透明状态,这就是液晶的动态散射(Dynamic Scattering)。液晶材料的动态散射是制造显示设备的重要依据。

4. 旋光效应

在液晶盒中充入向列相液晶,把两玻璃片绕在与它们互相垂直的轴相扭转 90°,向列相液晶的内部就发生了扭曲,这样就形成了一个具有扭曲排列的向列相液晶的液晶盒。在这样的液晶盒前后放置起偏振片和检偏器,并使其偏振化方向平行,在不施加电场时,让一束白光射入,液晶盒会使入射光的偏振光轴顺从液晶分子的扭曲而旋转 90°。因而当光进入检偏器时,由于偏振光轴互相垂直,光不能通过检偏器,外视场呈暗态;当增加电压超过某一值时,外视场呈亮态。

5. 宾主效应

将二向色性染料掺入液晶中,并均匀混合,处在液晶分子中的染料分子将顺着液晶指向矢量方向排列。在电压为零时,染料分子与液晶分子都平行于基片排列,对可见光有一个吸收峰,当电压达到某一值时,吸收峰值大为降低,使透射光的光谱发生变化。可见,外加电场就能改变液晶盒的颜色,从而实现彩色显示。由于染料少,且以液晶方向为准,所以染料为"宾",液晶为"主",因此得名"宾主"(Guest-Host,G-H)效应。电控双折射、旋光效应都可以应用于彩色显示的实现。

9.2 液晶显示设备

9.2.1 液晶显示设备的构造

典型 LCD 结构如图 9-6 所示,将设有透明电极的两块玻璃基板用环氧类黏合剂以 $4\sim6\mu m$ 间隙进行封合,并把液晶封入其中,与液晶相接的玻璃基板表面有使液晶分子取向的膜。如果是彩色显示,在一侧的玻璃基板内面与像素相对应,设有由三基色形成的微彩色滤光片。另外,有源矩阵型则在玻璃基板内面形成开光器件阵列。

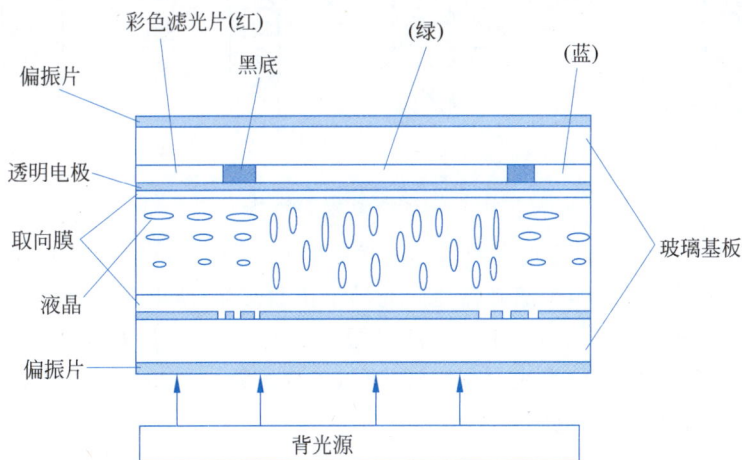

图 9-6 典型 LCD 结构

LCD 是非发光型的,其特点是视感舒适,而且是很紧凑的平板型。LCD 的驱动由于模式的不同而有所区别,但都具有以下特点。

(1) 具有电学双向性的高电阻、电容性器件,其驱动电压是交流的。

(2) 在没有频率相依性的区域,对于施加电压的有效值响应(铁电液晶除外)。

(3) 低电压、低功耗工作型,CMOS 驱动也是可以的。

(4) 器件特性以及液晶物理性质常数的温度系数比较大,响应速度在低温下较慢。

9.2.2 液晶显示设备的显像原理

液晶的物理特性:通电时导通,排列变得有序,使光线容易通过;不通电时排列混乱,阻止光线通过。让液晶如闸门般地阻隔或让光线穿透,从技术上说,液晶面板包含了两片相当精致的无钠玻璃素材,中间夹着一层液晶。当光束通过这层液晶时,液晶本身会排排站立或扭转呈不规则状,因而阻隔或使光束顺利通过。

1. 单色液晶显示器的原理

LCD 技术是把液晶灌入两个列有细槽的平面之间。这两个平面上的槽互相垂直(相交成 $90°$)。也就是说,若一个平面上的分子南北向排列,则另一平面上的分子东西向排列,而位于两个平面之间的分子被强迫进入一种 $90°$ 扭转的状态。由于光线顺着分子的排列方向传播,所以光线经过液晶时也被扭转 $90°$。但当液晶上加一个电压时,分子便会重新垂直排列,使光线能直射出去,而不发生任何扭转。

LCD 依赖极化滤光器(片)和光线本身,自然光线是朝四面八方随机发散的。极化滤光器实际是一系列越来越细的平行线。这些线形成一张网,阻断不与这些线平行的所有光线。极化滤光器的线正好与第一个垂直,所以能完全阻断那些已经极化的光线。只有两个滤光器的线完全平行,或者光线本身已扭转到与第二个极化滤光器相匹配,光线才得以穿透,如图 9-7 所示。

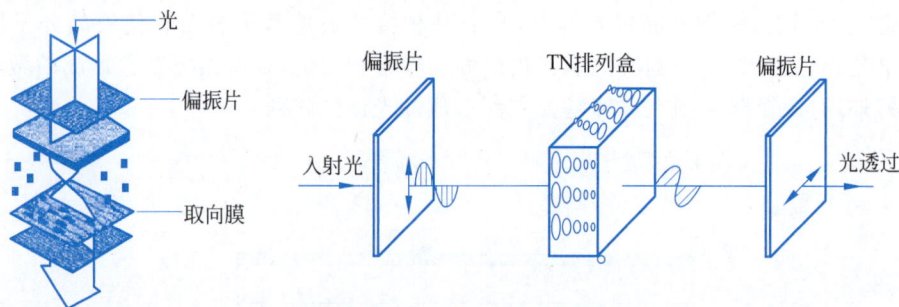

图 9-7 光线穿透示意图

LCD 正是由这样两个相互垂直的极化滤光器构成,所以在正常情况下应该阻断所有试图穿透的光线。但是,由于两个滤光器之间充满了扭曲液晶,所以在光线穿出第一个滤光器后,会被液晶分子扭转 $90°$,最后从第二个滤光器中穿出。另外,若为液晶加一个电压,分子又会重新排列并完全平行,使光线不再扭转,所以正好被第二个滤光器挡住,如图 9-8 所示。总之,加电将光线阻断,不加电则使光线射出。

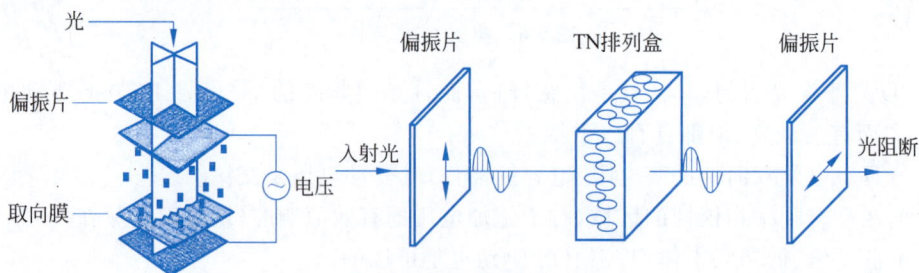

图 9-8 光线阻断示意图

当然,也可以改变 LCD 中的液晶排列,使光线在加电时射出,在不加电时被阻断。但由于计算机屏幕几乎总是亮着的,所以只有“加电将光线阻断”的方案才能达到最省电的目的。

从液晶显示器的结构来看,无论是笔记本电脑还是桌面系统,采用的 LCD 显示屏都是由不同部分组成的分层结构。LCD 由两块玻璃板构成,厚约 $1mm$,其间由 $5\mu m$ 的液晶材料均匀隔开。因为液晶材料本身并不发光,所以在显示屏两边都设有作为光源的灯管,而在液晶显示屏背面有一块背光板(或称匀光板)和反光膜。背光板是由荧光物质组成的可以发射光线,其作用主要是提供均匀的背景光源。背光板发出的光线在穿过第一层偏振过滤层之后进入包含成千上万水晶液滴的液晶层。液晶层中的水晶液滴都被包含在细小的单元格结构中,一个或多个单元格构成屏幕上的一个像素。在玻璃板与液晶材料之间是透明的电极,电极分为行和列,在行与列的交叉点上,通过改变电压而改变液晶的旋光状态,液晶材料的作用类似于一个个小的光阀。在液晶材料周边是控制电路部分和驱动电路部分。当 LCD 中的电极产生电场时,液晶分子就会产生扭曲,从而将穿越其中的光线进行有规则的折射,然后经过第二层过滤层的过滤在屏幕上显示出来。

2. 彩色液晶显示器工作原理

对于笔记本电脑或桌面型的液晶显示器以及需要采用的更加复杂的彩色显示器,还要具备专门处理彩色显示的色彩过滤层。通常,在彩色 LCD 面板中,每个像素都由 3 个液晶单元格构成,其中每个单元格前面都分别有红色、绿色或蓝色的过滤器。这样,通过不同单元格的光线就可以在屏幕上显示出不同的颜色。

LCD 克服了 CRT 体积庞大、耗电和闪烁的缺点,但同时也带来了造价过高、视角不广以及彩色显示不理想等问题。CRT 显示可选择一系列分辨率,而且能按屏幕要求加以调整,但 LCD 屏只含有固定数量的液晶单元,只能在全屏幕使用一种分辨率显示。

CRT 通常有 3 支电子枪,射出的电子流必须精确聚集,否则就得不到清晰的图像显示。而 LCD 不存在聚焦问题,因为每个液晶单元都是单独开关的,这正是同样一幅图在 LCD 屏幕上如此清晰的原因。LCD 也不必关心刷新频率和闪烁的问题,液晶单元要么开,要么关,所以在 40~60Hz 的低刷新频率下显示的图像不会比 75Hz 显示的图像更闪烁。不过,LCD 屏的液晶单元会很容易出现瑕疵。对于 1024×768 分辨率的屏幕,每个像素都由 3 个单元构成,分别负责红色、绿色和蓝色的显示,所以总共约需 240 万个单元(1024×768×3＝2 359 296)。很难保证所有这些单元都完好无损,最有可能的是,其中一部分已经短路(出现"亮点"),或者断路(出现"黑点")。所以说,并不是高昂的显示产品就不会出现瑕疵。

LCD 显示屏包含了在 CRT 技术中未曾用到的一些东西,如为屏幕提供光源的是盘绕在其背后的荧光管。有时,会发现屏幕的某一部分出现异常亮的线条,也可能出现一些不适的条纹,一幅特殊的浅色或深色图像会对相邻的显示区域造成影响。此外,一些相当精密的图案(如经抖动处理的图像)可能在液晶显示屏上出现难看的波纹或干扰纹。

现在,几乎应用于笔记本电脑或桌面系统的 LCD 都使用薄膜晶体管(Thin-Film Transistor,TFT)激活液晶层中的单元格,TFT-LCD 技术能够显示更加清晰、明亮的图像。早期的 LCD 由于是非主动发光器件,速度低,效率差,对比度小,虽然能够显示清晰的文字,但是在快速显示图像时往往会产生阴影,影响视频的显示效果,因此如今只被应用于需要黑白显示的设备中。

3. LCD 的显示方式

LCD 的显示方式可分为两种:一种是 LCD 面板本身为显示面的直观式;另一种则是将 LCD 面板的图像放大投影到投影屏以供观看的投影式。

1) 直观式显示方式

这是直接观看显示面的方式,具体应用包括钟表、计算器、各种仪表等使用的小型 LCD,也有文字处理机、各种终端机和电视显示中的 LCD,还有将显示器单元以瓦片状排列形成数平方米的大型显示面的 LCD。低温多晶硅薄膜晶体管(Low-Temperature Polycrystalline Silicon Thin-Film Transistor,LTP-Si TFT)LCD、非晶硅薄膜晶体管(Amorphous Silicon Thin-Film Transistor,a-Si TFT)LCD、金属-绝缘层-金属(Metal-Insulator-Metal,MIM)LCD 几乎都是这种例子。

从电极形状分类,LCD 有分段型和矩阵型。分段型呈"日"或"田"等形状,有表示数字或英文字符的,也有由很多长方条组成以表示条线图形的。矩阵型有两种方式:一种是夹液晶层的两个带状电极群相垂直,将其交叉部作为显示像素,以显示任意文字、图形和图像的方式;另一种是对着一个共享电极,将很多作为显示像素的电极以镶嵌状排列的方式。

直观式显示方式 LCD 中有透射型、反射型、透射反射兼用型。

(1) 透射型。为将 LCD 显示信息可视化,显示设备中就需要一些照明光源(也称为背光源)。透射型是把来自背面的面状背光源的光以显示信息的方式在 LCD 面板进行时空调制。光源可以是荧光灯、场致发光板或发光二极管等,既可以用亮度高、显色性好的光源,也可以用一般冷阴极或热阴极的荧光灯。投影式 LCD 很多都是透射型,一般使用金属卤化物等较强的点光源。

透射型的对比度、亮度、色再现范围等显示性能要比反射型优异。为达到上述优异性能,透射型利用很强的背光源以摆脱 LCD 较低的光透射率和碍眼的表面反射。另外,对液晶施加电压的电极是由透明金属氧化物膜做成的,与彩色滤光片结合在一起,便可获得性能良好的彩色显示。因此,透射型中不管是简单矩阵型还是有源矩阵型都是 LCD 的主流,在很多领域都得到了应用。

(2) 反射型。反射型没有专用的背光源,而是利用周围光进行显示,因而不能在暗的场所使用。由于照明条件不太好,显示性能就会比透射型差。反射型的优点是由于不需要背光源(它占据了 LCD 显示模块大部分电消耗),所以除了适合电池驱动的便携机采外,还使显示模块变得薄且紧凑。作为"电子纸"的 LCD 就是以反射型为基础的。

反射型一般采用两种形式的反射板:一种是在组成 LCD 的背面玻璃基板上设置铝箔等光反射板;另一种是将背面玻璃基板上的金属电极作为反射板。在 TN 模式或 STN 模式 LCD 上,则在背面玻璃基板复合上偏振片和表面为暗光面的反射板。在其工作模式中,由反射板而来的反射光为白,而液晶的遮光为黑。

在利用液晶光散射现象的模式中容易产生阴阳反转,必须在光学系统设计上采取一定解决措施。在高分子分散型液晶中,还有这样一种方式——设在背面玻璃基板内面的黑色光吸收板为黑,液晶的光反射为白。

由于 LCD 的光透射率一般较低,因此在反射型中一般有必要采用一枚偏振片的方式或不需要偏振片的宾主模式、高分子分散型向列液晶、高分子稳定型胆甾相液晶替代光利用率低、使用偏振片的 TN 或 STN 模式。

反射型显示的亮度(视感反射率)和对比度的目标是报纸等黑白体的显示。在黑白显示中,要达到 50% 以上的视感反射率、5∶1 以上的文字对比度。如果视感反射率非常高,那么对比度数值低也可以,但必须完全消除镜面反射和漫反射。

在彩色显示中,若使用彩色滤光片,不仅亮度下降,还存在色饱和度差的问题。例如,若用红、绿、蓝三原色滤光片的方式,则亮度为黑白显示的 $1/4 \sim 1/3$。为实现彩色化,首要的选择应该是光透射率大的液晶模式;另外,必须尽可能降低液晶面板各表面的反射率,因为它将使对比度下降,使色饱和度变差。

彩色显示的主要例子中有采用不需要偏振片的相变型 G-H 模式和用一枚偏振片的几种模式。其中,有利用双折射显色原理的 STN 模式、混合渐变排列(Hybrid-Aligned Nematic,HAN)模式、45°扭曲 TN 模式等,也有将液晶面板做成三层结构以实现彩色化的模式。

(3) 透射反射兼用型。透射反射兼用型把反射板做成开有网点状细孔的半透射性板。当周围光暗时,起背光源的扩散板作用;而亮时则起漫反射板的作用。另外,反射型中还有一种称为前灯型的,是在侧面设置辅助光源,并有前置导光板,这样即使在暗处,LCD 也能使用。在投影式 LCD 中也有反射型的类型,它对于高开口率、高亮度非常有利。

2) 投影式显示方式

投影式显示方式是将 LCD 上写入的光学图像放大,投影到投影屏上的方式,也称为液晶光阀(Liquid Crystal Light Valve,LCLV)。图像的放大率和亮度可以通过加大投影用光源的光强来提高。这种方式除了适用于家庭的大画面显示之外,还适合教室、会议室、商务控制室和会场等供很多人观看的应用场景。

将光信息写入 LCD 的激励方式中有光写入方式、热(激光)写入方式和电写入(矩阵驱动)方式。其中,利用热写入方式还要并用电场效应。

(1) 光写入方式。基本的工作部分截面如图 9-9 所示,形成液晶和光导电体双层结构,电压通过透明电极均匀施加。光照部分因光导电层的电阻下降而将电压施加到液晶层,产生电光效应。

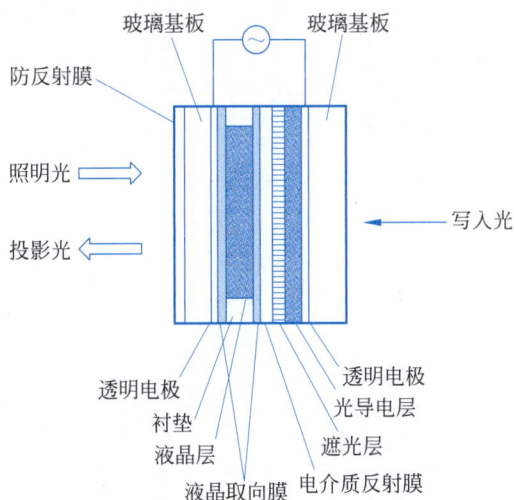

图 9-9　光写入方式液晶光阀结构

在实际布局中,将高分辨率的小型 CRT 图像用透镜在光导电层成像,利用电子束轰击荧光面所产生的光点在光导电层做出潜像,对液晶施加的电压进行空间调制,在液晶层形成图像。对该液晶层进行强光照射,将图像放大投影到投影屏上。可以放大投影到 $200 \sim 450$ 英寸的投影屏上,一般是高光束的,而且光功率很大。

(2) 热(激光)写入方式。这种方式的显示工作是由相变而来的,所利用的就是光学变化。这种方式的例子有向列、胆甾混合液晶和层列液晶。若将这些液晶加热到相变温度以上,然后急剧冷却,那么该部分由透明组织变成排列紊乱的不透明组织。因此,利用红外激光束的偏转,在 LCD 面板上进行扫描,就可在 LCD 上写入高分辨率的图像。写入的图像可用照射光源和光学系统进行放大投影,这种方式一般都有存储功能。

在层列液晶中有两种常温下的层列相用于显示,即透明以及各向同性相紊乱排列的不透明组织。写入所用的是数毫瓦到 500mW 的半导体激光器,擦除是通过对液晶层施加高电场(数十千伏/厘米)或在向列相温度以上的冷却中施加低电场而进行。

(3) 电写入(矩阵驱动)方式。电写入方式中有简单矩阵型和有源矩阵型。前者有 STN 模式、胆甾类液晶的相变模式等被开发。实际应用的是后者,其中有非晶硅薄膜晶体管(a-Si TFT)驱动 LCD、多晶硅薄膜晶体管(P-Si TFT)驱动 LCD、硅基液晶(Liquid Crystal on Silicon,LCOS)。液晶主要采用 TN 模式,也有试用高分子分散型液晶的实例。在有源矩阵型中最常用的是 TFT-LCD 型投影液晶面板。

(4) TFT-LCD 型。在直观式 LCD 中实现大型化比较困难。实现 80 英寸以上的大型画面最适当的方式是在投影屏上投影的显示方式。娱乐方面的电视显示、办公自动化(Office Automation,OA)或会议室、会场的计算机图像显示都使用显示性能优异的 TFT-LCD 有源矩阵型。TFT-LCD 的尺寸为 0.8～5 英寸(画面对角线长),其尺寸取决于光学系统、分辨率、热设计、成本。投影显示装置与金属卤化物灯等的光源亮度也有关,但投影屏尺寸已达 200 英寸左右(对角线长度),重要的是显示的高亮度和低功耗。

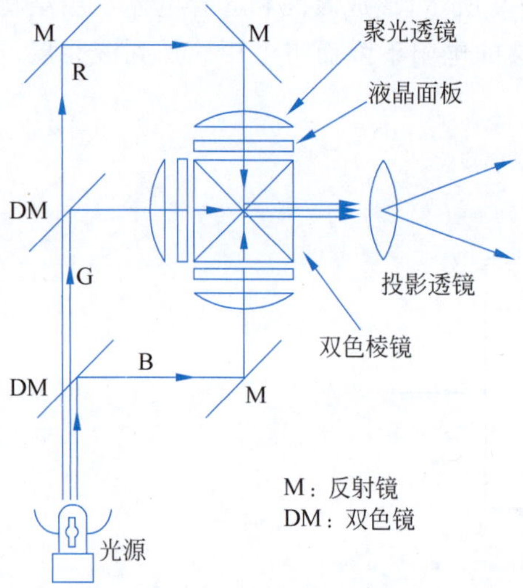

利用 TFT-LCD 的彩色投影显示有以下几种方式:①使用一个彩色 LCD 的单板式;②将一个黑白型 LCD 和三基色双色镜组合起来的单板式;③将 3 个黑白型 LCD 和双色滤光片或棱镜式三基色分离光学系统组合起来的三板式等(见图 9-10)。

投影方式中有从屏前面投影的前面投影方式和从屏后面投影的背面投影方式。背面投影方式的优点是在屏前的侧表面上做了减轻外光反射的处理,因此即使在比较亮的场所使用也对对比度影响不大。

图 9-10 TFT-LCD 投影装置

为了在某视角范围内提高显示图像的亮度,一般对投影屏进行精加工,以获得 2～3 倍的增益。视角虽变窄,但亮度得到了提高,并从结构上加以改进,以防止外光反射与对比度的下降。

9.2.3 液晶显示器的分类

液晶特有的光电特性可用于显示。根据液晶驱动方式分类,可将目前 LCD 产品分为扭曲向列(TN)型、超扭曲向列(STN)型及薄膜晶体管(TFT)型三大类,从应用产品数量来看,近 10 亿台 LCD 应用产品中,TN 型产品占 7 成左右,STN 型占 2.5 成,TFT 型仅占 0.5 成;

若以产值来看,因 TFT 产品价格高,产值占 LCD 的 7 成左右。以下分别对 TN 型、STN 型及 TFT 型加以说明和比较。

1. 扭曲向列型

扭曲向列(TN)型液晶显示器的基本构造为上下两片导电玻璃基板,其间注入向列型液晶,上下基板外侧各加上一片偏光板,另外在导电膜上涂布一层摩擦后具有极细沟纹的配向膜。由于液晶分子拥有液体的流动特性,很容易顺着沟纹方向排列,液晶填入上下基板沟纹方向,以 90°垂直配置的内部,接近基板沟纹的束缚力较大,液晶分子会沿着上下基板沟纹方向排列,中间部分的液晶分子束缚力较小,会形成扭转排列,因为使用的液晶是向列型,且液晶分子扭转 90°,故称为 TN 型。

若不施加电压,则进入液晶组件的光会随着液晶分子扭转方向前进,因上下两片偏光板和配向膜同向,故光可通过形成亮的状态;相反地,若施加电压时,液晶分子朝施加电场方式排列,垂直于配向膜配列,则光无法通过第二片偏光板,形成暗的状态,以此种亮暗交替的方式可作为显示用途。

2. 超扭曲向列型

TN 型液晶显示器在早期电子表上使用较多,但其最大缺点为光应答速度较慢,容易形成残影,因此后期发展出超扭曲向列(STN)型液晶显示器。

所谓 STN 显示组件,其基本工作原理和 TN 型大致相同,不同的是液晶分子的配向处理和扭曲角度。STN 显示组件必须预做配向处理,使液晶分子与基板表面的初期倾斜角增加。此外,STN 显示组件所使用的液晶中加入微量胆石醇液晶使向列型液晶可以旋转角度为 $80° \sim 270°$,为 TN 的 2~3 倍,故称为 STN 型,TN 与 STN 的比较见表 9-1 及图 9-11。

表 9-1　TN 与 STN 型组件的比较

比 较 项 目	TN	STN
扭曲角	90°	$180° \sim 270°$
倾斜角	$1° \sim 2°$	$4° \sim 7°$
厚　度	$5 \sim 10 \mu m$	$3 \sim 8 \mu m$
间隙误差	$\pm 0.5 \mu m$	$\pm 0.1 \mu m$

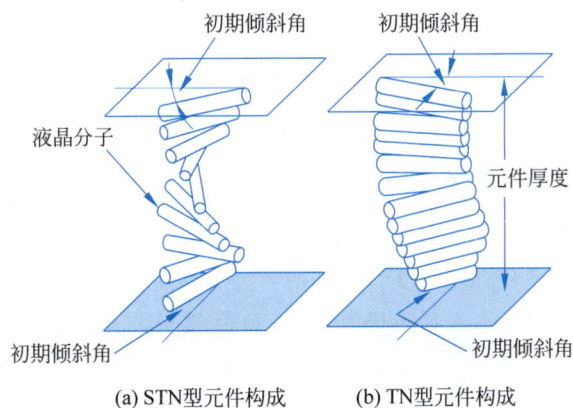

(a) STN型元件构成　　(b) TN型元件构成

图 9-11　STN 与 TN 型液晶分子的扭曲状态

STN 型液晶由于应答速度较快,且可加上滤光片等方式使显示器除了明暗变化外也有颜色变化,形成彩色显示器,其应用有早期笔记本电脑或现在的 PDA 及电子词典等。

3. 薄膜晶体管型

薄膜晶体管(TFT)型液晶显示器也采用了两夹层间填充液晶分子的设计。只不过是把左边夹层的电极改为场效应晶体管(Field Effect Transistor,FET),把右边夹层的电极改为共通电极。在光源设计上,TFT 型显示采用"背透式"照射方式,即假想的光源路径不是像 TN 液晶那样从左向右,而是从右向左,这样的做法是在液晶的背部设置了类似日光灯的光管。光源照射时,先通过右偏振片向左透出,借助液晶分子传导光线。由于左右夹层的电极改为 FET 电极和共通电极,在 FET 电极导通时,液晶分子的表现如 TN 液晶的排列状态一样会发生改变,也通过遮光和透光达到显示的目的。但不同的是,由于 FET 晶体管具有电容效应,能够保持电位状态,先前透光的液晶分子会一直保持这种状态,直到 FET 电极下一次再加电改变其排列方式为止。相对而言,TN 型就没有这个特性,液晶分子一旦没有被施压,立刻就返回原始状态,这是 TFT 型和 TN 型显示原理的最大不同。

3 种主要类型 LCD 产品的比较如表 9-2 所示。

表 9-2　3 种主要类型 LCD 产品的比较

项 目	TN	STN	TFT
驱动方式	单纯矩阵驱动的扭曲向列型	单纯矩阵驱动的超扭曲向列型	主动矩阵驱动
视角大小	小 (视角＋30°/观赏角度 60°)	中等 (视角＋40°)	大 (视角＋70°)
画面对比	最小 (画面对比为 20∶1)	中等	最大 (画面对比为 150∶1)
反应速度	最慢 (无法显示动画)	中等(150ms)	最快(40ms)
显示品质	最差 (无法显示较多像素,分辨率较低)	中等	最佳
颜色	单色或黑色	单色及彩色	彩色
价格	最便宜	中等	最贵(约为 STN 型的 3 倍)
适合产品	电子表、电子计算机、各种汽车、电器产品的数字显示器	移动电话、PDA、电子辞典、掌上型计算机、低档显示器	笔记本电脑/掌上型计算机、PC 显示器、背投电视、汽车导航系统

9.2.4　液晶显示设备的驱动

LCD 驱动方式有静态、动态(多路或简单矩阵)、有源矩阵以及光束扫描 4 种方式。驱动方式也可分为刷新方式和存储方式。前者是用小于人眼暂留像时间的帧周期一个接一个地转换图像信息,以进行显示;而后者则利用 LCD 所具有的存储作用,以一次性的帧扫描,即可进行静态图像显示。

1. 静态驱动

图 9-12 所示为驱动 LCD 组件的基本电路和驱动波形。电路是被称为异或门

(Exclusive-OR Gate)的 CMOS 集成电路。将脉冲占空比为 0.5 的方波电压施加于 LCD 组件 C 电极和门电路一侧输入端,门电路的输出施加于 S 电极。

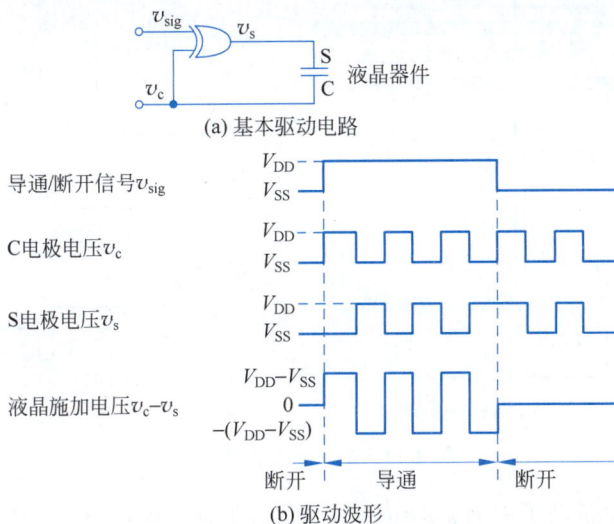

图 9-12　LCD 的驱动

门电路的输出随着施加于门电路另一侧输入端的控制信号而变化。施加于液晶的电压在导通期间为 $\pm(V_{DD}-V_{SS})$ 的交流电压,而断开期间则为 0 V。

LCD 是双向性的。由于一般响应于电压的有效值,在导通期间 LCD 的脉冲占空比为 1,即在导通期间液晶处于正常激励状态,这就是静态驱动。

相对于静态驱动,还有在导通期间以间歇式(时分多路等)施加电压的简单矩阵驱动或有源矩阵驱动。在有源矩阵驱动中,虽然外部施加电压为间歇式的,但液晶被正常激励。

2. 简单矩阵驱动

在静态驱动中,任意文字和图形、图像的显示都要增加必要数目的驱动电路,在成本上不太现实。简单矩阵驱动方式如图 9-13 所示,由 $m+n$ 个至少一侧为透明的条状行电极和列电极组成,将 $m \times n$ 个交点构成的像素以 $m+n$ 个电路实施驱动。

这样,因为在一个电极上有多个像素相连接,所以施加电压就成为时间分割脉冲,即各像素承受一定周期的间歇式电压激励。一般以 30Hz 以上的帧频对行电极进行逐行扫描,对列电极同步施加亮和不亮的信号。将这种驱动方式叫作多路(时间分割)驱动,也叫作无源矩阵驱动。图 9-13 所示的 STN 就是简单矩阵驱动型的实例。

在图 9-13 的驱动波形中,设扫描电极数为 n,那么使对比度最大的条件就是设定峰值,使 $a = \sqrt{n}$。

以上是逐个扫描电极的方式。除此之外,还有称为有源寻址(Active Addressing)和多行寻址(Multi-Line Addressing)的方式。这是对多个或全部行电极同时施加互有垂直函数关系的波形电压,而对列电极施加把垂直函数和显示信息信号运算的电压,以实施驱动的方式。这种方式对提高高速响应的 STN 模式液晶的对比度非常有效。

3. 有源矩阵驱动

驱动集成电路(Integrated Circuit,IC)是液晶模块中所占成本比重最高的部分,液晶产

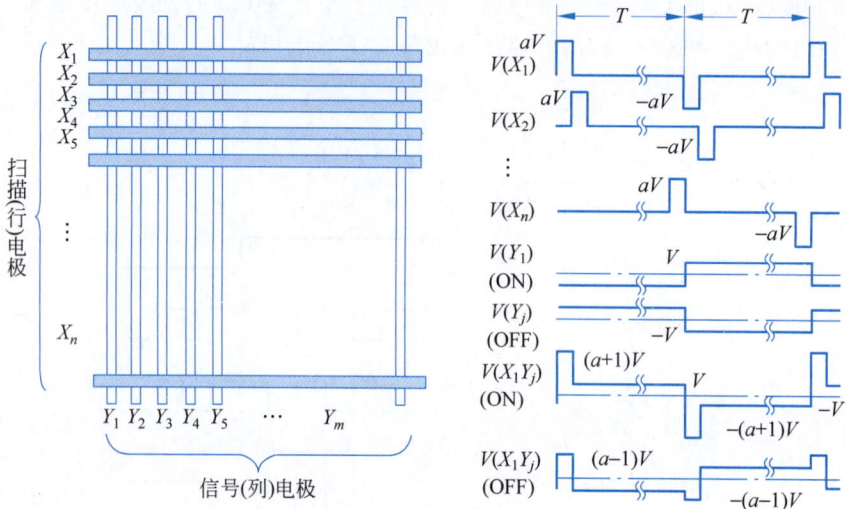

图 9-13　简单矩阵驱动方式

业高速发展的同时也带动了液晶驱动 IC 产业,相对于其他模拟 IC,驱动 IC 有其独特之处。驱动 IC 的出货量巨大,技术门槛和工艺门槛高,驱动 IC 厂家大多是专业 IC 厂家。

　　由于生产工艺难度高、各部分工艺和所需要的电压都不一样,以及生产厂家技术必须非常全面,大尺寸 LCD 驱动 IC 是非常难以介入的领域。除技术门槛和工艺门槛外,大尺寸驱动 IC 厂家必须得到大尺寸 LCD 面板厂家和晶圆生产厂家的配合。京东方-HYDIS 的关联公司 Magnachip 是全球第五大大尺寸驱动 IC 厂家,上广电 NEC 的关联公司 NEC 是全球第三大大尺寸驱动 IC 厂家。

　　有源矩阵驱动也叫开关矩阵驱动。这是一种在显示面板的各像素设置开关组件和信号存储电容,以实现驱动的方式,其目的是提高显示性能。这种方式能够获得优异的显示性能,因而作为直观式或投影式,广泛用于个人计算机等 OA 设备及电视等视频设备。这种方式中有三端型和双端型。三端型使用场效应晶体管;双端型则使用二极管。三端型中,可以将半导体分为以下几种:a-Si、p-Si、单晶硅。TFT-LCD 是以掺氢 a-Si 薄膜晶体管为契机而发展的。双端型中有用 a-Si 的环二极管型和具有双向二极管特性的 MIM 型等。三端型的特点是显示性能优异,双端型的特点是制造成本低。

　　以 TFT 阵列方式为例介绍有源矩阵型 LCD 的结构。a-Si TFT 阵列是精密加工技术成形的,即利用甲硅烷的辉光放电分解法在玻璃基板上形成 a-Si 半导体有源层;利用绝缘膜以及金属层进行和半导体集成电路一样的光刻。

　　图 9-14 所示为以 TFT 为开关组件时的工作原理。利用一次一行方式依次扫描栅极,将一个栅极线上所有 TFT 处于导通状态,从取样保持电路,通过漏极总线将信号提供给各信号存储电容。各像素的液晶被存储的信号激励到下一个帧扫描时为止。

　　在简单矩阵驱动中,若扫描电极增加,则像素液晶的激励时间变短,亮度下降。为提高亮度而提高电压,则会因交调失真使得非显示部分也变亮,对比度下降。有源矩阵驱动通过设置在各像素的开关进行工作,以防止交调失真,可以提高对比度。另外,利用各像素的信号存储电容以加长液晶的激励时间,并提高对比度和响应特性等。

　　TFT-LCD 具有以下特点。

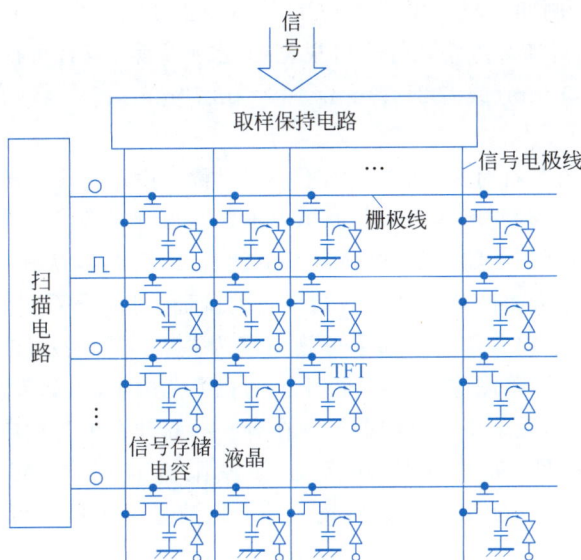

图 9-14　TFT LCD 的等效电路与工作原理

（1）从原理上没有简单矩阵那样的扫描电极数的限制，可以实现多像素化。

（2）可以控制交调失真，对比度高。

（3）由于液晶激励时间可以很长，亮度高，响应时间也很快。

（4）由于在透明玻璃基板上利用溅射、化学气相沉积（Chemical Vapor Deposition，CVD）等方法成膜，可以实现大型化和彩色化。

（5）可以同时在显示区域外部形成驱动电路，由于接口数骤减，有利于实现高可靠性和低成本。

4. 光束扫描驱动

在投影式显示方式中提到的光写入方式、热（激光）写入方式就是光束扫描驱动方式。这种工作方式的特点是在面板上并没有被分割的像素电极，光束点相当于一个像素，通过光束的扫描以形成像素。

9.3　液晶显示器的技术参数、特点及发展史

9.3.1　液晶显示器的技术参数

技术参数是衡量显示器性能高低的重要标准，由于各种显示方式的原理不同，显示器的技术参数也有所不同。

1. 可视面积

液晶显示器所标示的可视面积就是实际可以使用的屏幕对角线尺寸。一个 15.1 英寸的液晶显示器约等于 17 英寸 CRT 屏幕的可视范围。

2. 点距

液晶显示器的点距是指在水平方向或垂直方向上的有效观察尺寸与相应方向上的像素之比，点距越小，显示效果越好。现在市售产品的点距一般有点 28（0.28mm）、点 26（0.26mm）、

点 25(0.25mm)3 种。例如,一般 14 英寸 LCD 的可视面积为 285.7mm×214.3mm,它的最大分辨率为 1024×768,那么点距就等于可视宽度/水平像素(或者可视高度/垂直像素),即 285.7mm/1024=0.279 mm(或者 214.3mm/768=0.279mm)。

3. 视角

液晶显示器的视角左右对称,而上下则不一定对称。由于每个人的视力不同,因此以对比度为准,在最大可视角时所测得的对比度越大越好。当背光源的入射光通过偏光板、液晶及取向膜后,输出光便具备了特定的方向特性,也就是说,大多数从屏幕射出的光具备了垂直方向。假如从一个非常斜的角度观看一幅全白的画面,可能会看到黑色或色彩失真。一般来说,上下角度不大于左右角度。如果可视角度为左右 80°,表示在始于屏幕法线 80° 的位置时可以清晰地看见屏幕图像。但是,由于人的视力范围不同,如果没有站在最佳的可视角度内,所看到的颜色和亮度将会有误差。现在有些厂商开发出各种广视角技术,试图改善液晶显示器的视角特性,如平面控制模式、多象限垂直配向(Multi-Domain Vertical Alignment,MVA)、TN+FILM 等。这些技术都能把液晶显示器的可视角度增大到 160°,甚至更大。

4. 亮度

液晶显示器的最大亮度通常由冷阴极射线管(背光源)决定,亮度值一般都在 200～250cd/m² 。液晶显示器的亮度若略低,会觉得发暗,而稍亮一些,就会好很多。虽然技术上可以达到更高的亮度,但是这并不代表亮度值越高越好,因为太高亮度的显示器有可能使观看者眼睛受伤。

5. 响应时间

响应时间是指液晶显示器各像素点对输入信号反应的速度,即像素由暗转亮或由亮转暗的速度,此值越小越好。如果响应时间太长,就有可能使液晶显示器在显示动态图像时有尾影拖曳的感觉。这是液晶显示器的缺点之一,但随着技术的发展而有所改善。一般将反应速率分为两部分,即上升沿时间和下降沿时间,表示时以两者之和为准,一般以 20ms 左右为佳。

6. 色彩深度

色彩深度是 LCD 的重要指标。LCD 面板上是由 1024×768 个像素点组成显像的,每个独立的像素色彩由红、绿、蓝(R、G、B)3 种基本色控制。大部分厂商生产出来的液晶显示器,每个基本色(R、G、B)达到 6 位,即 64 种表现度,那么每个独立的像素就有 64×64×64=262 144 种色彩。也有不少厂商使用了所谓的帧率控制(Frame Rate Control,FRC)技术以仿真的方式表现出全彩的画面,也就是每个基本色(R、G、B)能达到 8 位,即 256 种表现度,那么每个独立的像素就有高达 256×256×256=16 777 216 种色彩。

7. 对比度

对比度是最大亮度值(全白)与最小亮度值(全黑)的比值。CRT 显示器的对比度通常高达 500∶1,以致在 CRT 显示器上呈现真正全黑的画面是很容易的。但对 LCD 来说就不是很容易了,由冷阴极射线管所构成的背光源很难做快速的开关动作,因此背光源始终处于点亮的状态。为了要得到全黑画面,液晶模块必须把来自背光源的光完全阻挡,但在物理特性上,这些组件无法完全达到这样的要求,总是会有一些漏光发生。一般来说,人眼可以接受的对比度约为 250∶1。

8. 分辨率

TFT 液晶显示器分辨率通常用一个乘积来表示,如 800×600、1024×768、1280×1024 等,表示水平方向的像素数乘以垂直方向的像素数,而像素是组成图像的基本单位,也就是说,像素越高,图像就越细腻、越精美。

9. 外观

液晶显示器具有纤巧的机身,显示板的厚度通常为 $6.5 \sim 8 \text{cm}$。充满时代感的造型,配以黑色或标准的纯白色,让人看起来相当舒适。现在一些液晶显示器还可以挂在墙上,充分显示了其轻便性。

9.3.2　液晶显示器的优点

1. 低压微功耗

液晶显示器工作电压极低,只有 $3 \sim 5 \text{V}$,工作电流则只有每平方厘米几微安。因此,液晶显示可以和大规模集成电路直接匹配,使便携式电子计算机及电子仪表成为可能。由于低功耗,利用电池即可长时间运行,为节能型显示器。低电压运行模式,便可由 IC 直接驱动,驱动电路简单。

2. 平板型结构

液晶显示基本结构是由两片玻璃组成的夹层盒。这种结构的优点,一是在使用上最方便,无论大型、小型、微型都很适用,它可以在有限面积上容纳最大信息量;二是在工艺上适合大批量生产。目前液晶生产线大都采用集成化生产工艺。日本最先进的自动化流水线,仅需几名工人便可以开动一条年产上千万液晶显示器的生产线。组件为薄型(厚度为几毫米),而且从大型显示到小型显示都可满足,特别适用于便携式装置。

3. 被动显示型

液晶显示本身不发光,而是靠调制外界光进行显示。也就是说,它不像主动性器件那样,靠发光刺激人眼而实现显示,而是单纯依靠对光的不同反射呈现的对比度达到显示目的。这种非主动发光型显示,即使在明亮的环境,显示也是鲜明的。人类视觉所感受的外部信息中,90%以上是由外部物体对光的反射,而不是来自物体发光,所以,被动显示更适合人的视觉习惯,不会引起疲劳。这在大信息量、高密度显示、长时间观看时尤为重要。被动显示的另一大特点是不怕光冲刷。所谓光冲刷,是指当环境光较亮时,要显示的信息被冲淡,使其不易观看。可见,光冲刷一般均指主动发光的光信息被环境光冲淡。而被动显示,由于物体本身不发光,所以外界光亮度越强,被调制后的光信息显示内容就越清晰,故液晶显示可用在室外、强环境光下。当然,被动显示在黑暗的环境下是无法显示的,这时必须为液晶显示配上外光源。

4. 显示信息量大

与 CRT 显示相比,液晶显示没有荫罩限制,像素可以做得很小,这对于高清晰度电视是最理想的选择方案。LCD 可以进行投影显示及组合显示,因此容易实现大画面显示。

5. 易于彩色化

液晶彩色化非常容易,方法也很多。更可贵的是液晶的彩色化可以在色谱上非常容易地复现,因此不会产生色失真,便于显示功能的扩大及显示的多样化。

6. 无电磁辐射

大家知道,CRT 在工作时不仅会产生 X 射线辐射,而且会产生电磁辐射,这种辐射不仅会污染环境,而且会产生信息泄露。而液晶就没有这类问题,它对人体安全和信息保密都是理想的。因此,液晶最适合长时间使用和军事上使用。

7. 长寿命

LCD 器件本身几乎没有什么劣化问题,寿命可达 50 000h。

9.3.3 液晶显示器的缺点

LCD 克服了 CRT 体积庞大、耗电和闪烁的缺点,但也同时带来了动态响应慢、视角不广以及彩色显示不理想等问题。此外,液晶显示器的色彩调校一直不尽如人意,要同时调整出一个最佳的观看角度和色彩正确性就非常不容易。

1. 视角小

视角是液晶屏的特有参数。之所以会存在可视角度,是因为受其成像机制影响,液晶屏只有从正前方观看时才能获得最佳的视觉效果,而从其他角度观看时,亮度与色彩都会出现失真、发暗。

2. 响应时间慢

用液晶显示器观看调整移动的画面时,经常会看到拖尾或称为"鬼影"的现象,这就是因为液晶屏的响应速度不够快,像素点对输入信号的反应速度跟不上,从而使观看者看到有残留影像。

3. 亮度和对比度低

由于液晶分子自身不发光,所以液晶显示器需要靠外界光源辅助发光,因此它们的亮度和对比度都不是很理想。

4. 维修问题

液晶存在"坏点"问题。液晶显示屏的材料一般采用玻璃,容易破碎,再加上每个像素都十分细小,常常会造成个别的像素坏掉的现象,俗称"坏点",这是无法维修的,只有更换整个显示屏。

9.3.4 液晶显示技术的发展史及产业现状

液晶显示技术的发展史及产业现状如下。

1. 液晶显示技术的发展史

液晶显示技术的发展可以追溯到 20 世纪 60 年代。1968 年,美国科学家 James Fergason 首次提出了液晶显示的概念,并展示了第一台液晶显示器件。随后,在 20 世纪 70 年代,日本的研究人员开始对液晶显示技术进行深入研究,并取得了一系列重要的突破。1973 年,精工爱普生公司的山崎淑夫开发出了世界上第一块液晶显示式数字石英手表"精工石英06LC",这成为液晶显示技术商业化的起点。

进入 20 世纪 80 年代,液晶显示技术开始逐渐应用到计算机领域。1984 年,欧美提出了超扭曲向列(STN-LCD)和薄膜式晶体管(TFT-LCD)技术。随后,日本开始大规模生产STN-LCD,并逐渐掌握了 TFT-LCD 大规模制造技术。到了 20 世纪 90 年代,随着面板制造成本的下降,液晶显示器开始进入市场实际应用阶段。1997 年,随着第三代 TFT-LCD

生产线的成熟,液晶显示器逐渐被业界和消费者所接受。

2. 液晶显示技术的产业现状

目前,液晶显示技术已经发展到了一个非常成熟的阶段,市场上销售的液晶产品大多是基于三代以上的技术。随着技术的不断进步和市场的变化,液晶显示技术也在不断地进行改进和革新。

目前,液晶显示技术已经广泛应用于电视、计算机、手机、平板电脑等各种电子设备中。同时,随着市场对于大尺寸、高分辨率、高亮度、高可视角度以及高刷新频率等需求的增加,液晶显示技术也在不断地向着上述方向发展。

在全球范围内,液晶显示产业已经形成了较为完整的产业链,包括原材料供应、面板制造、模组生产、终端产品制造等环节。其中,中国已经成为全球最大的液晶显示器生产和消费市场之一,液晶显示产业也成为中国电子信息产业的重要组成部分。

总的来说,液晶显示技术经历了数十年的发展,已经成为目前主流的显示技术之一。未来,随着技术的不断进步和应用领域的拓展,液晶显示技术仍将继续发展,并有望在更多领域得到应用。

第 10 章
CHAPTER 10
发光二极管显示技术与设备

10.1　电致发光显示技术与设备

10.1.1　电致发光现象

第 20 集
微课视频

电致发光(Electro Luminescent,EL)是一种物理现象,指的是物体在注入电流的情况下发光。这个过程通常涉及在强电场作用下,电子获得较大的能量,这些能量远远超过热平衡状态下的电子能量,从而成为过热电子。过热电子在运动过程中可以通过碰撞使晶格离化形成电子-空穴对,当这些被离化的电子-空穴对发生复合或弛豫回到基态时,会发出光子,即光。

电致发光可分为本征型电致发光(本征型 EL)和电荷注入型电致发光(注入型 EL)两大类。本征型 EL 是把 ZnS 等类型的荧光粉混入纤维素之类的电介质中,直接地或间接地夹在两电极之间,施加电压后使之发光;注入型 EL 的典型器件是发光二极管(LED),在外加电场作用下使 PN 结产生电荷注入而发光。本节主要讲述本征型电致发光显示器,简称电致发光显示器(EL Display,ELD)。

早在 1936 年,法国的 Destriau 就发现将 ZnS 荧光体粉末浸入油性溶液中,将其封于两块电极之间,施加交流电压就会产生发光现象。这是关于 EL 最早的发现,但当时未发明透明电极,因此在相当长的一段时间内,EL 在实用上并无进展。到了 1950 年,发明了以 SnO_2 为主要成分的透明导电膜,Sylvania 公司利用这种电极成功开发了分散型 EL 元件。作为平面型发光源,分散型 EL 元件引起人们的极大兴趣,人们期待将其用于平板显示器,并开始了实质性的开发。但在当时还没有解决这种元件亮度低和寿命短的问题,更没有达到实用化,一般称其为第一代 ELD。

1968 年,Vecth 等发表文章,阐明了分散型 EL 元件荧光体表面通过铜(Cu)的处理可以实现直流驱动;Kahng 等发表文章,阐明了在薄膜型 EL 中导入作为发光中心的稀土氟化物,可实现高辉度。这两篇文章为 EL 的研究开发注入了活力,并被认为是第二代 ELD 开始的标志。在此基础上,Inoguchi 等于 1974 年发表了关于高辉度、长寿命的二层绝缘膜结构的薄膜型 EL 元件的文章,并通过实验验证了 EL 用于电视面显示的可能性。在此期间,由于彩色电视及计算机的迅速普及,信息显示成为人们注目的中心。人们希望在 CRT 的基础上开发出薄型、轻量、高画质、大容量的平板型显示器。在这种背景下,ELD 成为热门研究课题之一,与 LCD、PDP、LED 等一起被列为研究开发的重点。1983 年,日本开始了薄膜 ELD 的批量生产。目前橙红色的 ELD 可由 Sharp(日本)、Planer International(美国、芬兰)等公司供应。

近年来,对 ELD 的研究更集中于全彩色显示和更大容量的显示方面。要实现全彩色显示,高质量的红、绿、蓝三基色荧光体必不可少,因此主要是从材料的角度进行研究,利用研制的材料已经完成多色 EL 元件原型的制作。最近几年,采用由发光层及电子输送层、空穴输送层构成有机薄膜电致放光(OLED)器件研制成功,它可以在低电压下获得高辉度发光,引起人们的广泛关注。

10.1.2　电致发光显示器件分类及其特点

本征型电致发光显示器件从发光层的材料上可分为无机电致发光和有机电致发光两类;从结构上又可分为薄膜型和分散型两类,薄膜型的发光层由致密的荧光体薄膜构成,而分散型的发光层以粉末荧光体的形式构成;从驱动方式上又可分为交流驱动型和直流驱动型。由此,无机电致发光和有机电致发光均可组合出 4 种电致发光显示器件。对于无机电致发光已经达到实用化的有薄膜型交流电致发光和分散型交流电致发光,其荧光体母体都是以硫化锌为主体的无机材料。薄膜型交流电致发光具有高辉度、高可靠性等特点,主要用于发橙色光的平板显示器;分散型交流电致发光价格低,容易实现多彩色显示,常用作平面光源,如液晶显示器的背光源。对于有机电致发光主要是薄膜型交流驱动电致发光元件,其他类型还没有达到实用化。

电致发光显示器与其他电子显示器件相比,具有以下突出的特点。

(1) 图像显示质量高。ELD 为主动发光型器件,具有显示精度高(8 条/mm 以上)、精细柔和、对眼睛刺激小等优点。特别因其自发光、视角大,对于精度要求高的汉字显示十分有利。

(2) 受温度变化的影响小。工作温度范围为−40~85℃。电致发光的发光阈值特性取决于隧道效应,因此对温度变化不敏感。这一点在温度变化剧烈的车辆中应用有明显的优势。

(3) 电致发光是全固体显示元件,耐振动冲击的特性极好,适用于坦克、装甲车等军事应用。

(4) 具有小功耗、薄型、质量轻等特征。在发光型显示器件中,ELD 功耗最小,厚度一般在 25 mm 以下。最新的有机电致发光器件厚度只有几十纳米,能提供真正像纸一样薄的显示器。

(5) 快速显示响应时间小于 1 ms。

(6) 低电磁泄漏(EMI)。

10.1.3　本征型 ELD 的基本结构及工作原理

1. 本征型 ELD 基本结构

本征型 ELD 通常由多层薄膜结构组成,这些薄膜包括电极层、绝缘层、发光层和透光层等。其中,电极层用于提供电场,绝缘层用于防止电流直接穿过发光层,发光层是产生电致发光的核心部分,而玻璃或柔性塑料板构成的透光层则允许产生的光透出显示器,如图 10-1 所示。

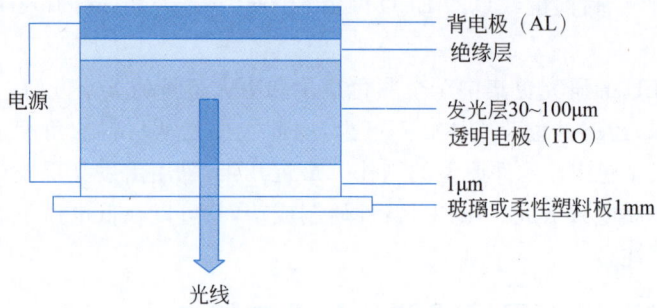

图 10-1　电致发光显示元件的基本结构

2. 电致发光显示设备工作原理

当在 ELD 的两端施加电压时,电子从阴极注入并通过绝缘层进入发光层。在发光层中,电子与空穴相遇并结合,释放能量。这些能量以光的形式辐射出来,从而实现电致发光。通过控制电压的大小和变化,可以改变发光层的亮度、颜色和显示内容。

10.2　发光二极管基本知识

10.2.1　半导体光源的物理基础

发光二极管(LED)是一种固态的半导体器件,本质上属于注入型电致发光显示器件。LED 的心脏是一个半导体的晶片,晶片的一端附在一个支架上为负极,另一端连接电源的正极,整个晶片被环氧树脂封装起来。半导体晶片由两部分组成,一部分是 P 型半导体,其中空穴占主导地位;另一部分是 N 型半导体,其中电子占主导地位。这两种半导体连接起来时,它们之间就形成一个 PN 结。当电流通过导线作用于这个晶片时,电子就会被推向 P 区,在 P 区里电子与空穴复合,然后就会以光子的形式发出能量,这就是 LED 发光的原理(见图 10-2)。而光的波长,也就是光的颜色,是由形成 PN 结的材料决定的。

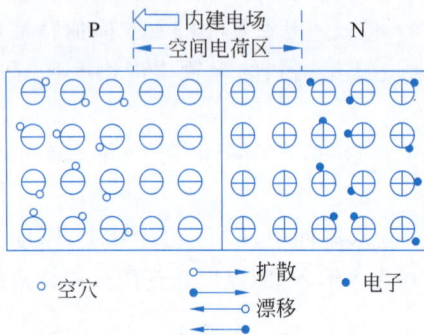

图 10-2　半导体光源的物理基础

晶片的发光颜色取决于波长(λ),常见可见光的分类大致为暗红色(700nm)、深红色(640~660nm)、橘红色(615~635nm)、琥珀色(600~610nm)、黄色(580~595nm)、黄绿色(565~575nm)、纯绿色(500~540nm)、蓝色(435~490nm)、紫色(380~430nm)。白光和粉红光是一种光的混合效果,最常见的是由蓝光+黄色荧光粉和蓝光+红色荧光粉混合而成。

晶片是 LED 的主要组成物料,是发光的半导体材料,采用磷化镓(GaP)、镓铝砷(GaAlAs)、砷化镓(GaAs)、氮化镓(GaN)等材料组成,其内部结构具有单向导电性。

为了进一步提高外部出光效率,可采取以下措施。

(1)用折射率较高的透明材料覆盖在芯片表面。

(2)把芯片晶体表面加工成半球形。

10.2.2　发光二极管的结构

所谓发光二极管(LED)是指当在其整流方向施加电压(称为顺方向)时,有电流注入,电子与空穴复合,一部分能量变换为光并发射的二极管。这种 LED 由半导体制成,属于固体元件,工作状态稳定,可靠性高,其连续通电时间(寿命)可达 10^5 h 以上。

LED 的发光来源于电子与空穴发生复合时放出的能量。作为 LED 用材料,一是要求电子与空穴的数量要多;二是要求电子与空穴复合时放出的能量应与所需要的发光波长相对应,一般多采用化合物半导体单晶材料。

LED 的应用领域相当广泛,红外 LED 是信息传输及信息处理的主体。对于可见光 LED,如图 10-3 所示,将 LED 芯片置于导体框架上,连接引线之后,用透明树脂封装,做成显示灯;或由 7 个 LED 芯片构成典型的数字显示元件(7 段数码管)等。这些 LED 显示器作为一般商品广泛用于家电产品、产业机械之中。特别是由于 LED 元件显示辉度的明显提高,其应用领域正在迅速扩大,如室外广告牌、交通状况显示板、运动场显示板等。

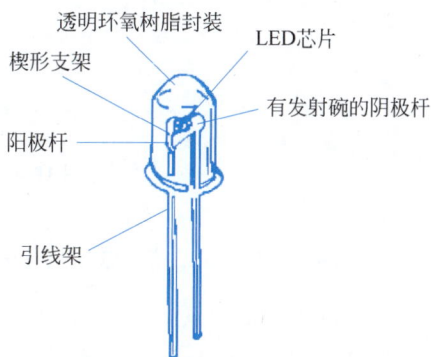

图 10-3　LED 构造

10.2.3　发光二极管的驱动

驱动电路是 LED 产品的重要组成部分,其技术成熟度正随着 LED 市场的扩张而逐步增强。无论在照明、背光源还是显示板领域,驱动电路技术架构的选择都应与具体的应用相匹配。

作为 LCD 的背光源,LED 在便携产品中的地位不可动摇,即便是在大尺寸 LCD 的背光源中,LED 也逐步替代冷阴极荧光灯(Cold Cathode Fluorescent Lamps,CCFL);而在照明领域,LED 作为半导体照明中最关键的部件,更是因为它节能、环保、长寿命、免维护等优点而受到市场的追捧。

直流驱动是最简单的驱动方式。当前很多厂家生产的 LED 灯类产品都采用这种驱动方式,即采用阻、容降压,然后加上一个稳压二极管,向 LED 供电,如图 10-4(a)所示。

由于 LED 器件的正向特性比较陡,以及器件的分散性,使得在电压和限流电阻相同的情况下,各器件的正向电流并不相同,从而引起发光强度的差异。以白光 LED 为例,白光 LED 需要大约 3.6 V 的供电电压才能实现合适的亮度控制。然而,大多数便携式电子产品都采用锂离子电池作为电源,其电压在充满电之后约为 4.2 V,安全放完电后约为 2.8 V,显然白光 LED 不能由电池直接驱动。如果能够对 LED 的正向电流直接进行恒流驱动,只要恒流值相同,各 LED 的发光强度就比较相近。考虑到晶体管的输出特性具有恒流的性质,所以可以用晶体管驱动 LED,如图 10-4(b)所示。

此外,利用人眼的视觉暂留特性,采用反复通断电的方式使 LED 器件点燃的方法就是脉冲驱动法,如图 10-4(c)所示。脉宽调制(Pulse-Width Modulation,PWM)技术是一种传统的调光方式,它利用简单的数字脉冲,反复开关 LED 驱动器,系统只需要提供宽窄不同的数字式脉冲,即可简单地实现改变输出电流,从而调节 LED 的亮度。该技术的优点在于能够提供高质量的白光、应用简单、效率高。但有一个致命的缺点,即容易产生电磁干扰,有时甚至会产生人耳能听见的噪声。

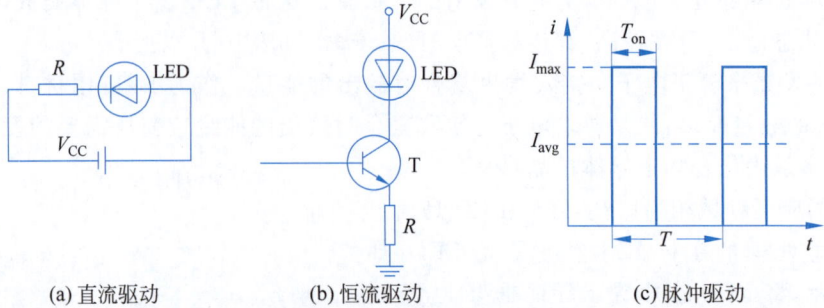

(a) 直流驱动　　　　　(b) 恒流驱动　　　　　(c) 脉冲驱动

图 10-4　LED 的 3 种驱动方式

10.2.4　发光二极管的特点及应用

1. LED 的主要特点

(1) LED 为非相干光,光谱较宽,发散角大。

(2) LED 的发光颜色非常丰富,有如下几种。

① 红色:GaP:ZnO 或 GaAaP 材料;

② 橙色、黄色:GaAsP 材料;

③ 蓝色:GaN 材料。

通过红、绿、蓝三基色的组合,可以实现全色化。改变电流可以变色,LED 通过化学修饰方法,调整材料的能带结构和带隙,实现红、黄、绿、蓝、橙多色发光。例如,小电流时为红色的 LED,随着电流的增大,可以依次变为橙色、黄色,最后为绿色。

(3) LED 的辉度高,即使在日光下也能辨认。

(4) LED 的单元体积小、质量轻、适用性强。采用 SMT 式封装的 LED 外形尺寸仅约 2mm× 2mm ×2mm,有的高度不足 2mm,尤其适合在小型和超薄型电子设备和装置中使用,所以可以制备成各种形状的器件,并且适合易变的环境。

(5) 稳定性好,寿命长,基本上不需要维修。LED 寿命长达 10 万小时,不仅远远超过家电的寿命,而且超过汽车的使用寿命,这是任何其他类型的显示设备和照明器具无法相比的。

(6) LED 是一种 PN 结二极管,属于固体器件,因此机械强度大,耐振动和耐冲击能力强。

(7) LED 使用低压电源,供电电压为 6～24V,根据产品不同而异,所以它是一个比使用高压电源更安全的电源,特别适用于公共场所。

(8) 效能高。LED 消耗能量较同光效的白炽灯减少 80%,功耗低,易于实现低压驱动。白光 LED 的正向电流为 20mA(大电流白光 LED 可达 700～1000mA),正向压降为 3～4V(典型值范围为 3.5～3.8V);其他光色 LED 的正向电流大多为 10mA 左右,正向压降为 1.5～3V。LED 与基于 IC 的驱动电路有很好的兼容性。

（9）响应时间快。白炽灯的响应时间为毫秒级,LED灯的响应时间为纳秒级。白炽灯加电后需要200ms才能达到设定亮度,而LED在通电后达到设定亮度的时间不到1ms。若使用LED作为汽车中央高位刹车灯(Center High Manner Stop Lamp,CHMSL),后方的汽车驾驶员就能立刻看到刹车灯,从而减少追尾事故。

（10）绿色照明。无有害金属汞,对环境无污染。

（11）价格较昂贵。相比于白炽灯,几只LED的价格就与一只白炽灯的价格相当,而通常每组信号灯需由300～500只二极管构成。

当然,LED并非是完美无缺的,它也存在视角窄、不易滤色及扩散等不足,因而用途受到一定的限制。

除了可以解决广色域问题之外,相对于冷阴极荧光灯(Cold Cathode FLuorescent Lamp,CCFL)而言,LED还拥有更多的优势。首先就是环保;此外,LED背光源还非常节电,其功耗要比CCFL更低一些。LED内部驱动电压远低于CCFL,功耗和安全性均好于CCFL(CCFL启动电压需达到AC 1500～1600V,然后稳定至AC 700～800V,而LED只需要在DC 12～24V或更低电压下就能工作。另外,虽然CCFL的发光效率并不比LED逊色,但由于CCFL是散射光,在发光过程中浪费了大量的光,这样反而显得LED的效率更高。此外,LED背光源的使用寿命要比CCFL长,一般来说,不同CCFL的额定使用寿命(半亮)为8000～100 000h,而LED背光源则可以达到CCFL的2倍左右。当然,LED背光源的使用寿命还受到散热管方面的影响。

2. LED 的主要应用

LED问世于20世纪60年代初,1964年首先出现红色LED,之后出现黄色LED。直到1994年,蓝色、绿色LED才研制成功。1996年日本Nichia公司(日亚)成功开发出白色LED。

2014年诺贝尔物理学奖授予日本名古屋大学的赤崎勇、天野浩以及美国加州大学圣巴巴拉分校的中村修二,以表彰他们在发明一种新型高效节能光源方面的贡献,即蓝色LED。通过蓝色LED技术的应用,人类可以使用一种全新的手段产生白色光源。相比于旧式的灯具,LED灯具有更加持久且高效的优点。

红色与绿色LED已经伴随人们超过半个世纪,但还需要蓝色LED的到来才能彻底革新整个照明技术领域,因为只有完整地采用红、绿、蓝三基色之后,才能产生照亮世界的白色光源。尽管工业界和学界付出了巨大的努力,但产生蓝色光源的技术挑战仍然持续了超过30年之久。

一个发光二极管由数层半导体材料构成。在LED灯中,电能被直接转换为光子,这大大提升了发光的效能,因为在其他灯具技术中,电能首先是被转换为热,只有很小一部分转换为光。白炽灯和卤钨灯一样,电流被用于加热一根灯丝,从而实现发光。在日光灯管中(此前这种灯泡曾经被称为低耗能灯泡,但随着LED灯技术的出现,这一名称失去了意义),气体进行放电,在此过程中同时发热并发光。

因此,新型的LED灯相比于旧式的灯具,实现相同发光效率所消耗的能源就要低得多。另外,LED技术目前仍在不断改进,其发光效率还在不断提升。最新的记录已经突破了300lm/V,而一般的灯泡只有16lm/V,日光灯则是70lm/V。考虑到目前全球有大约1/4的电力用于照明目的,高效节能的LED灯技术对于全球的节能工作具有重大意义。

　　LED 技术与手机、计算机,以及所有其他基于量子现象原理的现代技术一样,源于同样的工程技术手段。一根发光二极管内包括几个分层:N 层带有多余负电荷,P 层则电子数不足,也可以将其理解为这里存在多余的带有正电的空洞,或"正电穴"。在它们之间是一层活动层,向半导体施加一个电压,就会驱动带负电的电子层与正电穴层之间的相互作用。当电子与正电穴相遇,两者就会结合并产生光线。这一过程产生光线的波长完全取决于半导体的性质。蓝光波长很短,只有某些特定材料可以产生这一波长的光线。

　　LED 以其固有的特点,如省电、寿命长、耐震动、响应速度快、冷光源等,广泛应用于指示灯、信号灯、显示屏、景观照明等领域,在人们的日常生活中处处可见,如家用电器、电话机、仪表板照明、汽车防雾灯、交通信号灯等。据国际权威机构预测,21 世纪将进入以 LED 为代表的新型照明光源时代,LED 被称为第四代新光源。

　　我国 LED 照明近些年发展很快,产品品种的类型和规模目前都处于国际先进行列,LED 显示屏出口额也在不断增加,未来我国将成为全球重要的 LED 显示屏生产基地。从产品构成来看,目前 LED 显示的销售,80% 集中在大屏幕显示,另外 20% 则涵盖与显示相关的产品和 LED 照明产业,而户外显示屏的比重和室内显示屏的比重大致相当。

10.3　发光二极管显示设备

10.3.1　发光二极管显示设备的显示原理

　　发光二极管(LED)显示屏是通过一定的控制方式,用于显示文字、文本、图像、图形和行情等各种信息以及电视、录像信号,并由 LED 器件阵列组成的显示屏幕。

　　LED 显示屏按使用环境可分为室内屏和室外屏,室内屏基本发光点按采用的 LED 单点直径有 Φ3mm、Φ3.75mm、Φ5mm、Φ8mm 和 Φ10mm 等几种规格,室外屏按采用的像素直径有 Φ19mm、Φ22mm、Φ26mm 等规格。

　　LED 显示屏按显色可分为单色屏和彩色屏(含伪色彩屏,即在不同的区域安装不同颜色);按灰度级又可分为 16、32、64、128、256 级灰度屏等;按显示性能可分为文本屏、图文屏、计算机视频屏、电视视频 LED 显示屏和行情 LED 显示屏等,行情 LED 显示屏一般包括证券、利率、期货等用途的 LED 显示屏。

　　典型的 LED 显示系统一般由信号控制单元、扫描控制单元、驱动单元以及 LED 阵列组成,如图 10-5 所示。信号控制单元可以是单片机系统、独立的微机系统、传呼接收与控制系统等,其任务是生成或接收 LED 显示所需要的数字信号,并控制整个 LED 显示系统的各个不同部件按一定的分工和时序协调工作。扫描控制单元主要由译码器组成,用于循环选通 LED 阵列。驱动单元多分为三极管阵列,给 LED 提供大电流。待显示数据就绪后,信号控制单元首先将第一行数据传输到扫描控制单元的移位寄存器并锁存,然后由行扫描电路选通 LED 阵列的第一行,持续一定时间后,再用同样方法显示后续行,直至完成一帧显示,如此循环往复。根据人眼视觉暂留时间,屏幕刷新速率在 25fps 以上就没有闪烁感。当 LED 显示屏面积很大时,为了提高视觉效果,可以分区并行显示。当高速动态显示时,LED 的发光亮度与扫描周期内的发光时间成正比,所以通过调整 LED 的发光时间与扫描周期的比值(占空比)可实现灰度显示,不同基色 LED 灰度组合后便调配出多种色彩。

信号控制单元 → 扫描控制单元 → 驱动单元 → LED阵列

图 10-5 LED 显示系统

10.3.2 发光二极管显示设备的扫描驱动电路

发光二极管显示设备扫描驱动电路实现对显示屏所要显示的信息内容的接收、转换及处理功能。一般地,该电路部分包括了输入接口电路,信号的控制、转换和数字化处理电路,输出接口电路等,涉及的具体技术很多,下面简要介绍。

1. 串行传输与并行传输

LED 显示屏上数据的传输方式主要有串行和并行两种,目前广泛采用的是串行传输技术。在这种控制方式下,显示屏每个单元内部的不同驱动电路、各级联单元之间每个时钟仅传输一位(具体实现时每种颜色各一位)数据。采用这种方式,可采用的驱动 IC 种类较多,不同显示单元之间的连线较少,可减少显示单元上的数据传输驱动元件,从而提高整个系统的可靠性和工程实现的容易度。

2. 动态扫描与静态锁存

信息的刷新有动态扫描技术和静态锁存技术,一般室内显示屏多采用动态扫描技术,若干行发光二极管共用一行驱动寄存器,根据发光二极管像素数目,具体有 1/4、1/16 扫描等。室外显示屏基本上采用的是静态锁存技术,即每个发光二极管都对应有一个驱动寄存器。相对于扫描,静态驱动方式控制简单,静态锁存控制的驱动寄存器无需频繁动作,但是驱动电路复杂。

3. γ 校正技术

所谓 γ 校正(Gamma Correction),就是对色度曲线的选择,不同的色度曲线对图像颜色、亮度、对比度及色度有极大影响。在不同情况下适度调整色度曲线可以达到最佳画质。γ 校正一般有模拟校正和数字校正两种处理方法。目前有些厂家在全彩屏的每个控制板内都嵌入了 γ 校正功能,可以灵活选择所要的色度,其曲线数值在控制板上存储,且对红、绿、蓝每种颜色的曲线数值分别单独存储。

4. 输入接口技术

目前显示屏在信号输入接口上可以满足全数字化信号输入、模拟信号输入、全数字化信号和模拟信号二者兼容的输入以及高清晰度电视(HDTV)信号输入等多种方式。全数字化信号输入方式接收外部全数字化输入信号,在使用多媒体卡的显示屏系统中,控制系统的输入接口即为全数字化信号输入方式。多媒体卡将视频模拟信号及计算机自身的信号转换为符合控制系统输入要求的数字信号,这种形式显示计算机信息时效果很好。在显示视频图像时,如果由于计算机本身及软件的性能不好,容易出现图像模糊及马赛克等现象。模拟信号输入方式只能接收外部模拟输入信号,这种输入方式的显示屏增加了模数转换电路,将视频信号或来自计算机显卡的模拟信号转换为全数字信号后进行处理。在显示视频图像时效果很好,但显示计算机信息有时会出现局部拖尾。将全数字化信号和模拟信号二者兼容的输入方式是输入方式的有机结合,在显示视频图像和计算机信息时均能达到理想的显示效果。在此基础上,增加部分转换电路,将高清晰度电视信号还原成红、绿、蓝三基色数字信号及外同步信号,可显示高清晰度电视的图像。

5. 自动检测、远程控制技术

LED 显示屏结构复杂,特别是室外显示屏,供电、环境亮度、环境温度条件等对显示屏的正常运行都有直接影响。在 LED 显示屏的控制系统中可根据需要对温度、亮度、电源等进行自动检测控制;也可根据需要远程实现对显示屏的亮度调节、色度调节、图像水平和垂直位置的调节、工作方式的转换等。下面介绍几种控制模式。

(1) 单片机控制。单片机控制是 LED 显示屏控制的一种简单方式。当显示信息固化在 ROM 里或来自传感器时,由单片机读取并控制 LED 显示,多用于简单固定文字或监控数据显示的条形屏等。这种控制方式简单、灵活、成本低,但是内容和显示方式的编辑、更改比较烦琐,使用不方便。

(2) 微机控制。微机控制 LED 显示屏一般都需要专用的接口电路,如 LED 专用显示卡、LED 专用多媒体卡等,此类控制中较多的是 VGA 同步控制技术。LED 显示屏的 VGA 同步控制技术是指 LED 显示屏能够实现跟踪微机 CRT 窗口上的显示信息,使 LED 显示屏成为微机的大型显示终端。一般是对显示卡的 RGB 信号输出进行采样,或直接从 VGA 卡的特征插头上取得 RGB 数字信号,处理后用于驱动 LED 显示屏电路。这种控制方式充分发挥了微机软件的强大功能,而且具有较强的编辑功能,内容和显示方式的更改、增删方法简单,便于显示数据的保存、管理和打印输出;但是成本较高,每个显示屏都要附带微机系统,对于一些室外、远距离、分散的应用场合,工程施工和日常维护都有诸多不便。

(3) 主从控制。采用微机(上位机)和单片机(下位机)分布管理和控制 LED 显示。上位机负责显示数据处理与显示任务分配,有时还要与其他系统进行通信;下位机作为控制器件,接收并执行来自上位机的任务,指挥控制 LED 显示屏上各部件协调工作。上位机与下位机一般通过 RS-232 或 RS-422 通信,一台上位机可以管理、控制多台下位机同时显示。

(4) 红外遥控。在 LED 显示屏控制板(一般为单片机系统)前端加入红外遥控接收器编解码电路,解码电路先将红外接收探头解调后分离出的 16 位脉冲编码调制(Pulse Code Modulation,PCM)串行码值进行校验,提取有效的 8 位数据码值,提供给控制板驱动 LED 显示屏。采用红外遥控可以实现开关屏幕及文字编辑,无需专用计算机或其他外设配置,遥控距离可达十几米。这种控制方式常与其他方式结合使用。

(5) 通信传输和网络控制。根据信息传输显示的实时性,LED 显示屏的传输控制有通信传输和视频传输。通信传输采用标准的 RS-232 或 RS-485 计算机数据串行通信方式,通过串口按一定的通信协议接收来自计算机串口或其他设备串口的信号,经过处理后按一定的规律传输到显示屏上显示。这种控制方式的显示屏的功能比较单一,适用于简单文字、图形显示,主要是单色及双基色显示屏控制使用,一般情况下直接传输距离可达千米。视频传输方式则是把 LED 显示屏与多媒体技术结合起来,实现了在 LED 显示屏上实时显示计算机监视器上的内容,也可播放录像及电视节目,一般用于播放实时信息的显示屏都采用视频传输方式,具体传输是采用成对的专用长线传输接口电路。另外,随着计算机网络技术的发展,LED 显示屏在网络环境下的使用情况越来越多,在多媒体、多种显示设备组成的信息显示系统中,采用智能化网络控制,联网控制多屏技术也在实际中得到应用。

(6) GPRS/GSM 无线控制。利用遍布全国的 GPRS/GSM 基站,通过 GPRS/GSM 接收模块远程接收信号并通过单片机处理对各类远端显示屏实施控制。此类技术在城市群显、银行 IC 卡收费、系统挂失、卡号广播、机动车辆防盗定位报警等方面已有应用。

10.3.3　发光二极管显示设备技术指标

常见的发光二极管显示设备技术指标如下。

（1）分辨率。分辨率表示显示屏上单位长度内包含的像素数量。较高的分辨率通常意味着更清晰的图像。分辨率以水平像素数×垂直像素数的形式表示，如 1920×1080。

（2）亮度。亮度表示 LED 显示的光强度。较高的亮度适用于在明亮环境中使用，如户外显示。

（3）对比度。对比度用于衡量显示屏白色和黑色之间的亮度差异。较高的对比度意味着图像更清晰。

（4）刷新率。刷新率表示屏幕每秒更新图像的次数，以赫兹（Hz）为单位。较高的刷新率有助于减少图像模糊和眼睛疲劳。

（5）颜色深度。颜色深度表示每个像素能够显示的颜色数量，通常以位深度表示，如 8位、10 位或更高。

（6）响应时间。响应时间是从显示器接收到指令到像素从一种颜色变换到另一种颜色所需的时间。较短的响应时间有助于减少运动模糊。

（7）视角。视角指用户从显示器前、后、左、右等不同方向观看时，仍能够保持图像质量的范围。较大的视角可提供更广泛的观看范围。

（8）功耗。功耗表示 LED 显示设备在使用时消耗的电能。低功耗有助于提高能效，降低使用成本。

（9）灰度。灰度表示每个像素可以显示的不同亮度级别。更高的灰度级别通常导致更平滑的颜色过渡。

（10）模块化和拼接性能（Modularity and Joining Performance）。对于 LED 显示墙，模块化和拼接性能是关键指标，它们影响了显示屏的可维护性、可升级性和整体一致性。

（11）工作温度范围。该指标指设备在正常操作下能够正常工作的温度范围。

这些技术指标在选择 LED 显示设备时是重要考虑因素，用户需要根据具体应用需求权衡这些指标。例如，户外广告牌可能需要更高的亮度和耐用性，而在室内的商业显示则可能更关注分辨率和颜色深度。

10.4　有机发光二极管显示技术

10.4.1　有机发光二极管显示原理

有机发光二极管或有机发光显示器（OLED）本质上属于电致发光（EL）显示设备。电致发光是在半导体、荧光粉为主体的材料上施加电而发光的一种现象。OLED 是注入型电致发光的典型器件。

OLED 是基于有机材料的一种电流型半导体发光器件，是自 20 世纪中期发展起来的一种新型显示器技术，其原理是通过正负载流子注入有机半导体薄膜后复合产生发光。与液晶显示设备相比，OLED 具有全固态、主动发光、高亮度、高对比度、超薄、低成本、低功耗、快速响应、宽视角、工作温度范围宽、易于柔性显示等诸多优点。

OLED 器件的结构如图 10-6 所示,在纳米铟锡金属氧化物(Indium Tin Oxides,ITO)

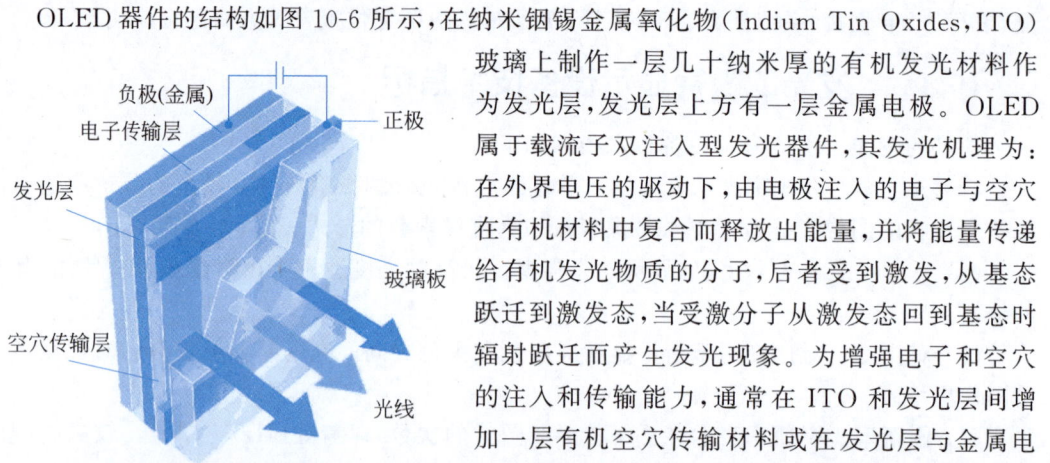

图 10-6　OLED 器件的结构

玻璃上制作一层几十纳米厚的有机发光材料作为发光层,发光层上方有一层金属电极。OLED 属于载流子双注入型发光器件,其发光机理为:在外界电压的驱动下,由电极注入的电子与空穴在有机材料中复合而释放出能量,并将能量传递给有机发光物质的分子,后者受到激发,从基态跃迁到激发态,当受激分子从激发态回到基态时辐射跃迁而产生发光现象。为增强电子和空穴的注入和传输能力,通常在 ITO 和发光层间增加一层有机空穴传输材料或在发光层与金属电极之间增加一层电子传输层,以提高发光效率。发光过程通常由以下 5 个阶段完成。

(1) 在外加电场的作用下载流子的注入。电子和空穴分别从阴极和阳极向夹在电极之间的有机功能薄膜注入。

(2) 载流子的迁移。注入的电子和空穴分别从电子输送层和空穴输送层向发光层迁移。

(3) 载流子的复合。电子和空穴复合产生激子。

(4) 激子的迁移。激子在电场作用下迁移,能量传递给发光分子,并激发电子从基态跃迁到激发态。

(5) 电致发光。激发态能量通过辐射跃迁,产生光子,释放出能量。

为了形象说明 OLED 的构造,可以做个简单的比喻。一个 OLED 单元就好比一个汉堡包,发光材料就是夹在中间的蔬菜。每个 OLED 的显示单元都能受控制地产生 3 种不同颜色的光。OLED 与 LCD 一样,也有主动式和被动式之分。被动式 OLED 中由行列地址选中的单元被点亮。主动式 OLED 单元后有一个薄膜晶体管(TFT),发光单元在 TFT 驱动下点亮;主动式的 OLED 比较省电,但被动式的 OLED 显示性能更佳。与 LCD 比较,会发现 OLED 优点不少,OLED 可以自身发光,而 LCD 则不发光,所以 OLED 比 LCD 亮得多,对比度大,色彩效果好;OLED 也没有视角范围的限制,视角一般可达到 160°,这样从侧面也不会失真;LCD 需要背景灯光点亮,OLED 只需要点亮的单元才加电,并且电压较低,所以更加省电;OLED 的质量还比 LCD 轻得多;OLED 所需材料很少,制造工艺简单,大量生产时的成本要比 LCD 节省 20%。不过现在 OLED 最主要的缺点是寿命比 LCD 短,目前只能达到 5000h,而 LCD 可达 10 000h。

10.4.2　有机发光显示设备的分类及特点

按照组件所使用的载流子传输层和发光层有机薄膜材料的不同,OLED 可分为两种不同的技术类型:一是以有机染料和颜料等为发光材料的小分子基 OLED,典型的小分子发光材料为 8-羟基喹啉铝;另一种是以共轭高分子为发光材料的高分子基 OLED,简称为 PLED,典型的高分子发光材料为 PPV(聚苯撑乙烯及其衍生物)。

有机小分子 OLED 的原理:从阴极注入电子,从阳极注入空穴,被注入的电子和空穴在有机层内传输。第一层的作用是传输空穴和阻挡电子,使没有与空穴复合的电子不能进入正电极;第二层是电致发光层,被注入的电子和空穴在有机层内传输,并在发光层内复合,从而激发发光层中的分子产生单重态激子,单重态激子辐射跃迁而发光。对于聚合物电致发光过程则解释为:在电场的作用下,将空穴和电子分别注入共轭高分子的最高占有轨道(HOMO)和最低空轨道(LUMO),于是就会产生正、负极子,极子在聚合物链段上转移,最后复合形成单重态激子,单重态激子辐射跃迁而发光。

高分子聚合物 OLED 可以使用旋转涂覆、光照蚀刻,以及最终的喷墨沉积技术来制造。一旦喷墨沉积和塑料衬底技术得以成熟,PLED 显示设备将可以被定制化以满足各种尺寸的需求。

小分子聚合物 OLED 器件可以使用真空蒸镀技术制造。小的有机分子被装在 ITO 玻璃衬底上的若干层内。与基于 PLED 技术的器件相比,小分子聚合物 OLED 不仅制造工艺成本更低,可以提供全部 262 000 种颜色的显示能力,而且有很长的工作寿命。小分子聚合物 OLED 器件与 PLED 相比,具有两方面的突出优点:一是分子结构确定,易于合成和纯化;二是小分子聚合物大多采用真空蒸镀成膜,易于形成致密而纯净的薄膜。小分子材料可以通过重结晶、色谱柱分离、分区升华等传统手段进行提纯操作,从而得到高纯的材料。

相比之下,PLED 则无法蒸镀,多采用湿法制膜,如旋转涂覆、喷墨打印技术、丝网印刷等制膜技术。这些技术相对于真空蒸镀而言,工艺简单、设备低廉,从而在批量生产中有成本优势。但这种湿法制膜技术在制备多层膜结构时,由于溶剂的使用经常会导致前一层膜的损坏,因此小分子聚合物在制备多层膜复杂结构时有显而易见的优点,这些优点在制备点阵和多色电致发光器件中表现得更为明显。PLED 的优点是:分子量大,材料稳定性好,理论上讲有利于延长器件的使用寿命;另外,PLED 材料的柔韧性好,有望在软屏显示中得到使用。

总体来说,小分子材料器件的工艺较为成熟,有望近期进入产业化阶段,但是小分子材料的开发仍在继续,随着材料和工艺两方面的进步,小分子材料器件性能会进一步提高;而聚合物作为很有前途的一个研究方向,相信在不久的将来会进入产业化的阶段,并且给有机电致发光的发展带来强有力地推进。

OLED 是自发光器件,其自发光的特点使得它们在黑暗环境下有极好的视角和显示特性。由于每个像素自己都会发光,OLED 不会有任何通过在包含"暗点"像素区域的偏光器而形成的对比度降低漏光现象。OLED 典型的对比度大于 1000∶1,在这个对比度下的视角接近 ±90°。由于无需背光,相当厚的背光部件就不需要了,这使得 OLED 的机械厚度比 LCD 要薄。相比较而言,当从垂直显示平面的角度进行测量时,TFT-LCD 的典型对比度大约是 500∶1。由于 LCD 依赖偏光器的方向影响视角,所以当观看角度远离垂直角度时对比度下降得特别快。TFT-LCD 的视角是在对比度超过 10∶1 的情况下定义的,这个角度通常从垂直到大约 60°。

OLED 显示设备的自发光特性在某些情况下会成为不利因素。因为 OLED 不会像 LCD 那样控制反射光,所以在直接的日光照射下会变得更模糊。目前正在应用的全彩色 OLED 技术可以使它的峰值亮度达到大约 $150\text{cd}/\text{m}^2$。当 OLED 用在没有遮挡的日光直接照射下时,耀眼的日光使即使是最亮的显示都无法识别。

LCD 的响应时间是与温度相关的,当温度降低到 0℃ 以下时,它的响应速度会变得相当慢。而 OLED 的响应时间几乎不受温度的影响,当温度低至$-20℃$时,仍然能够具有 10ns 以下的响应时间。OLED 也不会像 LCD 那样在高温时失去显示能力,一旦达到一定的温度,LCD 的流动性就不再保持高度有序的结构,也就失去了阻光的能力。

简单来说,可用于电致发光的有机材料应该具有以下特性。

(1) 在可见光区域内具有较高的荧光量子效率或良好的半导体特性,即能有效地传导电子和空穴。

(2) 高质量的成膜特性。

(3) 良好的稳定性(包括热、光和电)和机械加工性能。

第 11 章 等离子体和激光显示技术与设备

CHAPTER 11

11.1 等离子体显示技术与设备

11.1.1 等离子体基本知识

1. 等离子体概述

等离子体(Plasma)是由部分电子被剥夺后的原子及原子被电离后产生的正负电子组成的离子化气体状物质,它是除去固、液、气态外物质存在的第四态。看似"神秘"的等离子体,其实是宇宙中一种常见的物质,在太阳、恒星、闪电中都存在等离子体,它占了整个宇宙的 99%。在自然界里,炽热的火焰、光辉夺目的闪电,以及绚烂壮丽的极光等都是等离子体作用的结果。用人工方法,如核聚变、核裂变、辉光放电及各种放电,都可产生等离子体。等离子体是一种很好的导电体,利用经过巧妙设计的磁场可以捕捉、移动和加速等离子体。现在人们已经掌握利用电场和磁场产生控制等离子体,如焊工们用高温等离子体焊接金属。

根据等离子体焰温度,可将等离子体分为高温等离子体和低温等离子体两类。

高温等离子体温度相当于 $10^8 \sim 10^9$ K 完全电离的等离子体,如太阳、受控热核聚变等离子体。

低温等离子体包括热等离子体和冷等离子体。热等离子体稠密高压(1 大气压以上),温度为 $10^3 \sim 10^5$ K,如电弧、高频和燃烧等离子体。冷等离子体电子温度高($10^3 \sim 10^4$ K)、气体温度低,如稀薄低压辉光放电等离子体、电晕放电等离子体等。

根据等离子体中各种粒子的能量分布情况,又可将等离子体分为等温等离子体和非等温等离子体两类。

等温等离子体,所有粒子都具有相同的温度,粒子依靠自己的热能作无规则的运动。

非等温等离子体,又称为气体放电等离子体,所有粒子都不具有热运动平衡状态。在组成这种状态的等离子体中,带电粒子要从外电场获得能量,并产生一定数目的碰撞电离来补充放电空间中带电粒子的消失。

普通气体温度升高时,气体粒子的热运动加剧,使粒子之间发生强烈碰撞,大量原子或分子中的电子被撞掉,当温度高达百万开尔文到 1 亿开尔文时,所有气体原子全部电离。电离出的自由电子总的负电量与正离子总的正电量相等。这种高度电离的、宏观上呈中性的气体叫等离子体。

等离子体和普通气体性质不同,普通气体由分子构成,分子之间相互作用力是短程力,仅当分子碰撞时,分子之间的相互作用力才有明显效果,理论上用分子运动论描述。在等离子体中,带电粒子之间的库仑力是长程力,库仑力的作用效果远远超过带电粒子可能发生的局部短程碰撞效果,等离子体中的带电粒子运动时,能引起正电荷或负电荷局部集中,产生电场;电荷定向运动引起电流,产生磁场。电场和磁场要影响其他带电粒子的运动,并伴随着极强的热辐射和热传导;等离子体能被磁场约束作回旋运动等。等离子体的这些特性使它区别于普通气体被称为物质的第四态。

等离子体主要具有以下特征。

(1) 气体高度电离。在极限情况下,所有中性粒子都被电离了。

(2) 具有很高的带电粒子浓度,一般为 $10^{15} \sim 10^{16}$ 个/cm³。由于带正电与带负电的粒子浓度接近相等,因此等离子体具有良导体的特征。

(3) 等离子体具有电振荡的特征。在带电粒子穿过等离子体时,能够产生等离子体激元,等离子体激元的能量是量子化的。

(4) 等离子体具有加热气体的特征。在高气压收缩等离子体内,气体可被加热到数万度。

(5) 在稳定情况下,气体放电等离子体中的电场相当弱,并且电子与气体原子进行着频繁的碰撞,因此气体在等离子体中的运动可看作热运动。

描述等离子体的主要参量如下。

(1) 电子温度。在等离子体中,电子碰撞电离是主要的,然而电子碰撞是与电子能量有直接关系的,因此电子温度是等离子体的主要参量,用于表征电子能量。

(2) 电离强度,表征等离子体中发生电离的程度。具体地说,就是一个电子在单位时间内所产生的电离次数。

(3) 轴向电场强度,表征维持等离子体的存在所需要的能量。

(4) 带电粒子浓度,即等离子体中带正电的和带负电的粒子浓度。

(5) 杂乱电子流密度,表征在管壁限制的等离子体内,由于双极性扩散所造成的带电粒子消失的数量。

2. 等离子体显示技术

等离子体显示设备是一种自发光显示设备,不需要背景光源,因此没有 LCD 的视角和亮度均匀性问题,而且实现了较高的亮度和对比度。三基色共同使用一个等离子体管的设计也使其避免了聚焦和汇聚问题,可以实现非常清晰的图像。与 CRT 和 LCD 技术相比,等离子体的屏幕越大,图像的色深和保真度越高。除了亮度、对比度和可视角度优势外,等离子体技术也避免了 LCD 技术中的响应时间问题,而这些特点正是动态视频显示中至关重要的因素。因此,从目前的技术水平看,等离子体显示技术在动态视频显示领域的优势更加明显,更加适合作为家庭影院和大屏幕显示终端使用。

等离子体显示设备(PDP)是一种新型显示设备,其主要特点是整体呈扁平状,厚度可以在 10cm 以内,轻而薄,质量只有普通显像管的 1/2。由于它是自发光器件,亮度高,视角宽(达 160°),可以制成纯平面显示器,无几何失真,不受电磁干扰,图像稳定,寿命长。PDP 可以产生亮度均匀、生动逼真的图像。这种器件近年来得到了很快的发展,其性能和质量有了很大的提高,很多高清晰度超薄电视显示器和壁挂式大屏幕彩色电视机都采用了这种器件。

PDP 的主要优点可以概括为固有的存储性能、高亮度、高对比度、能随机书写与擦除、长寿命、大视角以及配计算机时优秀的相互作用能力。

3. PDP 显示屏基本结构

PDP 由前玻璃板、后玻璃板和铝基板组成。对于具有 VGA 显示水平的 PDP,其前玻璃板上分别有 480 行扫描和维持透明电极,后玻璃板表面有 2556(852×3)行数据电极,这些电极直接与数据驱动电路板相连。根据显示水平的不同,电极数会有变化。PDP 显示屏的组成和结构特征如图 11-1 所示。

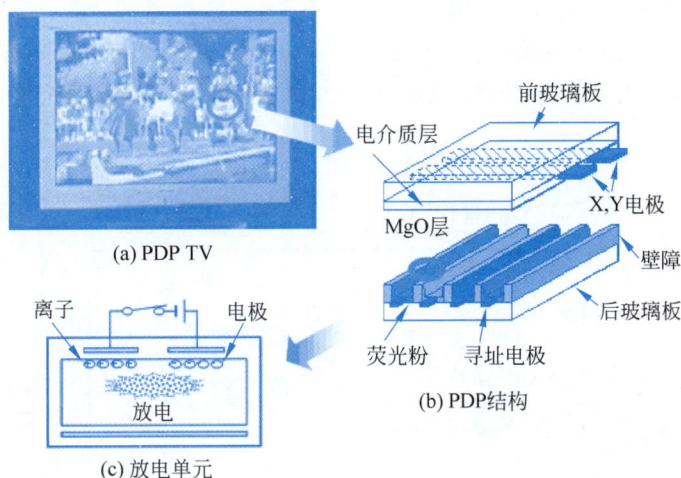

(a) PDP TV

(b) PDP结构

(c) 放电单元

图 11-1 PDP 显示屏的组成和结构特征

1)后玻璃板结构

在后玻璃板上有寻址电极,其上覆盖一层电介质。红、绿、蓝彩色荧光粉分别排列在不同的寻址电极上,不同荧光粉之间用壁障相间。早期 PDP 器件的 3 种荧光粉的宽度一致,由于红、绿、蓝 3 种荧光粉发光效率各不相同,3 种色光混色产生的彩色范围及亮度与 CRT 相比差别比较大。称为"非对称单元结构"的专利技术根据 3 种荧光粉的发光效率,将荧光粉制作得非等宽,在彩色还原度和亮度方面比以前的产品有了很大的提高,屏幕峰值亮度可以达到 $1000cd/m^2$,整机峰值亮度可达到 $400cd/m^2$(带 EMI 滤光玻璃),对比度可达到 10000∶1(暗室,无外保护屏)。

2)前玻璃板结构

在前玻璃板上成对地制作有扫描和维持透明电极,其上覆盖一层电介质,MgO 保护层覆盖在电介质上。前、后玻璃板拼装,封口,并充入低压气体,在两玻璃板间放电。

11.1.2 等离子体显示设备的显示原理

等离子体显示板是由几百万个像素单元构成的,每个像素单元中涂有荧光层并充有惰性气体。它主要利用电极加电压、惰性气体游离产生的紫外光激发荧光粉发光制成显示屏。PDP 显示屏的每个发光单元工作原理类似于霓虹灯,在外加电压的作用下气体呈离子状态,并且放电,放电电子使荧光层发光,每个灯管加电后就可以发光,显示屏由两层玻璃叠合、密封而成。当玻璃板之间的电极施加一定电压,电极触电点火后,电极表面会产生放电现象,使显示单元内的气体游离产生紫外光(Ultra Violet,UV),紫外光激发荧光粉产生可见光。一个像素包括红、绿、蓝 3 个发光单元,三基色原理组合形成 256 色光。

等离子体发光单元与荧光灯和显像管的比较如下。

荧光灯内充有微量的氩和汞蒸气,它在交流电场的作用下,发生水银放电发出紫外线,从而激发灯管上的荧光粉,使之发出白色的荧光。显像管是由电子枪发射电子射到屏幕荧光体而发光。等离子体发光单元内也涂有荧光粉,单元内的气体在电场的作用下被电离放电使荧光体发光。等离子体彩色显示单元是将一个像素单元分割为 3 个小的单元,并在单元内分别涂上红、绿、蓝三色荧光粉,每组所发的光就是红、绿、蓝三色光合成的效果。

1. PDP 像素放电、发光单元结构

PDP 像素放电、发光单元结构如图 11-2 所示。电极加电压,正负极间激发放出电子,电子轰击惰性气体,发出真空紫外线;真空紫外线射在荧光粉上,使荧光粉发光,进而实现 PDP 发光。

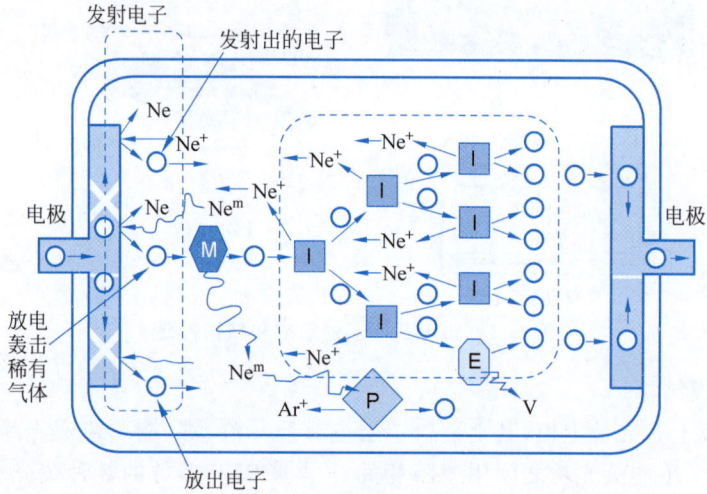

图 11-2　PDP 像素放电、发光单元结构

2. PDP 显示设备的显示原理

等离子体显示板的像素实际上类似于微小的氖灯管,它的基本结构是在两片玻璃之间设有一排一排的点阵式驱动电极,其间充满惰性气体。像素单元位于水平和垂直电极的交叉点,要使像素单元发光,可在两个电极之间加上足以使气体电离的电压。颜色是单元内的磷化合物(荧光粉)发出的光产生的,通常等离子体发出的紫外光是不可见光,但涂在显示单元中的红、绿、蓝 3 种荧光粉受到紫外线轰击就会产生红、绿和蓝的颜色。改变 3 种颜色光的合成比例就可以得到任意的颜色,这样等离子体显示屏就可以显示彩色图像。图 11-3 所示为 PDP 发光形成图形过程。

等离子体显示单元的发光过程分为 4 个阶段。

(1) 预备放电。给扫描/维持电极和维持电极之间加上电压,使单元内的气体开始电离形成放电的条件,如图 11-3(a)所示。

(2) 开始放电。接着给数据电极与扫描/维持电极之间加上电压,单元内的离子开始放电,如图 11-3(b)所示。

(3) 放电发光与维持发光。去掉数据电极上的电压,给扫描/维持电极和维持电极之间加上交流电压,使单元内形成连续放电,从而可以维持发光,如图 11-3(c)所示。

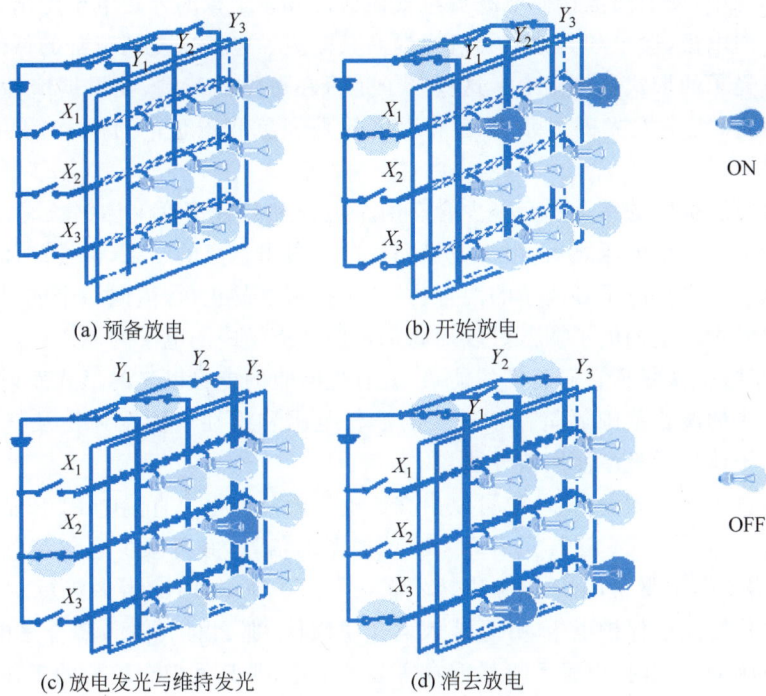

(a) 预备放电　　　　　　(b) 开始放电

ON

(c) 放电发光与维持发光　　(d) 消去放电

图 11-3　PDP 发光形成图形过程示意图

（4）消去放电。去掉加到扫描/维持电极和维持电极之间的交流信号，在单元内变成弱的放电状态，等待下一个帧周期放电发光的激励信号，如图 11-3(d)所示。

等离子体显示单元的发光过程如图 11-4 所示。

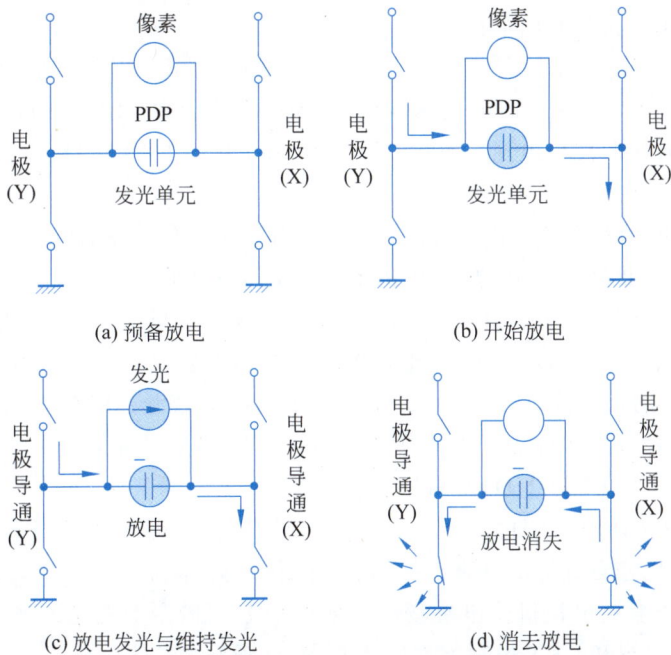

(a) 预备放电　　　　　　(b) 开始放电

(c) 放电发光与维持发光　　(d) 消去放电

图 11-4　等离子体显示单元的发光过程

在显示单元中,加上高电压使电流流过气体而使其原子核的外层电子溢出,这些带负电的粒子便会飞向电极,途中和其他电子碰撞提高其能级。电子恢复到正常的低能级时,多余的能量就会以光子的形式释放出来。这些光子是否在可见的范围,要根据惰性气体的混合物及其压力而定,直接发光的显示器通常发出的是红色和橙色的可见光,只能作单色显示器。

等离子体显示板中的每个单元至少含有两个电极和几种惰性气体(氖、氩或氙)的混合物。在电极加上几百伏电压之后,由于电极间放电后轰击电离的结果,惰性气体将处于等离子体状态。这种结果是电子和离子的混合物,它根据带电的正负,流向一个或另一个电极。

在像素单元中产生的电子撞击可以提高仍然留在离子中的电子的能级。经过一段时间之后,这些电子将会恢复到它们正常的能级,并且把吸收的能量以光的形式发射出来。发出的光是在可见光的波长范围还是在紫外线的波长范围和惰性气体混合物及气体的压力有关。彩色等离子体显示板多使用紫外线。

电离可由直流电压激励产生,也可以由交流电压激励产生。直流电 PDP 显示单元采用直接触发等离子体的方式。这样只需产生简单类型的信号,并可减少电子装置的成本。另外,这种方式需要高压驱动,由于电极直接暴露在等离子体中,PDP 寿命较短。

如果用氧化镁涂层保护电极,并且装入电介质媒体,那么与气体的耦合是电容性的,所以需要交流电驱动。这时,电极不再暴露在等离子体中,于是就具有较长的工作寿命。这样做的缺点是产生信号触发电压的电路比较复杂,不过这种技术还有一个好处,即可以利用它来提高触发电压,就降低了外部输入触发电压。利用这种方法可以把触发电压降至大约180V,而直流电显示器却是360V,于是简化了半导体驱动电路。

11.1.3　等离子体显示设备的特点

等离子体显示设备具有以下特点。

(1) 高亮度和高对比度。亮度达到 $330\sim850\mathrm{cd/m^2}$;对比度达到 3000:1。

(2) 纯平面图像无扭曲。PDP 的 RGB 发光栅格在平面中呈均匀分布,这样就使得图像即使在边缘也没有扭曲现象出现。而在 CRT 彩电中,由于在边缘的扫描速度不均匀,很难控制到不失真的水平。

(3) 超薄设计,超宽视角。由于等离子体电视显示原理的关系,使其整机厚度大大低于传统的 CRT 彩电和投影类彩电,如 PDP 402 等离子体电视的机身厚度仅为 7.8cm。这样一来,消费者就可以根据自己的喜好,把 PDP 挂在墙上或摆在桌上,大大节省房间的空间,从而显得整洁、美观、科技。PDP 电视是自发光器件,其可视角已大于传统彩电 CRT。

(4) 具有齐全的输入接口,可接驳市面上几乎所有信号源。PDP 电视具备 DVD 分量接口、计算机显示器标准 VGA/SVGA 接口、S 端子、HDTV 分量接口(Y、Pr、Pb)等,可接收电视、计算机、VCD、DVD、HDTV 等各种信号源。

(5) 具有良好的防电磁干扰功能。与传统的 CRT 彩电相比,由于 PDP 显示原理不需要借助电磁场,所以来自外界的电磁干扰,如马达、扬声器,甚至地磁场等,对 PDP 图像没有影响,不会像 CRT 彩色电视机受电磁场的影响会引起图像变形变色或倾斜。最简单的对比办法是将 PDP 电视和 CRT 电视就地旋转 90° 对比观看。

(6) 环保无辐射。PDP 电视在结构设计上采用了良好的电磁屏蔽措施,其屏幕前置玻璃也能起到电磁屏蔽和防红外线辐射的作用,对眼睛几乎没有伤害,具有良好的环保特性。

（7）采用电子寻址方式,图像失真小。PDP属于固定分辨率显示设备,清晰度高,色纯一致,没有聚焦、会聚问题。

（8）采用了帧驱动方式,消除了行间闪烁和图像大面积闪烁。

（9）图像惰性小,重显高速运动物体不会产生拖尾等缺陷。

等离子体显示设备证明比传统的CRT和LCD显示器具有更高的技术优势,具体表现为以下几方面。

（1）PDP电视与直视型CRT彩电相比,具有以下技术优势。PDP电视的体积更小,质量更轻,而且无X射线辐射。由于PDP各个发光单元的结构完全相同,因此不会出现CRT常见的图像几何变形。PDP屏幕亮度非常均匀——没有亮区和暗区,而传统CRT屏幕中心总是比四周亮度要高一些。PDP不会受磁场的影响,具有更好的环境适应能力。PDP屏幕不存在聚焦的问题,因此CRT某些区域因聚焦不良或年月已久开始散焦的问题得以解决,不会产生色彩漂移现象。表面平直使大屏幕边角处的失真和色纯度变化得到彻底改善。高亮度、大视角、全彩色和高对比度,使PDP图像更加清晰,色彩更加鲜艳,效果更加理想,令传统电视叹为观止。

（2）PDP显示设备与LCD显示器相比,具有以下技术优势。PDP显示亮度高,屏幕亮度高达150lux,因此可以在明亮的环境欣赏大幅画面的视讯节目。色彩还原性好,灰度丰富,能提供格外亮丽、均匀平滑的画面。PDP视野开阔,视角高达160°,普通电视机在大于160°的地方观看画面已严重失真,而LCD显示器视角只有40°左右,更是无法与PDP的效果比拟。PDP对迅速变化的画面响应速度快。此外,PDP平而薄的外形也使其优势更加明显。

PDP显示设备的缺点如下。

（1）功耗大,不便于采用电池电源（与LCD相比）。

（2）与CRT相比,彩色发光效率低。

（3）驱动电压高（与LCD相比）。

（4）散热性能不好,有噪声。散热性能不好一直是困扰等离子体电视发展的一个技术难关,市场上等离子体电视的风扇散热系统噪声难题无法彻底解决。

11.1.4　等离子体显示设备的产业现状

1. PDP的发展历史

等离子体显示器于1964年由美国的伊利诺斯大学的两位教授发明;20世纪70年代初实现了10英寸515×512线单色PDP的批量生产;20世纪80年代中期,美国的Photonisc公司研制了60英寸显示容量为2048×2048线的单色PDP;但直到20世纪90年代才突破彩色化、亮度和寿命等关键技术,进入彩色实用化阶段。1993年,日本富士通公司首先进行21英寸640×480像素的彩色PDP生产,接着日本的三菱、松下、NEC、先锋和WHK等公司先后推出了各自研制的彩色PDP,其分辨率达到实用化阶段。富士通公司开发的55英寸彩色PDP的分辨率达到了1920×1080像素,完全符合高清晰度电视的显示要求。近年来,韩国的LG、三星、现代,中国台湾的明基、中华映管等公司都已走出了研制开发阶段,建立了40英寸的中试生产线,美国的Plasmaco公司、荷兰的飞利浦公司和法国的汤姆逊公司等都开发了各自的 PDP 产品。

2. 等离子体显示设备的现状及发展前景

全球新型显示设备产业起步于 20 世纪 90 年代,随后,PDP、LCD 就逐步引领全球市场步入平板显示时代。时至今日,各种新兴平板显示器更是百花齐放,有表面传导电子发射显示(Surface-conduction Electron-emitter Display,SED)、OLED、LED、FED、软性显示器等,都占有不可忽视的地位。

随着数字化技术、多媒体技术和高清晰度电视的发展,引发全球显示产品的一场变革,这场变革使长期占据市场主导地位的 CRT 显示器逐渐退出,出现了以液晶、等离子体、有机发光等平板显示(FPD)和 CRT 显示等多种产品互相补充、互相竞争、共同发展的局面。

然而,截至目前等离子体显示技术并没有在消费电子领域得到广泛应用。等离子体电视也成为一种在过去的电视技术中使用的显示技术,现在已经相对较少使用,主要被液晶电视和 OLED 电视取代。

尽管等离子体在技术上一直被认为有非常好的表现,在动态清晰度、视觉舒适度、色彩还原度、对比度、可视角度等方面都有较好表现,业内也一直有"外行看液晶,内行看等离子体"的说法,但是技术壁垒一直掌握在少数厂商手中,十分封闭,没有形成完善的生态链条,限制了等离子体电视的发展。

在等离子体发展的初期,松下、三星、LG、日立、先锋等厂商牢牢把握技术优势以及上游的等离子体面板制造资源,并且为了获取更高的利润,完全不向其他厂商开放整条产业链,这直接导致了等离子体阵营的败北。之后,日系品牌陆续撤出等离子体阵营,2005 年,索尼、东芝放弃等离子体业务;2008 年,日立、先锋相继宣布退出等离子体面板生产,2013 年11 月,等离子体"大户"松下宣布停止生产等离子体面板,三星和 LG 也于 2014 年停止生产等离子体电视,而最后的"孤军"长虹撤离等离子体市场,意味着等离子体电视最终失去了市场中的一席之地。

11.2 激光基本知识

11.2.1 激光技术简介

激光译自英文单词 Laser,它是英语词组 Light Amplification by Stimulated Emission of Radiation(通过受激发射的放大光)的缩写,该词精确地描述了激光的作用原理。激光辐射具有一系列与普通光不同的特点,直观地观察,激光具有高定向性、高单色性或高相干性特点。用辐射光度学的术语描述,激光具有高亮度特点;用统计物理学的术语描述,激光则具有高光子简并度特点;从电磁波谱的角度来描述,激光是极强的紫外线、可见光或红外线相干辐射,且具有波长可调谐(连续变频)等特点。下面讲述与激光有关的技术。

1. 光波调制

所谓光波调制,是指改变载波(光波)的振幅、强度、频率、相位、偏振等参数使之携带信息的过程。光频载波调制和无线电载波调制在本质上是一样的,但在调制与解调方式上有所不同。在光频段多用强度调制和解调,而在无线电频段则很少使用这种调制和解调方式。此外,在光频段还常使用偏振调制,并且很容易实现,而在无线电频段,这种调制几乎不可能实现,因此,光频调制有其特殊性,它在光通信、光信息处理、光学测量以及光脉冲发生与控制等许多方面有越来越多的应用。

实现光波调制的方法很多,按调制机理的不同划分如表 11-1 所示。

表 11-1　光波调制分类

调制方式	调制方法	调制机理
内腔调制	电光调制	电光效应(普克尔效应、克尔效应)
外腔调制	声光调制	声光效应(拉曼、布拉格衍射效应)
	磁光调制	磁光效应(法拉第、电磁场移位效应)
	其他调制	机械振子、运动(调制盘)等
直接调制	电源调制	用激励功率改变激光输出功率

2. 电光调制

电光调制的物理基础是电光效应,即物质的折射率因外加电场而发生变化的一种效应,常用的电光效应有线性电光效应和二次电光效应两种。线性电光效应又称普克尔(Pockel)效应,它表现为折射率随外加电场呈线性变化;二次电光效应又称克尔(Kerr)效应,它表现为折射率随外加电场平方成比例变化。

3. 声光调制

超声波是一种弹性波,超声波在介质中传播时,将引起介质密度呈疏密交替变化,其折射率也将发生相应的变化。这样对于入射光波来讲,存在超声波场的介质可以视作一个超声光栅,光栅常数等于声波波长。入射光将被光栅衍射,衍射光的强度、频率和方向都随超声场而变化,声光调制器就是利用衍射光的这些性质实现光的调制和偏转的。

声波在介质中传播分为行波和驻波两种形式。行波所形成的超声光栅在空间是移动的,介质折射率的增大和减小是交替变化的,并以声速向前推进。驻波形成的位相光栅是固定在空间的,可以认为是两个相向行波叠加的结果。

在一个声波周期内,介质出现两次疏密层结构。在波节处介质密度保持不变,在波腹处折射率每半个声波周期变化一次。作为超声光栅,它将以声波频率的 2 倍交替出现。

4. 调 Q 技术

大量固体激光器的实验证明,在毫秒量级的脉冲光泵激励下,激光振荡输出不是单一的平滑脉冲,而是由宽度为微秒量级的强度不等的小尖峰组成的脉冲序列,称为“弛豫振荡”。输出激光的这种尖峰结构严重地限制了它的应用范围。在激光测距、激光雷达、激光制导、高速摄影、激光加工和激光核聚变等应用领域,都要求激光器能输出高峰值功率的光脉冲。但单纯增加泵浦能量对激光峰值功率的提高影响并不大,只会使小尖峰脉冲的个数增加,相应地尖峰脉冲序列分布的时间范围更宽了。欲使输出峰值功率达到兆瓦级以上,必须使分散在数百个小尖峰序列脉冲中辐射出来的能量集中在很短的一个时间间隔内释放。调 Q 技术就是为适应这种需要而发展起来的。

5. 锁模技术

调 Q 技术所能获得的最窄脉宽约为 10^{-9} s 量级,而在非线性光学、受控核聚变、等离子体诊断、高精度测量等领域中,往往需要宽度更窄的脉冲($10^{-15} \sim 10^{-12}$ s)。锁模技术就是获得超短脉冲的一种技术。

6. 选模技术

激光器通常是多模振荡,包括多纵模和多横模。前者按频率区分模数,后者按空间区分模数。尽管谐振腔对纵模和横模都有限制作用,但是在有些场合,如要求提高相干长度时,仍然是不够的。这就需要进一步选模,即选择特定的模式允许振荡,按频率和空间区分的模数同时尽可能减小。极限情况下,则要求单波型,即单一频率、单一空间波型振荡。

7. 稳频技术

激光器经过选模,实现了单模输出,维持频率稳定就显得很重要。单模特性最好的是气体激光器,因此稳频的主要对象是气体激光器。

11.2.2　激光的特性

激光具有一些独特的特性,这些特性使得激光在科学、医学、通信、制造等领域有广泛的应用。激光的主要特性如下。

(1) 单色性(Monochromaticity)。激光是一种单色光,其波长非常狭窄,通常为几纳米。这意味着激光光束中的光波几乎都具有相同的颜色,使得激光非常适合高分辨率的应用。

(2) 相干性(Coherence)。激光是相干光,即光波之间存在固定的相位关系。这使得激光能够形成稳定的干涉图案,同时也使得激光在光学干涉和衍射实验中有着重要的应用。

(3) 聚焦性(Collimation)。激光光束可以通过适当设计的光学系统实现高度聚焦,使光束保持几乎平行的特性。这种聚焦性使激光在精细切割、焊接和定位等应用中非常有用。

(4) 高强度(High Intensity)。激光光束具有高度的光强,使其能够在相对短的距离内传递大量能量。这一特性使激光在材料切割、焊接和瞬时加热等领域得到广泛应用。

(5) 定向性(Directionality)。激光光束的传播是非常定向的,其传播方向受到高度控制。这使得激光能够精确瞄准目标,广泛应用于激光制导系统、激光雷达等。

(6) 窄束宽(Small Beam Divergence)。激光光束的发散角度相对较小,这意味着激光光束能够在较远的距离上保持较小的横截面。这对于远距离通信和传感应用非常有利。

(7) 高能量密度(High Energy Density)。激光能够在非常小的空间内集中大量能量,这使激光在高密度能量传递和测量应用中具有优势。

(8) 单一方向传播(Single Direction Propagation)。激光光束的传播是单一方向的,与传统光源相比,激光光束不会在多个方向上散射,这使激光在光通信和激光束传播中更为可控。

11.2.3　常用激光器

1960 年,美国人梅曼(Maiman)首次在实验室用红宝石晶体获得了激光输出,开创了激光发展的先河。此后,激光器件和技术获得了突飞猛进的发展,相继出现了种类繁多的激光器。以下是一些常用的激光器类型。

1. 气体激光器

二氧化碳激光器(CO_2 Laser):在 $10\mu m$ 波段工作,用于切割、焊接、雕刻、医疗手术等。

氩离子激光器(Argon Ion Laser):主要用于医学、生物学、光学实验等领域。

氦氖激光器(Helium-Neon Laser):在可见光范围内工作,用于激光打印和医学应用。

2. 固体激光器

Nd:YAG 激光器(Neodymium Doped Yttrium Aluminum Garnet Laser)：在红外光谱中工作，广泛应用于医学、切割、焊接和测距等。

Nd:Glass 激光器：用于科学研究、医学和军事应用。

Er:YAG 激光器(Erbium Doped YAG Laser)：用于医学手术和皮肤治疗，工作在 $2.94\mu m$ 波段。

3. 半导体激光器

激光二极管(Laser Diode)：用于光通信、激光打印、激光雷达等，常见于电子设备中，如激光指针、激光打印机等。

垂直腔面发射激光器(VCSEL)：在通信和光学传感中广泛使用。

4. 光纤激光器

光纤激光器：利用光纤作为反射镜，用于通信、制造和测量等领域。

5. 固态激光器

脉冲固态激光器：用于雷达、测距、材料加工等领域。

连续波固态激光器：用于医学、通信和制造。

6. 二极管泵浦固态激光器

高功率二极管泵浦固态激光器：用于材料切割、焊接和医学手术。

7. 自由电子激光器

自由电子激光器(Free Electron Laser，FEL)：可以产生波长可调的激光，用于科学研究和医学应用。

图 11-5 所示为各类激光器的波长覆盖范围。

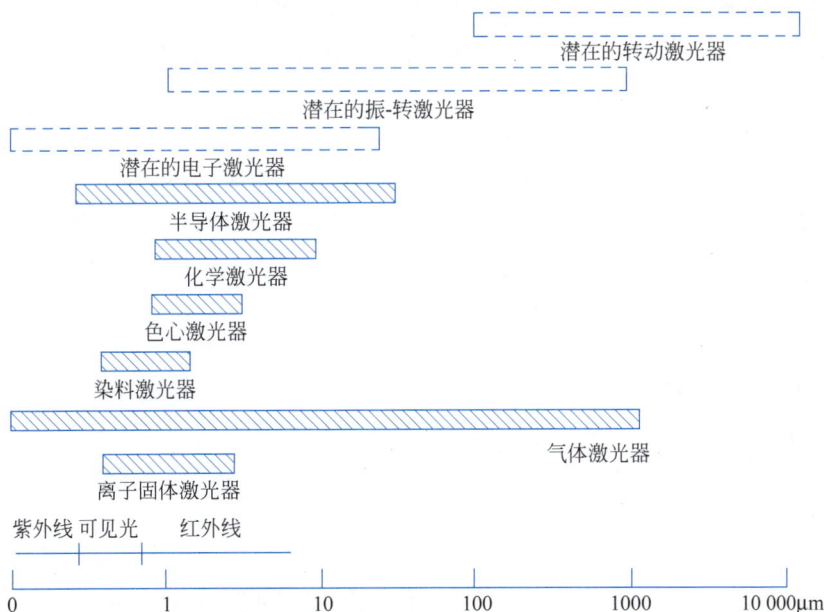

图 11-5　各类激光器的波长覆盖范围

11.3 激光显示设备

11.3.1 激光显示原理

科技日益进步,显示技术也日新月异。正当很多消费者还在考虑是否需要购买一部液晶电视来欣赏高清视频节目或 OLED 梦幻显示器手机徜徉移动互联网之际,其实已有多种新一代显示技术蓄势待发,为平板显示领域注入新活力。被喻为"液晶和等离子体杀手"的激光电视(Laser TV),便是一种全新的激光显示器件(LPD)。

显示技术在经历了黑白、彩色和数字显示时代之后,迎来以激光显示技术(Laser Display Technology,LDT)为主流技术的全色显示时代,如今更是以三维(3D)技术引领时尚,如图 11-6 所示。

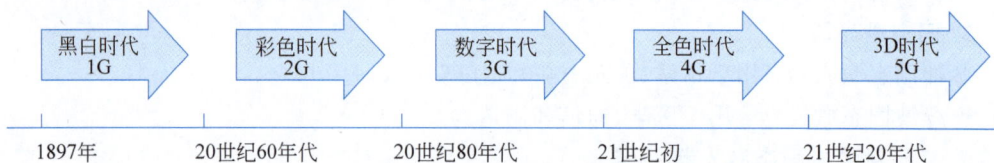

黑白时代 1G	彩色时代 2G	数字时代 3G	全色时代 4G	3D时代 5G
1897年	20世纪60年代	20世纪80年代	21世纪初	21世纪20年代

图 11-6 显示技术的 5 个发展时代

在北京第 29 届奥林匹克运动会开幕式中,有一段激光背景表演,以蓝色为主色调,并有红、黄色激光穿插其间,激光还在背景台上打出了游动的鲸鱼,缶声阵阵加上闪烁的激光,瞬间将鸟巢变为璀璨的银河……激光显示技术向世界呈现了一场无与伦比的激光舞台艺术盛宴。

激光具有单色性好、方向性好和亮度高等优点,用于显示具有以下优势。

(1)激光发射光谱为线谱,色彩分辨率高,色饱和度高,能够显示非常鲜艳而且清晰的颜色。

(2)激光可供选择的谱线(波长)很丰富,可构成大色域色度三角形,能够用来显示丰富的色彩。现有显示器的色彩重现能力低,其显色范围仅能覆盖人眼所能观察到的色彩空间的 33%,而其他 67%的色彩空间是数字显示技术和现在已有的显示技术都无法重现的,如图 11-7 所示。

(3)激光方向性好,易实现高分辨显示。

(4)激光强度高,可实现高亮度、大屏幕显示。

可以说激光显示是当今保真度最高的显示技术,可显示色彩最丰富、最鲜艳、清晰度最高的视频图像。LDT 除了吸收前一代高清晰度数字信号等方面优点,同时在色域表现、寿命、成本方面均有所提高。因此,能够同时实现高清晰、大色域的 LDT 势必成为今后显示技术研究和发展的方向。

作为下一代显示技术竞争的焦点,LDT 近年来发展很快。2003 年,基于全固态 RGB 三基色激光器研发初步完成,激光显示原理样机推出。2005 年至今,索尼、松下、日立、东芝、三菱、爱普生、三星、LG 等知名显示巨头纷纷加大在激光显示领域的研发力度,索尼在 2005 年推出了 500m² 超大屏幕激光电影,精工爱普生与美国 Novalux 战略合作开发了 3LCD 激光投影产品;2006 年,三菱推出了激光电视样机;2007 年,索尼再次推出了 55 英寸

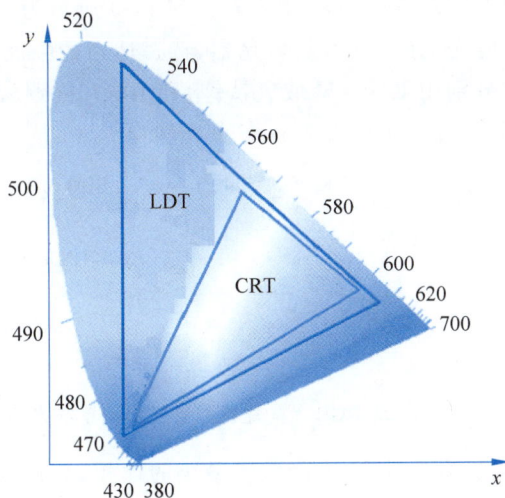

图 11-7　显示技术可以显示的色彩空间

激光电视样机。在英国、德国都有一批激光显示的企业在研究激光显示和激光电视。2012
年，三星公司推出的采用了激光投影技术的手提式数字投影机获得了美国工业设计协会
（IDA）和 Business Week 联合颁发的设计银奖。另外，Kopin 微显示技术公司与 Explay 投
资公司展示了最新研制的微型投影机产品，并将其命名为 Nano-Projector。我国中视中科
公司 2005 年推出 60 英寸、80 英寸、140 英寸激光电视样机；2006 年推出 200 英寸前投影样
机；2007 年完成 40m² 投影屏幕激光数字电影放映机样机。海信在 2014 年推出全球首款
100 英寸超短焦激光电视，开创了这一产业市场化的先河，年轻人成为激光产品的消费主力
军。预计 2029 年全球激光电视市场规模将达到 269 亿美元，未来几年该市场年复合增长率
将达 41.5%。

　　相比于 LCD 或数字光处理（Digital Light Procession，DLP）等技术，LDT 运用于投影机
显示方面的研究与应用还比较短。市面上激光投影机成品也不占主流。高精尖的激光技术
与庞大的电视、电影、投影等显示市场结合时，会使上述产业在原有基础上更大幅度、更迅猛
地发展，小到烟盒大小的激光投影仪，大到 100m² 的前投式激光电影放映机及可在水面、建
筑物表面、山岩、云层等空间成像式的激光投影机，为人们带来全新的视觉震撼。

　　激光投影显示原理如图 11-8 所示。激光投影显示系统包含红、绿、蓝三色的激光光源、
照明系统、光阀、投影物镜和投影屏。由激光出射的光束，经照明系统，均匀照明光阀；被均
匀照明的光阀经投影物镜，将光阀上的图像成像至投影屏上供人们观赏。人眼接收投影屏
上散射后的光束，并在视网膜上形成投影屏的图像，这个图像才是观众观察到的图像。

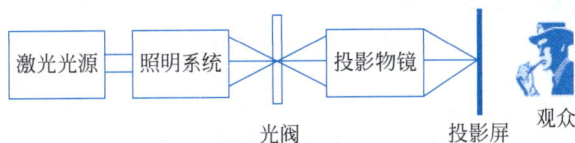

图 11-8　激光投影显示原理

　　实现显示三基色激光的方案有多种，如每个激光显示器件采用 3 种波长的激光二极管
以发出红、绿和蓝色波长的激光，采用非线性频率变换技术的 LD 全固态激光器通过腔内倍

频、腔外倍频或自倍频等方案获得红、绿、蓝激光。图 11-9 所示为一个实现 RGB 激光输出的方案,532nm 绿光泵浦 KTP-OPO 光参量振荡器,选择适当的泵浦方向,可以输出 1257nm 和 922nm 两种红外光,再分别用 KTP(磷酸氧钛钾)和 BBO(偏硼酸钡)晶体对这两种红外光倍频(SHG),即可得到 628nm 红光和 461nm 蓝光输出。

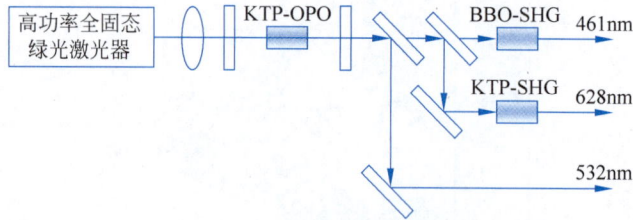

图 11-9　实现 RGB 激光输出的激光显示系统方案

激光显示器件都不需要镜头,这大大降低了系统的体积,而且没有高发热量的灯泡,所以设计上更方便自由。最重要的是,激光发生器的 100% 功率寿命可以达到 2×10^5 h,而灯泡的 50% 功率寿命在 2000h 左右,即便是经济模式也只有 8000h。因此,LPD 已经可以当作电视机使用了,特别是激光投影机没有紫外线的困扰,对用户更安全。这两个问题解决之后,投影机不仅会大幅度降价,还有可能使得生产投影机的技术门槛大幅度降低,从而带动投影机真正走入家庭。综上所述,LPD 具有以下一些特点。

(1) 体积小。可以做到烟盒般大小,携带非常方便。

(2) 亮度高,颜色鲜艳。因为 LPD 采用的投射介质是激光,所以在亮度和色饱和度方面表现很突出。

(3) 制造工艺简单。因为它的原理非常简单,所以所需元器件较少,成本也低,很容易建成一条生产线。

(4) 功耗低。LPD 与传统的投影仪有所不同,只需要产生小功率的激光即可。

(5) 显示速度快,视角范围广。

(6) 显示颜色丰富。采用三基色调制方法,显示颜色数与 CRT 相当。

(7) 造型灵活。可以做成前投型、背投型或背投一体化型。根据具体应用,可做成大型机(形成超大尺寸画面),也可做成微型机(形成一般尺寸画面)。

影响 LPD 显示质量的因素主要有以下两点。

(1) 激光束的纯度和波长。

(2) 激光控制阀门控制激光偏转的效率与速度。

LPD 设计的关键问题是如何有效控制激光束的大角度偏转。

11.3.2　常用激光显示器件

1. 激光电视机

激光电视机本质上是一种超短焦激光投影仪,在大屏领域,性价比比较高,而且尺寸越大,视觉效果越好。100 英寸以上的液晶电视,售价高达 10 万元;而 100 英寸、120 英寸的激光电视,因为不受面板的制约,其价格要比液晶电视低很多,基本在 2 万元上下。激光电视机的图像不像是液晶电视那样"直射入眼",而是来自屏幕反射主机的光线,所以更加"护眼",也更加适合有儿童的家庭。另外,在能耗上,液晶电视的功率一般在 500~600W,而激光电视机的功率在300W以下。

外观上,激光电视机一般由主机、屏和伸缩云台组成,其内部组成如下。

(1) 激光二极管:最常用的激光光源之一。它能够产生相干光,常用于激光打印机、激光指针和其他小型激光设备。

(2) 激光调制器(Laser Modulator):用于调制激光光束,可以调节光束的强度、频率或相位。这是实现激光光束调制的关键组件。

(3) 光学反射镜和透镜:用于引导和调整激光光束的传播方向。通过这些光学元件,激光光束可以在屏幕上进行精确的扫描。

(4) 光调制系统:包括激光调制器、光栅和其他光学元件,用于调整激光光束的特性,实现对图像的精确控制。

(5) 光敏材料:用于屏幕上,可以在激光光束的照射下发光或发出可见光,形成图像。这些材料包括磷光材料等。

(6) 扫描系统:用于将激光光束在屏幕上进行扫描,通常通过反射镜或透镜的运动来实现,这样可以形成图像的像素阵列。

(7) 驱动电路:用于控制激光二极管和激光调制器的电路系统,包括产生适当的信号来调制激光光束,以及控制扫描系统的运动。

(8) 电源和控制系统:提供所需的电能给各个电路模块,并确保激光显示器的稳定运行。控制系统用于调整图像的参数,如亮度、对比度和颜色平衡。

激光电视机的屏幕分为软布屏和硬屏,硬屏的抗反射光性能更优一些;光学反射镜和透镜使用激光光源的数字光处理(DLP)进行图像显示,其核心组件是数字微镜元件(Digital Micromirror Device,DMD)。DMD类似于排列了数百万个小镜子,而且每个小镜子都能够以每秒几万次的频率向正负方向翻转。光线通过这些小镜子反射在屏幕上直接形成图像,由于人眼的视觉惰性,会将高速轮换照射在同一像素点上的三基色混合叠加,形成彩色。

2023年4月10日,海信公司在北京举办了"尽显美好生活"全场景显示战略发布会,并正式推出了全球首款8K激光电视——海信100L×8K,激光电视进入百英寸8K时代。

图11-10所示为小米100英寸4K超高清短焦家庭客厅激光电视,其参数如下。

(1) 镜头材质:全玻璃;

(2) 支持画面比例:16:9;

(3) 分辨率:4K;

(4) 机体质量:9kg;

(5) 变焦倍数:定焦;

(6) 动态对比度:4001:1~5000:1;

(7) 光源类型:激光光源;

(8) 智能系统:Android(安卓);

(9) 是否支持蓝牙:是;

(10) 是否支持Wi-Fi:支持;

(11) 灯泡寿命:30 000h;

图11-10 小米100英寸4K超高清短焦家庭客厅激光电视

（12）正常模式运行噪声：25dB；

（13）观影亮度：2400ANSI 流明；

（14）内存容量（ROM）：32GB；

（15）机体尺寸：540mm×335mm×107mm；

（16）语音遥控类型：远场语音遥控；

（17）整机质保：12 个月；

（18）支持投放画面范围：70～150 英寸；

（19）光源功率：300W；

（20）光学分辨率：3840×2160dpi；

（21）最低输入延迟时长：60ms；

（22）画面最高刷新率：60Hz；

（23）运行内存（RAM）：3GB。

2. 激光投影机

投影仪的投影光源主要分为 3 种类型：传统灯泡光源、LED 光源、激光光源。激光投影机是使用激光作为光源的投影机。

激光电影放映机、激光投影机基本上基于普通的投影技术，将原有的超高功率（Ultra High Power，UHP）汞灯泡换成了激光器，在前投显示中方便应用。

全色激光放映机、投影机是一种体积小（可以做到烟盒大小）、画面大、与 CRT 色彩还原能力相当的前投型显示器，它用红、绿、蓝 3 束波长极短的激光束分别打到屏幕上，并进行色彩调制，从而达到还原真彩图像的目的，如图 11-11 所示。

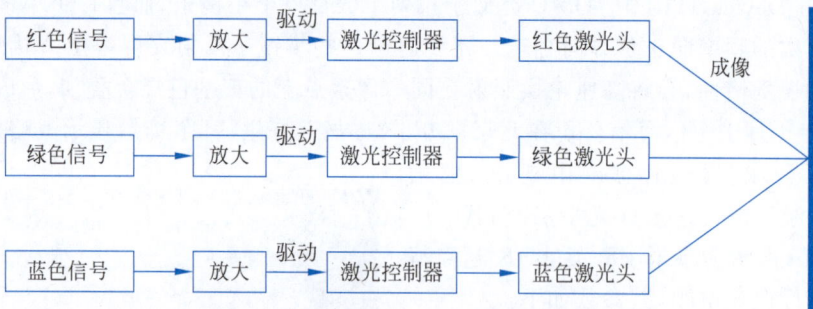

图 11-11　全色激光放映机、投影机显示原理

从图 11-11 可以看出，全色激光放映机、投影机原理简单，只要激光的功率足够大，激光束足够细，那么其投影图像尺寸将会非常大，画面将会非常细腻，亮度足够亮。所以，用户只要带着笔记本电脑和激光显示器，就能在任何地方挂起一张白布看露天电影，欣赏数码照片。

3. 激光空间成像投影机

空间成像显示具有高现场感，是观看在空间形成的像，因为图像具有纵深而大大提高了真实感和现场感。从原理上说，图像大小与显示器无关，可以很大。要实现远距离超大屏幕显示，必须具有高亮度光源（如激光器）和高速扫描器件，激光空间成像投影机将计算机技术、激光技术和图像处理技术运用于娱乐活动，融光、机、电、计算机技术于一体（见图 11-12）。

激光空间成像投影机由激光器（包括光学系统、激光电源、声光电源、制冷系统）和扫描系统（包括控制计算机、图形输入设备、数模转换卡、振镜驱动电源、透镜）组成，其结构如

(a) 激光水幕

(b) 大型激光表演

图 11-12　激光空间成像显示

图 11-13 所示。激光投影使用具有较高功率(瓦级)的红、绿、蓝(三基色)单色激光器为光源,混合成全彩色。它把用户信息输入计算机加以编辑,然后配合音乐控制高速振镜的偏转,反射激光投向空间或屏幕(如水幕、建筑物表面、山岩、云层等),快速扫描形成文字、图形动画、光束效果等特殊的激光艺术景观。有多种方法实现行和场扫描,当扫描速度高于所成像的临界闪烁频率时就可满足人眼"视觉暂留"的要求,人眼就可清晰观察。临界闪烁频率是观察周期性目标时恰好不能感觉

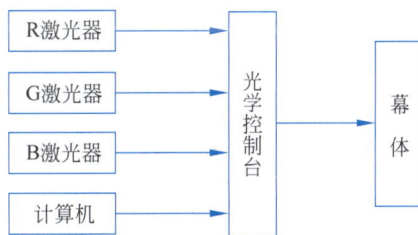

图 11-13　激光空间成像投影机结构

出其闪烁的频率。在激光投影系统中,临界闪烁频率应不低于 $50\,\mathrm{Hz}$。

激光空间成像投影具有以下应用。

(1) 可以在庆典、娱乐场所形成二维静态或动态的图像,营造热烈欢庆气氛。

(2) 可为音乐喷泉加彩,产生更好的声光效果。

(3) 可以在报告厅、展览会造成引人入胜的激光显示效果。

(4) 可在靶道测量中模拟形成一个具有逼真形态和动态的虚拟靶标,测量靶标弹着点位置。

由于激光具有亮度高、方向性好等特点,使激光空间成像投影所具有的远距离超大屏幕显示的优点是其他方法无可比拟的。

（1）投影表面可以是平面，也可以是曲面；可以是雾幕（烟雾和气雾）、水幕，也可以是墙面、布幕或平板毛玻璃，只要是光散射物质就行。

（2）由三基色混合成的彩色色调丰富饱和。

（3）无余辉磷光，背景干净，对比度高。

（4）不需要庞大笨重的屏幕，因此整个系统小巧轻便，便于携带。

第 12 章

三维显示技术与系统

12.1 三维显示技术

12.1.1 三维显示技术概述

三维显示技术(3D Display Technology)是一种能够在屏幕上创建立体(三维)图像的技术,使观众可以感受到深度和逼真感。这种技术广泛应用于电影、电视、游戏和虚拟现实等领域,为用户提供更为沉浸和真实的观感。

1. 三维显示技术的发展历史

早在 5000 多年前的古埃及,人们就已经有了对三维成像技术的追求。当时对人物形象的画法造型,大部分都把脸表达成侧面的姿态,而眼睛和躯体的位置都是正面的,整个人物从头到脚有两次 90°的转向。真人或站或坐都无法保持这种姿势,但这种奇特的造型却可使人物具有立体感和厚重感。

到了 15 世纪初的欧洲文艺复兴时期,意大利建筑师 Bruneselleschi 对"绘画透视"进行了首次论证。16 世纪,人们就已经开始用不同的颜色为左右眼绘制有一定规律差异的图像,然后通过滤光镜观察产生立体视觉。17 世纪末18 世纪初出现的"立体镜",为每只眼睛提供独立的视觉通道,这种"立体镜"至今仍然是观察立体图像的有效手段。19 世纪,有科学家曾尝试构造一种不借助辅助装置就能观察到立体画面的方法,但以失败告终。直到1838 年英国科学家查尔斯·惠斯通发明了一种名为"反光式立体镜"(Reflecting Mirror Stereoscope)的装置,用来观看三维立体画。

19 世纪末,电影发明后,科学家尝试用电影表现运动的立体视觉图像。首先采用两部摄影机模拟人类双眼进行拍摄,然后将制作好的影片用放映机通过偏光滤光镜投射到电影荧幕上,观众通过佩戴偏振光眼镜观察运动的立体图像。这种立体电影技术一直沿用至今。与此同时,立体眼镜也诞生了。

20 世纪初,电视技术出现后,人们就开始着手研制立体电视,传统的用于观察静止图像或电影图像的立体显示方法几乎全部被应用到立体电视技术中。在早期黑白电视时代,比较成功的立体电视是由两部电视摄像机拍摄影像并用两个独立的视频信道传输到两台电视机,每台电视机的屏幕上安置一块偏光板,然后用偏光眼镜去观察,这样的立体电视系统可以获得较好的立体图像。这种双信道偏光分向立体电视技术至今仍然是公认的一种质量较好的立体电视系统。

20 世纪 50 年代,彩色电视技术发展到接近实用的阶段,互补色立体分像电视技术开始应用于立体电视。基本方法是用两部镜头前端加装滤光镜的摄像机拍摄同一场景图像,在彩色电视机的屏幕上观众看到的是两幅不同颜色的图像叠加在一起,当观众通过相应的滤光镜观察时,就可以看到立体电视图像。

20 世纪 70 年代末,由于陶瓷光开关新材料的出现,人们可以制成光开关眼镜,此时就出现了时分式立体电视技术。时分式立体电视技术采用彩色电视信号的奇场和偶场进行立体电视信号的编码。20 世纪 80 年代初,东芝公司研制出时分式立体电视投影机,需佩戴偏光镜观看。1985 年,松下公司首推时分式液晶眼镜立体电视样机获得成功。现在,具有双屏显示器的头盔观看设备有很理想的立体观看效果。在国内,清华大学已研制出高透光率的新型液晶光阀眼镜,并于 2001 年研制成功时分式液晶眼镜立体电视机。

2000 年国内出现了第一个实时三维显示系统。用一张普通的 VCD 碟片播放出重影画面,戴上无线红外眼镜观看,即可获得具有强烈立体感的画面。这种立体显示系统能够实时将现有信号源的二维图像在显示器上转换为三维图像。但是从技术上讲,这种立体影像效果还停留在利用光学或信号处理的方法进行画面转换的层面上。

目前正在加紧研制新型立体摄像机和立体显示装置。新型立体摄像机具有双镜头,综合计算机、测控、图像处理技术,拍摄过程符合人的视觉机理。新型立体显示装置分时或同时输入左右图像,采用光学技术,实现左右图像以正确的视差投射到人的双眼,不用戴眼镜,即可在屏幕前直接看到立体图像。

20 世纪 90 年代以来,随着液晶显示技术的成熟,以液晶为代表的新一代显示设备以其全彩色精致影像画质、节省能源、无辐射、无闪烁等优点获得了快速发展。立体显示技术的研究方向也已经集中于基于液晶平板显示器的裸眼立体显示技术。2004 年,经过多年研发,SuperD 立体影像工作站正式问世,并实现商用。它成功地实现了液晶显示器和裸眼立体显示技术的巧妙结合,具有近乎完美的自由立体图像显示功能,给人们带来一场全新的视觉盛宴。

进入 21 世纪,三维显示技术已成为最受欢迎的显示技术。虚拟现实(Virtual Reality,VR)和增强现实(Augmented Reality,AR)技术结合了三维显示、体感交互和沉浸式体验,创造出虚拟的或增强的现实场景。科技的本质就是把好的东西带给人类,并使这一切更加容易、舒适、便捷。

2. 三维显示技术简介

现实世界是一个立体空间,由于物体都存在三维尺寸和空间位置关系,因此只有通过三维立体显示才能够真实地重现客观世界的景象,即表现出图像的深度感、层次感、真实感以及图像的现实分布状况。我们绝大多数人看到的世界都是三维的,而几乎我们所接触的介质,无论是照片或影像都是二维的。

人类的三维感觉是一个十分复杂的生理过程。人的眼睛是一个光学传感器,而大脑则是一个复杂的处理器。三维感觉的过程基本上可以包括以下 3 个主要过程:第一,人眼对物体探测,并在大脑中把像转换成由边缘和亮暗变化组成的初步图形;第二,确定物的大概形状;第三,把初步感觉到的物的形状和熟悉物体的形状比较,得到最后的感觉。立体观察的过程是双眼从不同角度观察一个物体的过程,也就是察觉物体的存在和分辨物体的细节。物体在左眼中的视觉与其在右眼中的视觉所产生的视差,能产生立体感;大视野范围的平面画面通过物体的大小、透视、遮挡等深度的变化,以及不同角度的序列像在大脑中的时间暂留,所有这些信息经过大脑的综合,也能产生立体效果,近年出现的全景电影就是一个很好的例子。

三维显示是对物体的三维信息或数据进行记录、处理和再现的过程。人们熟悉的立体电影就是一种三维显示技术。立体电影比二维显示的普通电影更形象、更生动。观看立体电影时,画面中的人物和景象栩栩如生,有强烈的立体感和真实感。

三维显示的基本原理是通过在左右眼之间呈现稍微不同的图像,模拟人眼的视差效应。这样,观众的左眼和右眼分别看到不同的图像,大脑会将这些信息融合在一起,产生深度感觉。

三维显示有广泛的应用领域,如娱乐和游戏、电影和电视、设计制造、医学、教育和培训等。

12.1.2 三维显示技术的分类

目前,三维显示技术从技术上可以分为三大类:传统二维模拟显示技术、双目视差立体显示技术、真三维立体显示技术,如图 12-1 所示。

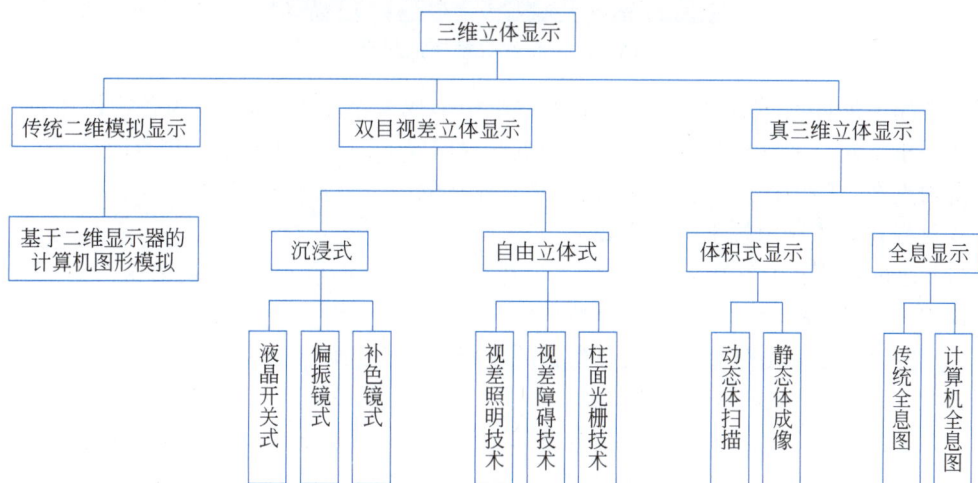

图 12-1 三维显示技术分类

1. 传统二维模拟显示

基于二维显示器的计算机图形模拟技术的原理是采用二维的计算机屏幕显示旋转的二维图像,以产生三维的显示效果,如图 12-2 所示。三维效果＝二维图像＋旋转变换。这种显示方式基于传统的计算机图形学和图像处理技术,是基于像素的,只产生心理景深,而不产生物理景深。

2. 双目视差立体显示

人具有立体视觉能力,这是由于人有两只眼睛(成人眼睛瞳孔平均间距为 65mm),它们从不同的方位获取同一景物的信息,各自得到关于景物的二维图像,左右两幅图像有着微小的区别,这种区别称为视差。人的大脑通过对左右两幅图像以及两幅图像的视差进行分析和处理后,可以得到关于景物的光亮度、形状、色彩、空间分布等信息。

所谓人眼的立体感,就是它们能将视场(即眼睛所观看到的景物区域)中的物体区别出

图 12-2　传统二维模拟显示

远近。视场中远近不同的物体之所以在左右眼中形成微小的差别,是因为各物体相对于双眼的视差角不同。大脑根据景物空间各物点在视网膜上的影像相对于黄斑点的线视差就可以决定物点在空间中的位置。可见,视差是立体视觉中十分重要的参数。

双目视差立体显示技术的本质如下。

(1) 通过软件和电路功能,对于某一时刻的一对视差图像,将左眼视图输出到 LCD 偶数列像素上,右眼视图输出到 LCD 奇数列像素上。

(2) 使用如柱面光栅等手段使观察者的左眼只能看到偶数列像素上的信息,右眼只能看到奇数列像素上的信息。

(3) 通过大脑的综合,形成具有深度感的立体图像。双目视差立体显示图像源如图 12-3 所示。

1) 沉浸式显示系统

沉浸式显示系统的原理:基于双目视差立体显示技术,需要佩戴偏振光眼镜、互补色眼镜或液晶光开关眼镜等辅助工具,如图 12-4 所示。

沉浸式显示系统的特点:尽管立体显示效果(深度感)比较优良,但是人眼被完全占据,人眼除了观看屏幕以外无法进行其他工作,在很多场合并不适用,常用在航空模拟等专用场合。

2) 自由立体式显示系统

自由立体式显示技术可分为视差照明技术、视差障碍技术、柱面光栅技术。

视差照明技术(Parallax Illumination)是美国 DTI(Dimension Technologies Inc.)公司的专利技术,也是自动立体显示领域研究较早、当前较为成熟的技术之一。该技术的实现方法是在普通平面液晶显示器的基础上增加可控式狭缝光栅(位于 LCD 屏之后)、可接收与处理立体图像信息的视频电路。将 LCD 置于某特定照明板前的一定距离内,照明板产生大量

图 12-3 双目视差立体显示图像源

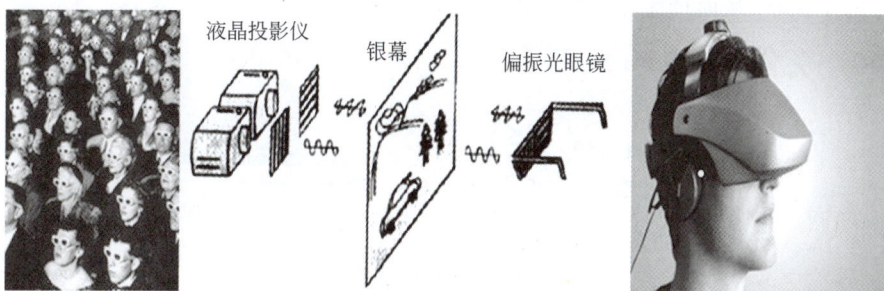

图 12-4 沉浸式显示系统

窄亮的中间以黑带平均间隔排列的竖直线光源。每个线光源照亮两列像素,由于线光源间有间隙,因此位于显示器前的平均视觉距离的观察者的左、右眼分别透过偶、奇列像素能够观察到所有线光源,如图 12-5 所示。

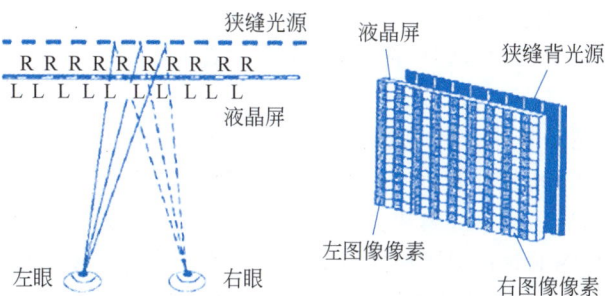

图 12-5 视差照明技术原理

视差障碍技术的实现方法是在普通平面液晶显示屏前增加一个开关液晶屏(实现二维和三维显示之间的切换)。这种开关液晶屏在通电情况下形成具有竖直条纹的光栅板,通过对光栅栅距及光栅到像素平面距离等参数的精确控制,使通过像素平面偶(奇)像素列的光线进入观察者的左(右)眼,即左右眼将分别看到两幅不同的视差图像,从而产生立体效果,如图 12-6 所示。

柱面光栅技术是在普通液晶显示器前面加上一块透明柱面光栅板,液晶像素平面恰好

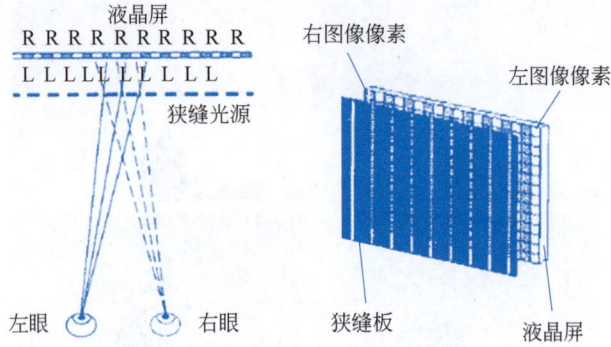

图 12-6 视差障碍技术原理

位于柱面光栅的焦平面上。经过子像素发出的光线通过柱面光栅平行射出,向各个方向投影子像素,将会在显示器前方形成一排分离的左右眼的视域,从不同方向观察平面就会看到具有视差的子像素,从而产生立体感,如图 12-7 所示。

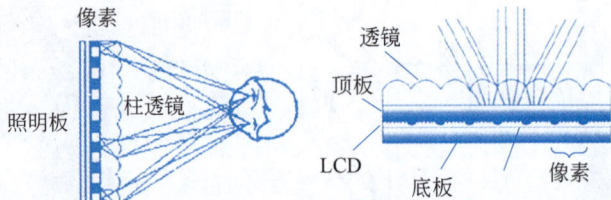

图 12-7 柱面光栅技术原理

3. 真三维立体显示

1)全息显示技术

(1)传统全息显示技术。传统全息图只能再现一个静态实际物体图像,不能处理计算机产生的图像(虚物);而且激光的高度相干性,要求全息拍摄过程中各个元件、光源和记录介质的相对位置严格保持不变,这也给全息技术的实际使用带来了种种不便。于是,科学家们又回过头来继续探讨白光记录的可能性,它将使全息显示最终走出有防震工作台的黑暗实验室。

(2)计算机全息显示技术。计算机全息图(Computer-Generated Hologram,CGH)是最近才发展起来的技术,其分辨率超过了人眼的分辨率,其图像飘浮于空中并具有较广的色域,被认为是三维立体显示的最终解决方案。与传统全息图需要实物模型不同,在计算机全息图中,用来产生全息图的物体只需要在计算机中生成一个数学模型描述,且光波的物理干涉也被计算步骤所代替。在每个步骤,CGH 模型中的强度图形可以被确定,该图形可以输出到一个可重新配置的设备中,该设备对光波信息进行重新调制并重构输出。

通俗地讲,CGH 就是通过计算机的运算获得一个计算机图形(虚物)的干涉图样,替代传统全息图中物体光波记录的干涉过程;而全息图重构的衍射过程并没有原理上的改变,只是增加了对光波信息可重新配置的设备,从而实现不同的计算机静态、动态图形的全息显示。

2)体积式显示技术

根据成像空间构成方式的不同,可以把真三维立体显示技术分为静态体成像技术和动态体扫描技术两种：静态体成像技术的成像空间是一个静止不动的立体空间，而动态体扫描技术的成像空间是一个依靠显示设备的周期性运动构成的。

静态体成像技术是在一个由特殊材料制造的透明立体空间里，一个激励源把两束激光照到成像空间上，经过折射，两束光相交到一点，便形成了组成立体图像的具有自身物理景深的最小单位——体素，每个体素点对应构成真实物体的一个实际的点，当这两束激光束快速移动时，在成像空间中就形成了无数交叉点，这样，无数个体素点就构成了具有真正物理景深的真三维立体图像。这就是真三维立体显示的静态体成像技术原理。

动态体扫描技术是依靠显示设备的周期性运动（如屏幕的平移、旋转等运动）构成成像空间，形成立体的成像空间。在该技术中，通过一定方式把显示的立体图像用二维切片的方式投影到一个屏幕上，该屏幕同时做高速的平移或旋转运动，由于人眼的视觉暂留，从而观察到的不是离散的二维图片，而是由它们组成的三维立体图像。因此，使用这种技术的立体系统可以实现图像的真三维显示。根据屏幕的运动方式可以将动态体扫描技术分为平移体扫描显示技术和旋转体扫描显示技术。

本节只对真三维立体显示的原理进行简单介绍，真三维立体显示系统将在后文进行详细叙述。

12.2　全息显示系统

全息显示系统（Holographic Display System）是一种能够产生和再现真实三维图像的技术，它利用光的干涉原理，使观众能够在空间中看到立体的、具有深度感的图像。这种技术创造了更真实、更逼真的观感，使人们可以在不使用任何辅助设备（如三维眼镜）的情况下看到立体图像。

1947 年，英国匈牙利裔物理学家丹尼斯·盖伯发明了全息投影术，他因此项工作获得了 1971 年的诺贝尔物理学奖。

12.2.1　声光调制器全息显示系统

声光调制器（Acousto Optic Modulator，AOM）在全息显示系统中发挥关键作用，允许实现动态的全息图像。声光调制器全息显示系统的基本原理和组成部分如下。

1. 声光调制器原理

（1）声光效应。声光调制器利用声光效应，即声波对光的折射率产生调制的现象。当声波通过光学介质传播时，声波的压力变化引起了光的折射率的变化，从而改变了光的传播特性。

（2）频率调制。在声光调制器中，通过施加高频声波信号，可以实现对光的折射率进行频率调制。这种频率调制的光可以用于创建动态的光学元素。

2. 声光调制器全息显示系统的组成

（1）激光光源：提供相干光源，通常使用激光器作为全息图像的光源。

（2）光学系统：包括透镜、分束器等光学元件，用于将激光光源分成参考光和物体光。

（3）物体：需要进行全息记录的物体，其反射或透射光被用于记录全息图像。

（4）声光调制器：位于物体光路径上，接收激光光源的光，通过施加声波信号对光进行频率调制，生成频率调制的物体光。

(5) 全息记录介质：用于记录全息图像的介质，通常是光敏材料，如全息板。

(6) 检波器：用于读取全息图像，检测激光光源和物体光的干涉图案，转换为电信号。

(7) 重建光学系统：包括透镜和投影屏幕，用于将检测到的干涉图案转换为可见的动态全息图像。

3. 工作流程

(1) 激光光源发出相干光，分为参考光和物体光。

(2) 参考光和物体光通过光学系统，使其满足全息图像记录的条件。

(3) 物体光经过声光调制器，在频率上被调制。

(4) 被调制的物体光和参考光在全息记录介质上交叠，形成干涉图案，被记录下来。

(5) 通过检波器读取干涉图案，生成电信号。

(6) 通过重建光学系统，将电信号转换为动态的全息图像。

12.2.2　LCD、DMD 全息显示系统

LCD(液晶显示器)和 DMD(Digital Micromirror Device，数字微镜元件)是两种常见的光学元件，它们在全息显示系统中可以用于不同的应用。

1. LCD 全息显示系统

1) LCD 全息显示器原理

使用液晶材料，该材料的光学特性可以通过电场调控。液晶分子的排列方式可以改变光的偏振状态，从而实现对光的调制。

2) LCD 全息显示系统的组成

(1) 激光光源：提供相干光源，通常使用激光器。

(2) 液晶显示器：放置在光路上，用于调制激光光源，生成全息图像。

(3) 全息记录介质：包括光敏材料的介质，如全息板，用于记录全息图像。

(4) 透镜系统：包括透镜和分束器等光学元件，用于将激光光源分成参考光和物体光，并将它们引导到液晶显示器和全息记录介质上。

(5) 检波器：用于读取全息图像，将记录的光学信息转换为电信号。

3) LCD 全息显示工作流程

(1) 激光光源发出相干光，分为参考光和物体光。

(2) 参考光和物体光通过透镜系统，使其满足全息图像记录的条件。

(3) 物体光经过液晶显示器，通过液晶的电场调制，实现对光的相位或振幅的调制。

(4) 调制后的物体光和参考光在全息记录介质上交叠，形成干涉图案，被记录下来。

(5) 通过检波器读取干涉图案，生成电信号。

(6) 通过适当的光学系统，将电信号转换为动态的全息图像。

2. DMD 全息显示系统

1) 数字微镜元件原理

DMD 是由许多微小的可旋转数字化反射镜(微镜)组成的芯片。这些微镜可以根据电信号的控制角度来反射或不反射光。通过控制每个微镜的状态，可以形成图像。

2) DMD 全息显示系统的组成

(1) 激光光源：提供相干光源，通常使用激光器。

（2）数字微镜元件（DMD）：放置在光路上，用于调制激光光源，生成全息图像。

（3）全息记录介质：包括光敏材料的介质，如全息板，用于记录全息图像。

（4）透镜系统：包括透镜和分束器等光学元件，用于将激光光源分成参考光和物体光，并将它们引导到 DMD 和全息记录介质上。

（5）检波器：用于读取全息图像，将记录的光学信息转换为电信号。

3）DMD 全息显示工作流程

（1）激光光源发出相干光，分为参考光和物体光。

（2）参考光和物体光通过透镜系统，使其满足全息图像记录的条件。

（3）物体光经过 DMD，通过控制 DMD 上的微镜的状态，实现对光的相位或振幅的调制。

（4）调制后的物体光和参考光在全息记录介质上交叠，形成干涉图案，被记录下来。

（5）通过检波器读取干涉图案，生成电信号。

（6）通过适当的光学系统，将电信号转换为动态的全息图像。

12.2.3　数字全息显示系统

数字全息显示系统通过使用集成技术，结合数字图像处理和高度可控的空间光调制器，能够实现动态、高分辨率、真实感的全息图像。数字全息显示系统中涉及的一些集成技术和系统组成如下。

（1）数字图像处理单元。负责处理输入图像数据、生成全息图像所需的相位信息，以及对图像进行优化和校正。

（2）高分辨率光学系统。使用高分辨率的透镜、分束器和其他光学元件，以确保光路中的高质量光学成像，这对于产生清晰和逼真的全息图像至关重要。

（3）可控的光源。激光光源通常被用于数字全息显示系统，其光的相干性对于获得高质量的全息图像至关重要。激光的空间相干性可提供清晰度和分辨率。

（4）光学调制器。用于在全息记录介质上调制光的相位或振幅。这可以通过硅基液晶（LCOS）、数字微镜元件（DMD）等数字光学元件实现。

（5）全息记录介质。记录光学信息的介质，如全息板或其他光敏材料。数字全息显示系统中的全息记录介质需要具备高灵敏度和快速响应的特性。

（6）光学调制器控制单元。用于控制光学调制器的电子控制单元，确保对相位或振幅的精确调制，以生成高质量的全息图像。

（7）实时传感器。一些数字全息显示系统可能集成实时传感器，用于获取观察者或环境中的信息，并根据这些信息调整显示参数，以提供更加逼真的全息图像。

（8）电子计算单元。用于处理和计算图像、相位信息、光场数据等的计算单元，通过算法实现实时计算和反馈。

（9）用户界面。提供与数字全息显示系统交互的用户界面，允许用户控制、调整和体验全息图像。

数字全息显示系统通过集成这些技术和组件，使在实时场景中生成动态、高质量的全息图像成为可能。

12.3 体积式三维显示系统

体积式三维显示系统(Volumetric 3D Display System)是一种能够在空间中呈现物体的三维图像的技术。与传统的平面显示不同,体积式三维显示系统可以在空间中创建具有实际深度和体积感的图像,使观众能够从不同角度观察并与图像进行互动。

12.3.1 体积式三维显示技术分类

1. 体积式光场显示(Volumetric Light Field Displays)

工作原理:通过使用多层显示屏和透镜阵列,控制和调整光的方向和强度,从而形成真实的三维图像。

体积式光场显示的特点如下。

(1) 全方位观看。观众可以从任何角度观看图像,而不受平面屏幕的限制。

(2) 互动性。一些体积式光场显示系统支持观众与图像的互动。

2. 体积式全息显示(Volumetric Holographic Displays)

工作原理:使用全息投影技术,将图像投射到空间中,形成具有实际深度感的全息图像。

体积式全息显示的特点如下。

(1) 真实感。提供非常真实的三维体验,使观众感觉图像真实存在于空间中。

(2) 互动性。一些系统允许观众与体积式全息图像进行互动。

3. 体积式光传输显示(Volumetric Light Field Telepresence Displays)

工作原理:利用传感器捕捉真实场景的光场信息,通过显示设备再现这个光场,形成体积式图像。

体积式光传输显示的特点如下。

(1) 远程沉浸。支持远程体验,使用户感觉仿佛置身于真实的场景中。

(2) 虚实融合。融合真实场景和虚拟元素,创造更为沉浸的体验。

4. 体积式液体显示(Volumetric Liquid Displays)

工作原理:利用悬浮在液体中的微小颗粒,通过操控颗粒的位置和光的照射,形成立体图像。

体积式液体显示的特点如下。

(1) 可变形图像。可以实现形状可变的立体图像,提供更加灵活的显示方式。

(2) 高亮度。一些体积式液体显示可以提供较高的亮度。

5. 体积式飞行投影(Volumetric Flight Projection)

工作原理:利用多个激光光源和激光束扫描系统,将光束聚焦在空中形成立体图像。

体积式飞行投影的特点如下。

(1) 高亮度。能够提供高亮度的图像,适用于室外和大型场地。

(2) 适应性。适用于特殊场景,如演出、活动和展览。

12.3.2　Depth Cube 三维显示系统

静态体成像技术是把两束激光束照到一个由特殊材料制造的透明图像空间上，经过折

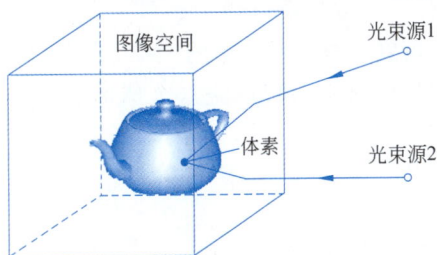

图 12-8　静态体成像技术原理

射，两束光相交到一点，激发图像空间材料发光，便产生了组成立体图像的最小单位——体素。每个体素对应真实物体的一个实际的点，当这两束激光束快速移动时，在图像空间中就形成许多个交叉点，无数个体素就构成了真三维的物体图像，如图 12-8 所示。

Depth Cube 是最具代表性的静态体三维显示系统，由 SeeReal Technologies 公司开发，可以提供裸眼视觉的全息显示，观众无须佩戴任何特殊眼镜即可观看全息图像。Depth Cube 本质上是一种背投式的三维显示器，只是使用一个三维投影仪、3 片 DMD-DLP 取代了传统的投影仪。Depth Cube 的外壳有 20 个液晶发射显示屏，每两个相邻屏之间的空隙为 5mm。每个屏将液晶夹在两个玻璃平面中间。当有电压作用到屏上时，液晶在光发射过来的方向排成一排，光就直接通过当时是透明状态的屏。当电压从屏撤走时，液晶就释放为自由状态。在这种情况下，液晶会驱散射向它们的光，产生一个体素，看起来像是它从表面位置发射出来的，而不是处于显示后方的 DLP 投影仪发射的。在任何给定的瞬间，19 个屏是透明的，只有一个处于白散射状态。然而，依赖视觉暂留，观众按照顺序观看从后往前 20 个屏的图像堆栈。由于在监控器后面的屏比前面的屏在物理上离观众远一些，观众的眼睛会自然聚焦，在体素出现的任何地方。投影仪每秒发射 1200 个图像切片，合成的三维图像由 20 幅二维图像组成，被切开从一个屏到下一个屏出现。通过利用深度反锯齿（Depth Anti-abasing）技术，使图形边缘"锯齿"缓和，边缘更加平滑。深度反锯齿技术有效地把 Depth Cube 的 15 300 000 物理体素（1024×784×20）转换为能感觉到的多于 465 000 000 体素。

12.3.3　Perspecta 显示系统

Perspecta 三维显示系统（见图 12-9）是采用旋转屏幕技术的一种新产品，它用一个 XGA 级别的高分辨率（1024×768 像素）投影仪将图像投影到一个旋转屏幕上，该屏幕同光学投影器件和 3 组起转向投影作用的平面镜一起，以 600r/min（Round Per Minute）或以上的速度旋转。被投影的图像实际上是呈放射状的"图像切片"，由于视觉滞留，这些图像切片快速连续地投影到三维空间，从而在人眼中形成有真实立体感的三维图像。

Perspecta 显示系统的参数如下。

（1）分辨率：768×768×192 物理体素；

（2）色彩格式：24bit RGB；

（3）旋转屏转速：730rad/s；

（4）体像素数：100M；

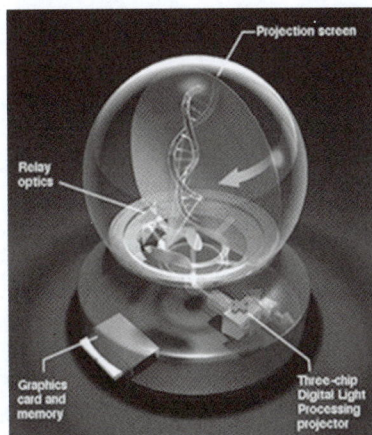

图 12-9　Perspecta 三维显示系统

（5）帧率：2409fps；

（6）接口数据率：4.68GB/s；

（7）显示范围：10 英寸；

（8）可视角度：360°。

这款立体显示器看似一个鱼缸，人们可以从各个角度观看显示器中的三维立体图像，且其中的三维立体图像可以同时真实地放大或缩小。另外，观众可以围绕这个球形显示器四周走动观看三维动画片。

第 13 章
CHAPTER 13

大屏幕显示技术与系统

13.1 大屏幕显示技术

13.1.1 大屏幕显示技术概述

大屏幕显示器的尺寸通常根据使用环境(居室、大厅、广场等)而定,从对角线 30 英寸(约 76cm)到目前已实现的 2000 英寸(约 50m)不等,并无绝对标准。而且,随着时代的进步,其最大尺寸也在不断增大。本章所说的大屏幕泛指屏幕面积在 $1\sim4m^2$ 的显示器,$4m^2$ 以上的称为超大屏幕。

大屏幕显示兼有大型、彩色、可播放动画的优势,具有引人注目的效果,信息量也比普通广告牌大得多,作为多媒体终端系统,其作用不可替代,市场前景不可估量。大屏幕数字拼接屏系统可以将各类计算机信号、视频信号在大屏幕数字拼接单元板上显示,形成一套功能完善、技术先进的信息显示管理控制系统,完全可以满足指挥控制中心、调度中心、集控室、监控中心、会议中心、竞技场馆、多媒体教室、道路交通信息显示等场合实时、多画面显示的需要。

第 22 集
微课视频

实现大屏幕显示有两种途径:一种途径是采用单一显示设备按矩阵排布,构成大屏幕显示;另一种途径是将直视型或背投式显示器按纵、横矩阵排列,构成多影像(Multi-vision)系统,或称为"电视拼接墙",简称"电视墙"。

大屏幕图像显示技术很多,总体分为电子式和机械式,电子式又分为直观型、空间成像型及投影型,机械式又分为回转型、磁场型及开闭型,如图 13-1 所示。能够实现大屏幕图像显示的技术手段也很多,如前面几章提到的 CRT、LCD、LED、OLED、LDT 技术等。本章将详细讲述投影型 PLCD、LCOS、DLP 大屏幕显示技术及直观型 HDTV 大屏幕显示技术,对主要应用于大屏幕显示场合的等离子体和激光显示技术、三维显示技术,本章不再赘述。

大屏幕显示系统主要要求如下。

(1) 图像亮度。在大屏幕显示中,要求图像有足够高的亮度。由于所要显示的图像供多人同时观看,如果亮度不高,可能导致远处的观看效果不佳;反之,可达到图像清晰、层次分明,优美逼真的效果。

(2) 保证足够的图像对比度和灰度等级。一般大屏幕显示器应有 30∶1 的对比度。在显示技术中,通常把数字、字母、汉字及特殊的符号统称为字符;把机械零件、黑白线条、图形称为图形。显示字符、图形、表格曲线时对灰度没有具体要求,只要求有较高的对比度即可,而对图像则要求有一定的灰度等级。灰度等级越多,图像层次越分明,图像越柔和,看起来

```
                                      ┌─ 彩色等离子体显示(PDP)
                                      ├─ 小型彩色显像管(CRT)
                              直观型 ──┤─ 发光二极管大屏幕(LED)
                                      ├─ 高辉度放电管大屏幕(GDD)
                                      └─ 大屏幕拼接墙
                      电子式 ──┤
                              空间成像型 ── LDT空间成像技术
大屏幕图像显示技术 ──┤
                                      ┌─ LDT投影技术
                                      ├─ CRT投影技术
                              投影型 ──┤─ TFT-LCD投影技术
                                      ├─ DLP投影技术
                                      └─ LCOS投影技术
                      机械式 ──┤
                              回转型 ── 磁反转技术
                              磁场型 ── 磁泳成像技术
                              开闭型 ── 静电吸引技术
```

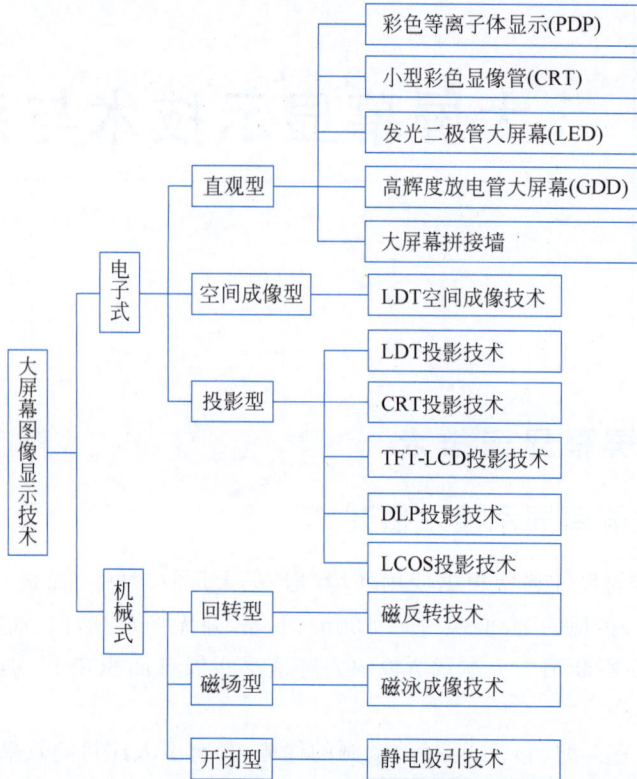

图 13-1 大屏幕图像显示技术

越舒服。

(3) 清晰度。一般常用分辨率来表示,分辨率越高,大屏幕图像就越清晰。

13.1.2 被动发光型大屏幕显示

广告牌、告示牌等都是典型的被动发光型静止画面显示。下面主要讲述能自动更新显示信息的被动发光型大屏幕显示系统。

被动发光型大屏幕显示在电子式中使用由 LCD 和 ECD 等光调制器件构成的组合型技术;在机械式中使用磁反转技术、磁泳成像技术、静电吸引技术等进行显示,均已达到实用化水平。由于是被动发光,无外光源则不能看到显示内容。对于室外应用,白天靠太阳光,夜间需要人工照明。被动发光型大屏幕显示系统的特征是显示发光不需要能量,而且绝大多数被动发光型大屏幕显示系统均具有存储性,仅在显示内容更新时才消耗电力,维持显示内容无功耗,因此对于广告、消息发布等显示内容更新频率低的场合,总功耗非常低。这是被动发光型大屏幕显示系统的突出优点。从多色性角度看,磁反转技术占优势;从高分辨率角度看,磁泳成像技术占优势。

1. 磁反转型

早期采用的基本元件是借助电场力,使被磁化的平板发生反转实现平板正面和反面内容的二值显示元件。将大量的这种基本元件按矩阵排列,即可构成大型显示屏,在交通信息显示、商业广告、消息发布等显示内容更换频率不太高的场合广泛使用。一开始只能双色显示,目前已有多色显示的产品。

2. 磁泳成像型

磁泳成像显示(Magneto Photo Display,MPD)技术是将磁铁矿石等黑色磁性微粒子混入乳白色液体中构成分散系,将其封入透明基板之间构成的显示板,目前已有大型显示装置面世。例如,在 $133.5cm\times75cm$ 的显示板表面,设置由电磁铁并排构成的磁头,对显示面进行扫描,对各个显示点施加磁力进行显示。由于保持显示内容不需要能量,元件单价仅为 LED 的 $1/40$,与大型 LED 显示器相比,价格约为其 $1/10$;可显示精细的(点距为 1.3mm)文字、图像等,也可以进行重写显示;采用有源矩阵驱动,还能进行动态显示。由于磁泳成像技术是反射型技术,室内外电子广告牌可使用此技术。

3. 静电吸引型

静电吸引型显示器是依靠静电力对箔的吸引,使其变换位置或变形等,从而改变其对光的反射性,由此进行显示的方式。静电吸引方式又分为箔吸引型、箔变形等几种类型。

箔吸引型显示(Dye Foil Display,DFD)原理如图 13-2 所示。在显示盒中注满着色的绝缘液体,将右侧隔离环固定的金属箔浸渍在绝缘液体中,金属箔与背面电极相连。由于金属箔与表面电极间形成电容,会受到吸引力和恢复力的作用,其结果使金属箔靠近表面电极而显示明色。DFD 的优点是具有明显的阈值特性,这是因为电压断开时金属箔被固定在背面电极上,只有当所加电压值达到一定的大小,表面电极对金属箔的吸引力超过其应变恢复力时,金属箔才发生靠近表面电极的移动。显示用的金属箔多采用光刻法一次制成。

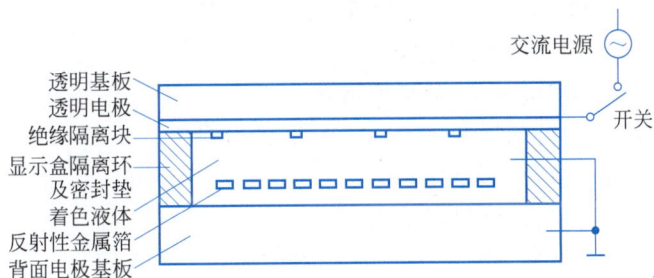

图 13-2　箔吸引型显示原理

基于同样的静电吸引原理,大型显示使用动态介电显示(Moving Dielectric Display,MDD),因其结构简单,也达到实用化水平。

13.1.3　主动发光型大屏幕显示

主动发光型大屏幕显示的方式很多,本节讲述 LED、小型 CRT、放电管以及电视拼接墙系统等。

1. LED 单元面板拼接方式

LED 电子显示屏以低功耗、长寿命、高可靠、高亮度、控制灵活等独特优势而深受用户欢迎,被广泛用于银行、证券、体育场馆、商场、机场、港口及城市交通等行业。LED 显示屏已成为当今信息时代的最佳信息显示媒体之一。

LED 电子显示屏一般具有以下特点。

(1) 系统设计模块化。将电路设计按功能划分为不同的模块,模块与模块之间只需要极少的连接,极大地提高了系统的稳定性和可靠性,具有良好的通用性、互换性,便于大规模生产、制造、安装、调试、维修、维护,使显示屏的制作更加系统化、标准化。

(2) 单元面板拼接。单元面板点数一般有 32×16、32×32、64×32、80×32 等规格,可以灵活拼接出不同尺寸的大屏幕。如果有不良发光二极管,更换单元板即可,不影响其他单元板的使用,降低维护成本。

(3) 控制系统技术先进。显示系统的核心部件全部采用超大规模集成电路,系统集成度极高,使控制功能大大增强,可靠性、安全性、灵活性大大提高。

(4) 显示屏信息可长距离传输。采用 RS-232/422/485 标准接口设计,极大地提高了信息远距离传输的抗干扰能力,使显示屏更易于远距离控制。在无中继条件下,单色屏、彩色屏最大通信距离可达 500m,彩色屏最大通信距离可达 300m。可抗击 15kV 的静电压冲击。

(5) 开放式软件。显示屏使用 Windows 系列操作系统作为应用平台。用户既可自行编制显示屏播放程序或专用程序,也可随心所欲使用市场上流行的各类优秀的图形、图像、动画、视频制作软件任意编排制作播出节目,真正实现了开放式软件结构。

(6) 可视性好,寿命长。LED 发光管管芯发光亮度高、色彩鲜艳、视角宽、无拉丝闪烁现象;使用寿命长,大于 10 万小时。

(7) 安装使用简便。采用标准化模块显示单元,可根据应用要求任意组装成所需的尺寸,便于使用、安装和维护。

(8) 显示方式多样化。可根据应用要求,显示各类图案,具有上下移动、左右移动、横开纵开、瀑布显示、快速切换、图文/动画/视频播放多种控制方式。

选用 LED 电子显示屏的主要依据如下。

(1) 显示信息类型:图形文字、动画视频等。

(2) 显示信息方式:瞬间、展开、滚动、顶次等近 20 种方式。

(3) 发光点阵类型:直径 5mm、3.7mm。

(4) 发光点阵颜色:单红、红绿双基色、全彩色。

(5) 信息发送方式:微机 RS-232/422/485 接口发送、VGA 同步。

目前,我国全彩色大屏幕 LED 显示屏的制造技术已接近世界先进水平,并向全天候、远距离、全彩色的方向稳步发展。

2. 拼接墙方式

大屏幕拼接墙技术可以将各类计算机信号、视频信号在大屏幕拼接墙上显示,形成一套功能完善、技术先进的信息显示管理控制系统,为用户提供一个交互式的人机界面,满足工矿企业指挥控制中心、调度中心、监控中心等实时、多画面显示需要。

大屏幕显示墙(早期称为电视墙)是由多个显示器以矩阵排列(如 2×2、3×3)组成一个大显示屏,每个子屏幕显示大图像的一部分,共同显示一幅大的图像,因大如墙壁,故称显示墙。10 多年前,显示墙刚出现时,只能显示电视信号,称为电视墙(Video Wall);后来发展到能显示计算机数据及图形,称为数据墙(Data Wall);近几年发展到显示多种媒体的信号,称多媒体显示墙(Multimedia Display Wall,MDW);把 HDTV、PAL 和 NTSC 制式普通电视以及计算机的 VGA、SVGA、XGA 等全在一个大屏幕上显示,称为"HDTV 多媒体大屏幕显示墙",将在 13.3 节中详细介绍。

早期采用 CRT、LCD 等,画面对角线尺寸为 30～60 英寸,主要问题是有几厘米的接缝,严重影响了画面的观赏效果。目前多采用窄边 LED 屏或数字光学处理（Digital Light Processing,DLP)投影机,单个显示屏有 50 英寸、60 英寸、72 英寸等规格。通过使用 DLP 投影机组成拼接电视墙,可以实现超大规模的显示效果。

1) CRT 电视墙

CRT 电视墙是应用最早的一种显示技术。优点是图像色彩较好,还原性高,缺点是体积庞大、拼缝大,如图 13-3 所示。

图 13-3　3×3 的 CRT 电视墙

2) LCD 数据墙

LCD 作为成熟的第二代显示技术,拥有图像清晰、画面艳丽、耗能低、寿命高的特点。目前,许多厂家推出窄边框无缝液晶视频墙,如图 13-4 所示。

图 13-4　三星电子的 DID-LCD 数据墙①

---

① DID(Digital Information Display)-LCD 拼接显示屏是三星公司 2006 年推出的产品,以单屏高分辨率(1366×768、1920 ×1080、1920×1200)、整屏(1366×M×768×N、1920×M×1080×N、1920×M×1200×N)的方式为客户提供一个超高分辨率、超大显示面积的液晶显示屏。三星 DID-LCD 屏主要尺寸有 32 英寸、40 英寸、46 英寸、52 英寸、57 英寸、70 英寸和 82 英寸。

13.2 投影仪

投影技术通过光学系统将图像投射到屏幕或其他平面上,包括液晶投影、DLP 投影、LCOS 投影等。基于投影仪的大屏幕投影系统应用广泛。

13.2.1 投影仪成像原理

投影仪是一种将图像或视频信号投射到屏幕上的设备,广泛应用于教育、商务、娱乐和家庭影院等领域。

投影仪的原理是利用凸透镜成像的规律,将图像通过投影镜头投影到屏幕上。具体来说,投影仪的光源将光线投射到凸透镜上,经过折射后形成倒立、缩小的实像,然后再通过投影镜头将这个实像投影到屏幕。

投影仪通常由光源、镜头、投影箱、图像生成单元和屏幕等部分组成。光源通常采用 LED 或高压汞灯发出的光线经过聚光镜和滤色片后变成红、绿、蓝三色光线。这些光线再经过棱镜和反射镜后,汇聚到一起并穿过投影镜头,形成图像,如图 13-5 所示。

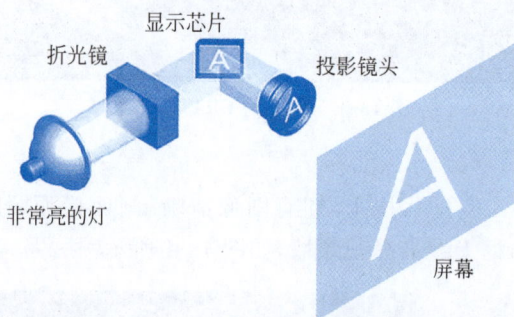

图 13-5　投影仪成像原理

投影仪的成像原理与幻灯机相似,但投影仪的投影镜头通常采用透射式或反射式,可以将图像放大或缩小,并调整焦距和清晰度。同时,投影仪还可以通过调整光源和镜头的位置和角度,以及调节图像生成单元的电压和控制电路的参数等,来控制图像的亮度和对比度等参数。

13.2.2 投影技术

投影技术是指将图像或视频信号转换为可视图像并投射到屏幕或其他表面上的技术。目前,市场上主要流行 3 种投影技术:LCD(液晶显示)、DLP(数字光处理)和 LCOS(硅基液晶)。下面分别讲述这 3 种技术。

1. LCD 投影技术

LCD 投影技术也叫单片 LCD 技术,其工作原理也就是经常所说的液晶显示技术。该投影系统由一片成像液晶板组成,利用液晶板中的液晶分子的排列在电场作用下发生变化,改变液晶单元的透光率或反射率,LCD 投影仪使用液晶板控制通过的光线。每个液晶板上的像素可以独立调整,以允许或阻止光线通过。通过这种方式,可以形成图像的每个像素。

通过影响液晶板中的光学性质,从而产生不同的色彩和图像。通俗地讲就是通过放大光源照射液晶面板形成画面,可以理解成幻灯机,如图13-6所示。

LCD投影仪的优点是能提供较高的亮度和分辨率,色彩表现良好,适合会议室和教育环境使用;缺点是画面亮度不高,容易受灰尘影响在画面上形成黑点,机身体积比较大,需要预留更大的空间。

2. DLP投影技术

DLP(数字光处理)技术通过核心器件——数字微镜元件(DMD)进行数字处理,光线经过色轮后抵达DMD,最后经过投影镜头投影成像。

在光源和DMD之间增加了一个色轮,色轮一般会分为红、蓝、绿和一个增加亮度的透明片区。光线通过色轮,色轮通过转动,产生不同颜色的光线,投射到DMD上,最后形成图像,如图13-7所示。

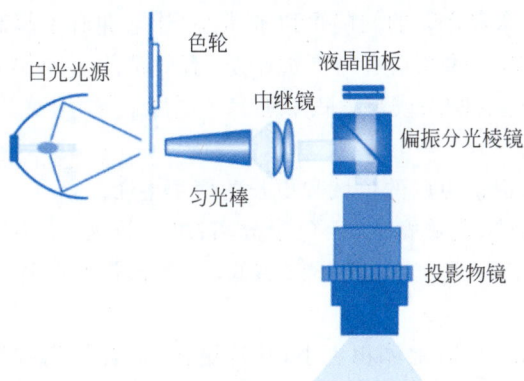

图 13-6 单片式投影仪原理

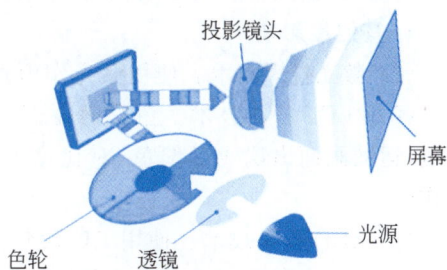

图 13-7 DLP投影原理

色轮分为3类:四段色轮(RGBW)、五段色轮、六段色轮,如图13-8所示。

四段色轮　　五段色轮　　六段色轮

图 13-8 色轮

DMD尺寸比较多,有0.2"DMD、0.23"DMD、0.3"DMD、0.33"DMD、0.45"DMD、0.65"DMD等。DMD芯片尺寸越大,显示效果就越好,价格也会略高。

3. LCOS投影技术

硅基液晶(LCOS)投影仪结合了LCD和DLP的特点。光线在液晶板反射,而不是像LCD那样通过液晶板,属于新型的反射式Micro LCD投影技术。LCOS面板上的每个像素都可以独立控制光线的反射或吸收,形成图像。LCOS投影是利用LCOS面板控制光线投射,而面板则是以CMOS芯片为电路基板和反射层。

液晶被注入CMOS集成电路芯片和透明玻璃基板之间,然后将CMOS芯片磨平抛光当作反射镜,将 CMOS 基板与含有透明电极之上的玻璃基板相贴合,使光线通过玻璃基板和液晶材料,经过调光后从芯片反射出来,如图 13-9 所示。

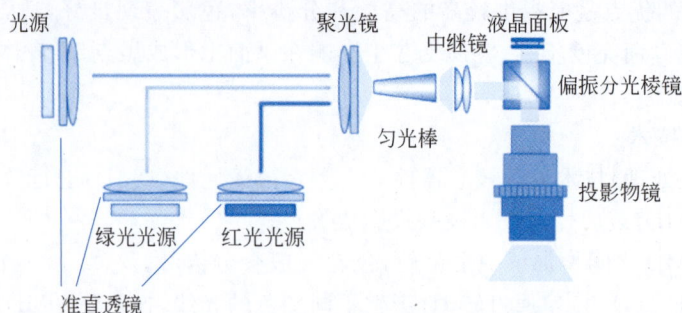

图 13-9　LCOS 投影原理图

与 DMD 上的微晶反射面不一样,LCOS 像素之间的间隔可以非常小,让它拥有了超高分辨率的优势,在画面显示效果上,LCOS 投影机的像素边缘更加平滑,有效消除了图像的锯齿现象,画面风格更加真实自然,不会出现色彩断层或观影眩晕感。

4. 其他投影技术

(1) 激光投影技术。使用激光作为光源,提供更广的色域和更长的使用寿命。

(2) 3LCD 投影技术。色彩明亮,色阶自然,色域宽广,无色彩分离;机身较大,使用寿命短,运动画面出现残影偏色,对比度低,后期保养成本高,开口率低,不适合长时间连续工作。

(3) LED 投影技术。使用 LED 灯作为光源,通常体积更小,功耗更低,适合便携式投影仪。

每种投影技术都有其优势和局限性,选择哪种技术取决于用户的具体需求,如亮度、对比度、色彩表现、分辨率、成本和使用环境等因素。随着技术的不断进步,投影仪的性能不断提升,功能也越来越丰富,以满足不同用户的需求。

13.2.3　图像显示芯片

投影技术中的图像显示芯片是投影仪的核心部件之一,图像显示芯片根据技术方案的不同有所差异,它负责接收图像数据并控制每个像素的亮度和色彩,最终形成投射到屏幕上的图像。不同的投影技术使用不同的显示芯片,以下是主要的投影技术图像显示芯片。

1. LCD 投影图像显示芯片

LCD 投影图像显示芯片是一片包含液晶体的透镜,通过微电路的通断调整液晶体透光或不透光,从而改变单个像素点的明暗变化。

2. DLP 投影图像显示芯片

DLP 投影图像显示芯片就是美国德州仪器公司开发的 DMD 单元,它由百万至千万个铝制的特别小的镜面组成,由微小的机械结构控制镜面的反射角度,来达到单个像素点的明暗变化,通过 PWM 产生单个像素的灰度变化,如图 13-10 所示。

3. LCOS 投影图像显示芯片

LCOS 投影图像显示芯片实际上是在 LCD 的中间加上一层铝片作为反射涂层,通过微电路的通断调整整个显示芯片反光或不反光,从而改变单个像素点的明暗变化,如图 13-11

所示。

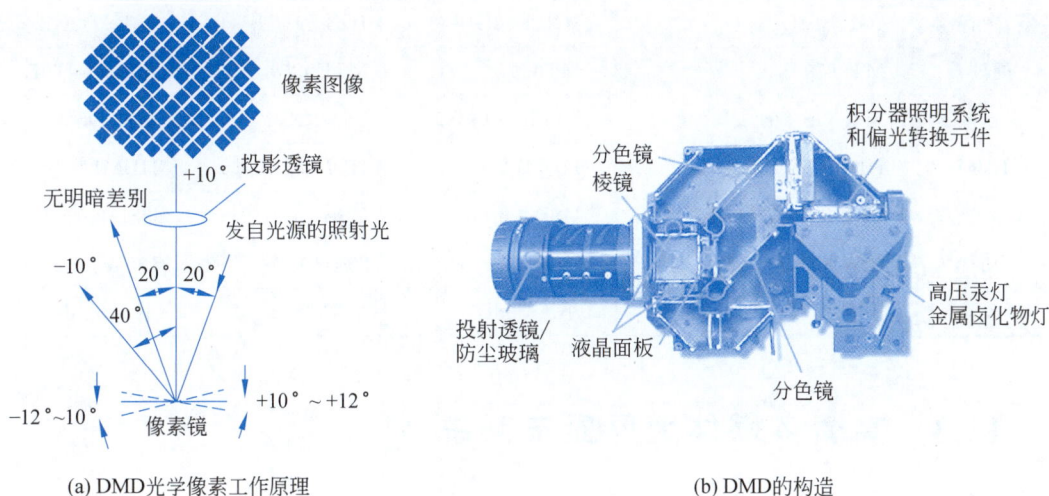

(a) DMD光学像素工作原理　　　　　　　　　　(b) DMD的构造

图 13-10　DMD 的原理与构造

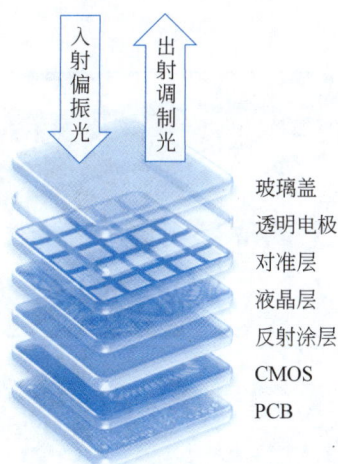

图 13-11　LCOS 图像显示芯片结构

13.2.4　投影仪的参数性能

投影仪的主要参数包括系统参数、光学参数和功能参数等(见表 13-1),这些参数共同决定了投影仪的性能和适用场景。

表 13-1　不同型号的投影仪参数

型号	当贝 X55	坚果 N1S	微果 D1 PRO	哈趣 K1 PRO
显示技术	DLP	DLP	LCD	LCD
亮度	2450CVIA	1200CVIA	500CVIA	500CVIA
DMD 芯片	0.47"DMD	0.47"DMD		
标准分辨率	原生 1080p	4K	原生 1080p	原生 1080p

续表

内存	4GB+64GB	3GB+32GB	1GB+16GB	2GB+32GB
处理器	MT9679	MT9667	MTK9269	Amlogic T972
操作系统	当贝 OS 4.1	Bonfire OS 7.0	Luna OS	当贝 OS 3.0
HDMI	HDMI 2.1×2	HDMI 2.1	HDMI 2.0×1	HDMI ×1
USB 接口	USB 3.0×1,USB 2.0×1	USB 2.0×1	USB 2.0×1	USB 2.0×1
功率	12W×2	10W	20～100W	105W
噪声	小于 24dB	小于 26dB	小于 28dB	小于 30 dB

13.3　高清多媒体大屏显示系统

高清多媒体大屏显示系统是一种集成了多种显示设备和技术的系统,用于创建高分辨率、高亮度的大屏幕显示,通常应用于会议室、控制中心、演播厅、零售展示等场景,如图 13-12 所示。

第 24 集
微课视频

图 13-12　高清多媒体大屏显示系统

13.3.1　高清多媒体大屏幕显示墙组成

高清多媒体大屏幕显示墙的系统组成如图 13-13 所示,它主要由以下部分组成。

(1) 显示设备:通常是高分辨率的液晶拼接屏、DLP 拼接屏、LED 屏等。这些设备负责显示图像和视频内容。

(2) 大屏幕拼接处理器:处理多个输入源,将它们合成为一幅大屏幕图像;进行图像处理、缩放、裁剪等操作;支持多种输入接口,如 HDMI、VGA、DVI 等。

(3) 视频切换器(Video Matrix Switcher):提供多个输入和输出接口,允许用户在不同

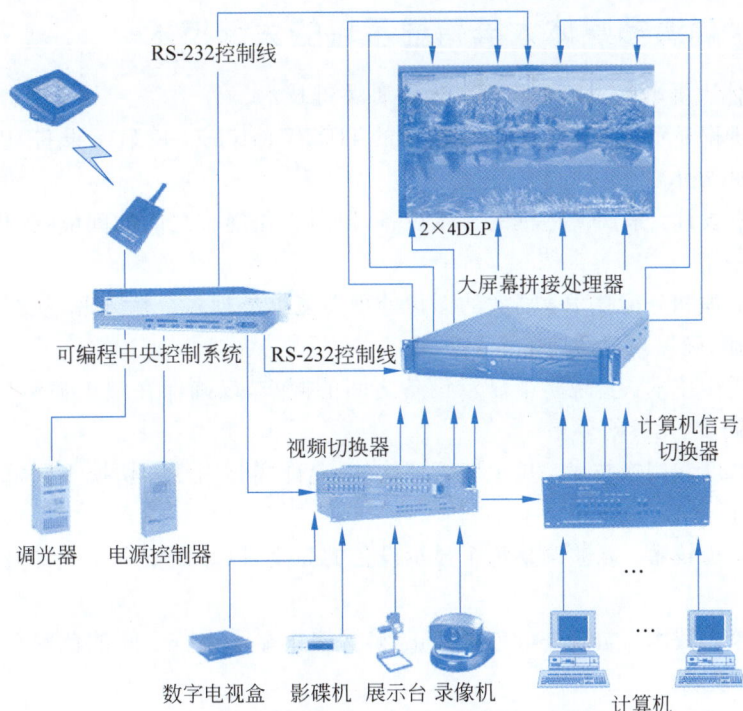

图 13-13　高清多媒体大屏幕显示墙的系统组成

源和目标之间切换；用于管理和分发多种信号，包括视频、音频和控制信号。

（4）计算机信号切换器：控制多个显示屏的布局和排列。

（5）可编程中央控制系统：控制整个显示墙的操作，包括亮度、对比度、色彩校正、分辨率设置等。

（6）信号源：包括计算机、服务器、媒体播放器等，提供显示屏的内容来源，可以是计算机生成的图形、视频、实时数据等。

（7）音频系统：用于提供音频输出，可以与视频内容同步播放音频。

（8）辅助设备：包括电源和冷却系统（保持整个系统的稳定运行）、调光器（用于调整周围光环境）、安装架构等。

（9）远程控制设备：遥控器、控制面板等，用于远程控制和调整显示墙的参数。

（10）显示屏管理软件：用于管理和控制整个显示屏，支持内容的实时调度、切换和布局调整；可以通过图形用户界面（Graphical User Interface，GUI）进行操作。

高清多媒体大屏幕显示墙的电路主要由 4 部分组成：普通电视输入变换部分、计算机信号输入变换部分、低压差分信号（LVDS）电平转换电路部分、高清信号分割器部分。

高清信号分割器的输入信号来自 3 处：一是 NTSC 制式或 PAL 制式彩色电视信号，此信号经数字解码器转换为数字电视信号，再经逐行扫描转换模块将其转换为逐行扫描格式，经 LVDS 电平转换电路送至高清信号分割器；二是计算机输出的 VGA、SVGA 等信号，先将其转换为数字信号，再经专用芯片转换为 1920×1080 格式，经 LVDS 电平转换电路送至高清信号分割器；三是机顶盒接收的高清信号，经 LVDS 电平转换电路送至高清信号分割器，分割器根据需要选择某一种分割处理后送至组合屏显示墙。

13.3.2 高清多媒体大屏幕显示墙的关键技术

高清多媒体大屏幕显示墙的实现涉及多种关键技术。

(1) 高分辨率显示技术：使用高分辨率的 HDTV、4K 或 8K 显示设备，以实现清晰细致的图像和视频显示。

(2) 薄边框设计：采用薄边框的显示设备，以最小化屏幕之间的间隔，提供更无缝的大屏幕视觉效果。

(3) 图像处理和分配技术：高效的图像处理器能够处理多个输入源，执行图像缩放、裁剪和调色等操作，确保内容适应整个显示墙。

(4) 多屏同步技术：实现多个显示设备之间的同步，以确保在整个显示墙上显示的图像和视频实现同步、无缝的效果。

(5) 实时调度和切换技术：显示墙管理软件，允许实时调度和切换不同输入源，以满足不同场景的需求。

(6) 亮度均衡技术：能够调整每个显示设备的亮度，以确保整个大屏幕显示的均匀性，避免亮度差异。

(7) 色彩校正技术：能够进行色彩校正，确保多个显示设备之间的色彩一致性，提供真实、准确的颜色表现。

(8) 投影技术：对于投影式大屏幕显示墙，使用高亮度、高分辨率的投影仪，并采用投影融合技术，确保多个投影区域的图像无缝拼接。

(9) 灯光环境适应技术：根据环境光照条件调整显示墙的亮度和对比度，确保在不同光照条件下都能提供最佳的视觉效果。

(10) 远程控制和监测技术：提供远程控制功能，使操作人员能够远程监测和管理大屏幕显示墙的状态、输入源和参数设置。

(11) 可编程控制技术：允许用户根据不同需求自定义显示布局、切换效果等，提高灵活性。

(12) 故障恢复和备份技术：实施故障恢复和备份机制，确保在出现故障时能够及时恢复，保障大屏幕显示墙的可用性。

13.3.3 高清多媒体大屏幕显示墙功能

高清多媒体大屏幕显示墙一些常见的功能如下。

(1) 高分辨率显示：提供高分辨率的高清显示，确保图像和视频内容的清晰度和细节，适用于多媒体内容的呈现。

(2) 无缝拼接：通过薄边框设计和无缝拼接技术，实现多个显示设备之间的无缝连接，呈现连续、统一的大屏幕画面。

(3) 多输入源支持：支持多种输入源，如计算机、摄像头、媒体播放器等，实现对不同类型内容的灵活切换和显示。

(4) 实时调度和切换：具备实时调度和切换功能，通过显示墙管理软件，实现对多个输入源的动态调度，满足实时需求。

(5) 多屏同步显示：保持多个显示设备之间的同步，确保显示内容在整个大屏幕上同步播放,避免画面错位或不一致。

(6) 图像处理和优化:使用图像处理器对输入信号进行处理,包括图像缩放、裁剪、色彩校正等,以优化显示效果。

(7) 远程控制和监测:具备远程控制功能,使操作人员能够远程监测和管理显示墙的状态、输入源和参数设置。

(8) 多种显示布局:提供多种显示布局选项,包括分屏、画中画(PiP)、全屏等,以适应不同的展示需求。

(9) 亮度均衡和色彩校正:支持亮度均衡技术,确保整个大屏幕的亮度一致性,同时进行色彩校正,以提供真实、准确的颜色表现。

(10) 灵活的用户界面:提供直观、易用的用户界面,允许操作人员轻松控制显示墙的各种功能,包括切换、调整和设置。

(11) 实时内容更新:具备实时内容更新功能,可以即时显示新的信息、数据或媒体内容,适用于实时监控和信息发布。

(12) 交互和协作:适用于协作和交互应用场景,支持多用户同时操作,以促进团队协作和互动。

第 14 章 音视频信号处理关键技术与设备

CHAPTER 14

14.1 音视频监视信号处理关键技术

音视频监视信号关键技术涵盖了多个方面,从音视频信号的采集、处理、传输到存储和告警等环节。

14.1.1 音视频合成技术

第 25 集
微课视频

音视频合成技术是指将音频和视频流合成一个同步的、统一的文件的过程,以便在播放时同时输出图像和声音。音视频合成技术的原理基于多媒体数据的时间同步机制,确保视频画面中的动作与其对应的音频保持时间上的一致性,避免出现画外音或延迟的情况。

音视频流在技术层面通常都是分离存储的,视频流包含画面的压缩信息,而音频流则包含声音的压缩信息。合成不仅仅是将这两种不同类型的数据简单地放在一起,它涉及时间戳的精确对齐、压缩数据的解码以及重新编码,并且需要符合特定的容器格式的要求,如MP4、AVI 等,合成之后的文件适合通过不同的设备和通信渠道进行传输,能够在更多的播放器上播放。音视频合成包括 3 个步骤。

(1) 视频素材的采集。这一步骤通常涉及拍摄原始影像,高质量的视频素材是确保合成效果的基础,因此应确保足够的分辨率及清晰度。同时,应根据需要录制相应的音频素材,音频素材可以是原始录音、音乐文件或其他声音效果。

(2) 音视频的剪辑。使用视频编辑软件(如 Adobe Premiere Pro、Final Cut Pro)对视频素材进行剪辑,排列剪辑顺序,删除多余片段,以此构建视频的基本骨架和流程。音频剪辑通常在专门的音频编辑软件(如 Audacity、Adobe Audition)中进行,剪辑出不需要的部分,调整音量,可能还包括混音操作,制定合适的层次和平衡。确保音频和视频的同步非常关键。编辑者将视频的对白、动作与音频完美匹配,确保视觉和听觉一致性。此外,音频方面可能需要进行降噪处理、均衡调整或动态范围压缩,以优化听觉体验。视频方面的色彩校正是调整画面色调以达到特定的视觉风格或更好的色彩平衡,还可通过调整亮度、对比度、饱和度等增强画面效果。

(3) 音视频的合成和导出。完成音视频的剪辑以后需要进行音视频的合成和导出,必要的话可添加字幕、图形、水印等。合成后的音视频导出为一个文件。需要考虑的内容包括导出格式(如 MP4、MOV)、视频的分辨率、编码类型(H.264、HEVC 等)和比特率设置。

比特率的选择有很大影响,它关系到视频的最终质量和文件大小。高比特率能获得高质量视频,从而在不同媒介、设备上更好地传输。

最后有必要简单了解一下封装格式。封装格式也叫容器,指按照一定格式容纳已编码压缩好的视频轨和音频轨的文件夹。封装格式与视频编解码标准截然不同,两者之间没有必然的直接联系。目前主流的封装格式有 MP4、AVI、MKV 以及 MOV 等。

MP4 格式正式名称为 ISO/IEC 14496-14:2003,于 1999 年首次发布,后续有多次更新。MP4 使用对象描述框架(Object Descriptor Framework)存储数据,允许文件包含多种类型的媒体流(视频、音频、二维和三维图形等)。它支持高效的视频编码格式,如 H.264 和 HEVC(H.265),以及高效的音频编码格式,如 AAC。MP4 的灵活性在于其能够适应不同的网络带宽和设备要求,同时支持元数据(如用户数据、版权信息和其他描述信息)的存储,使其非常适合互联网视频传输和流媒体服务。

AVI(Audio Video Interleave)即音视频交错格式,是微软公司于 1992 年推出的作为 Windows 视频软件的一部分的一种多媒体容器格式。AVI 格式的主要思想是将音频和视频数据交错在一起,以便在同一时间播放音频和视频。它支持多种编码格式,但不像 MP4 那样内置支持高效编码。AVI 文件容易产生大文件,但优点是兼容性极好,绝大多数 Windows 系统都能自然播放 AVI 文件,而且很多非 Windows 系统也支持 AVI 格式。AVI 格式的缺点包括对现代编码技术的有限支持和较差的文件压缩效率。

Matroska 格式(MKV)由非营利组织 Matroska 开发,它是开放标准的多媒体容器格式,首次发布于 2002 年。MKV 是一种极其灵活的封装格式,支持绝大多数音视频编码格式,以及字幕和元数据。其设计目的是成为一个通用格式,能够存储常见的多媒体内容,包括电影和电视节目。MKV 文件可以包含无限数量的视频、音频、图片和字幕轨道,使其成为高质量视频存档的理想选择。MKV 格式的一个显著特点是对用户数据的支持非常强,包括复杂的章节信息、多语言选择等。

MOV 是由苹果公司为 QuickTime 播放器开发的封装格式,首次发布于 1991 年。MOV 格式被设计为能够处理数字视频、媒体剪辑、音频、文本以及效果等多种类型的数据。MOV 文件采用分层的结构,每层(或 Track)可以存储一种媒体类型,如视频、音频或文本。这种结构使得 MOV 格式特别适用于编辑,因为可以轻松添加、删除或修改各个层。MOV 支持多种编码格式,包括但不限于 H.264 和 AAC,使其在苹果设备和软件中表现出色。MOV 文件通常用于专业视频编辑和生产,因为它支持高质量视频并具有广泛的兼容性。

14.1.2　记录存储技术

视频监视系统中视频数据流具有连续性、大容量等特点,对于源源不断的数据流的存储,要有良好的拓展性、可靠性,因而需要进行存储架构。视频监视系统的存储设备与服务器连接主要采用 3 种基础存储架构:直接附加存储(Direct-Attached Storage,DAS)、网络附加存储(Network-Attached Storage,NAS)、存储区域网络(Storage Area Networks,SAN),如图 14-1 所示。

如图 14-2 所示,直接附加存储(DAS)架构是一种以服务器为中心的传统存储形式,有着悠久的历史。在视频监控应用中,常见的数据存储设备直接连接在各种服务器或客户端扩展接口,如磁盘阵列柜和磁带机。DAS 依赖服务器,并且本身只是硬件的简单堆叠,没有

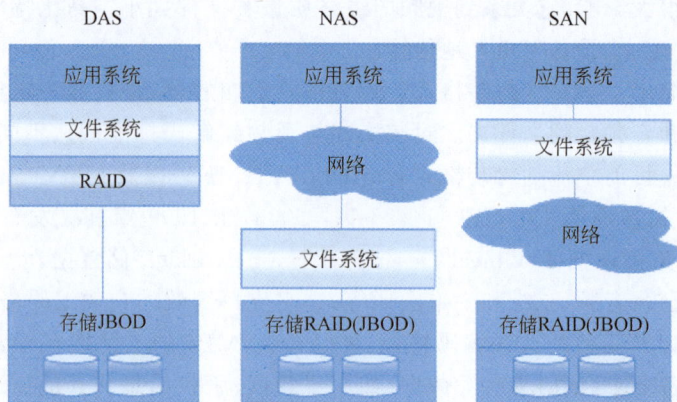

图 14-1　3 种存储架构

独立的存储操作系统和控制器。由于服务器的地理分布很分散,因此使用网络附加存储(NAS)进行互连非常困难,尤其对于需要直接连接到存储器的应用,如数据库应用和应用服务器。

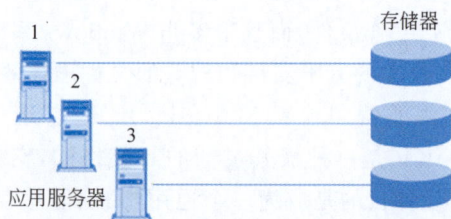

图 14-2　DAS

尽管 DAS 操作简单,价格低廉,但由于其技术结构本身存在一些缺陷。例如,在保证存储系统性能的前提下,一般一台服务器只能连接两台阵列,无法满足大规模监视系统产生的海量数据存储需求;资源利用率低,无法实现存储资源共享,也导致存储空间浪费。不同的应用服务器面对不同的存储数据量,且存储数据量会随业务发展不断变化,因此可能出现存储空间不足或大量存储空间浪费的不均衡情况。此外,DAS 方式使得企业在不同阶段采购了不同型号不同厂商的存储设备,设备之间异构化现象严重,维护成本居高不下。DAS 系统中每个应用服务器都有它自己的存储器,无法集中管理,导致整体拥有成本较高,因此目前 NAS 已逐渐取代 DAS。

为解决整个网络系统效率低下的问题,人们开始借助存储网络(Storage Network),如图 14-3 所示。

经过实践检验得到了最有效的解决办法:将数据从通用的应用服务器中分离出来并简化存储管理,即将存储器从应用服务器中分离出来,进行集中管理。针对存储网络又采取了两种不同的实现手段,即网络附加存储(NAS)和存储区域网络(SAN)。

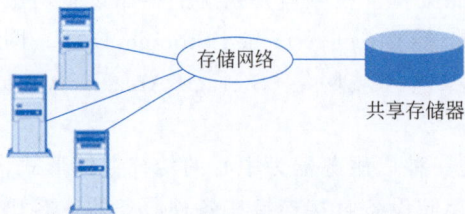

图 14-3　DAS 存储网络

NAS 是一种网络文件存储及文件备份设备(或称为网络直连存储设备、网络磁盘阵列），将分布、独立的数据整合为大型、集中化管理的数据中心，对不同主机和应用服务器进行访问。它基于局域网（Local Area Network，LAN）以网络为中心，按照 TCP/IP 进行通信，面向消息传递，以文件的 I/O 方式进行数据传输，将存储设备与服务器彻底分离，集中管理数据，从而降低总成本、释放带宽、提高性能、保护投资。NAS 设备提供统一的存储空间，操作简单，设备精简，数据基于"文件"存储。NAS 存储视频流的模型如图 14-4 所示。常见的设备有 Netstor NAS 200、IBM NAS 500 等。NAS 使用网络文件系统（Network File System，NFS）和通用网络文件系统（Common Internet File System，CIFS）的标准协议，提供文件级的数据访问。

NAS 设备的安装、调试、使用和管理都非常简单，且具有较低的设备管理与维护成本。一旦配置完成，NAS 设备会在网络中占用一个 IP 地址，类似于一台高性能的文件服务器。用户只需购买相应的应用服务器，并连接至 NAS 设备，便可节省大量设备成本。

SAN 是一种专用网络，主要用于连接后端网络服务器群。它通过光纤通道或 iSCSI（Internet Small Computer System Interface）等存储专用协议形成高速专用网络，实现网络服务器与多种存储设备的直接连接，如图 14-5 所示。在 SAN 架构中，主机、交换机和存储（RAID、TAPE）是分离的，主机可以访问任何存储设备，存储设备之间也可以互相访问，同时主机和存储设备均可独立扩展。SAN 的最大特点在于可以实现多对多的本地高速连接，让网络服务器与存储设备之间实现高效通信。

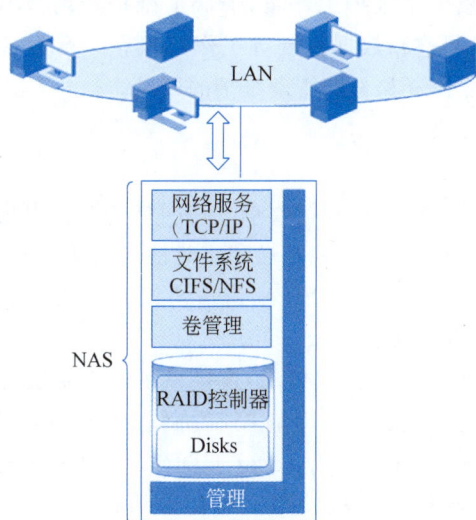

图 14-4　NAS 存储视频流的模型

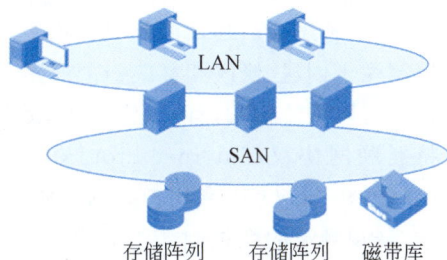

图 14-5　SAN 存储模型

SAN 架构的优势在于强大的扩展性、集中存储设备、全新架构支持的数据应用方式，以及在安全意义下可持续的存储和数据传输。长期以来，人们将光纤通道协议作为存储区域网络的代名词，因此 FC-SAN 被普遍认为就是 SAN。然而，随着对光纤通道协议的不断演进，不同厂商在实现 FC 协议时都引入了自己的专有技术，导致设备之间互通互连的困难和兼容性不足，使得大型数据中心部署的 FC-SAN 呈现规模较小的局面。

iSCSI 协议的出现彻底改变了 SAN 的格局。iSCSI 是一种基于 IP 的存储数据传输协议，可以在包括局域网在内的任何基于 IP 的网络上可靠传输存储数据。它借助 TCP/IP 协议栈实现路由和数据包恢复,用于在服务器和存储设备之间传输 SCSI 数据块,因此 SAN 的核心是 IP 网络交换机。IP-SAN 运行在 IP 网络上,相较于 FC 网络,部署更加经济实惠,同时在局域网和广域网连接上具备统一融合的优势,避免了互连兼容性问题。因此,IP-SAN 相比于 FC-SAN 拥有更广泛的应用前景。FC-SAN 与 IP-SAN 组网对比如图 14-6 所示。

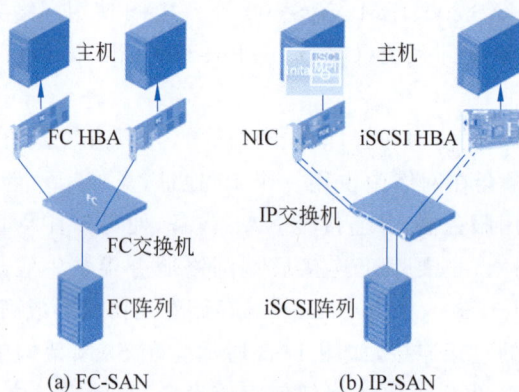

图 14-6   FC-SAN 与 IP-SAN 组网对比

使用 SAN 存储系统可以通过存储网络同时访问后端存储系统,不必为每台服务器单独配备存储设备,降低了存储设备异构化程度,减少了维护工作量,降低了维护费用。不同应用和服务器的数据实现了物理上的集中,空间调整和数据复制等工作可以在一台设备上完成,大大提高了存储资源利用率,减少用户重复投资和长期管理维护的开销。

14.1.3   网络传输技术

音视频网络传输是指通过网络将音频和视频数据传输到接收端。在网络传输音视频数据时,需要考虑带宽、延迟和数据压缩等因素,以确保传输的稳定性和实时性。只要有 IP 网络存在,就要考虑会话起始协议(Session Initiation Protocol,SIP),这份协议基于文本的应用层控制用于创建、修改和释放一个或多个参与者的会话。

在进行网络传输时,有一定的传输要求:①网络传输协议要求,连接系统的网络层要能够支持互联网协议(Internet Protocol,IP),传输层要支持传输控制协议(Transmission Control Protocol,TCP)和用户数据报协议(User Datagram Protocol,UDP);②媒体传输协议要求,音视频流的数据封装要符合一定规范,媒体流传输使用实时传输协议(Real-time Transport Protocol,RTP),提供实时数据传输的时间戳信息,数据流同步都要采用实时传输控制协议(Real-time Transport Control Protocol,RTCP),提供流量和拥塞控制;③信息传输延迟时间,前端设备与信号直接接入的监控中心相应设备之间端到端的信息延迟时间应不大于 2s,前端设备与用户终端设备之间端到端的信息延迟时间应不大于 4s;④网络传输带宽,会话起始协议(Session Initiation Protocol,SIP)联网系统网络带宽设计要能满足前端设备接入监控中心、监控中心互连、用户终端接入监控中心的宽带要求并留有余量,前端设备接入监控中心的单路网络传输带宽应不低于 512kb/s,重要场所的前端设备接入监控中心的单路网络传输带宽应不低于 1536kb/s,各级监控中心之间网络的单路网络传输带宽应不低于 2.5Mb/s;⑤网络传输质量,网络时延上限值为 400ms,时延抖动上限值为 50ms,

丢包率上限值为 1×10^{-3}，包误差率上限值为 1×10^{-4}；⑥视频帧率，本地录像可支持的视频帧率应不低于 25 帧/秒，图像格式为 CIF 时网络传输的视频帧率应不低于 15 帧/秒，图像格式为 4CIF 时网络传输的视频帧率应不低于 10 帧/秒。

部分协议的介绍如下。

(1) RTP 是一种用于在 IP 网络上传输音频和视频数据的协议，它提供了实时性传输、流同步和丢包恢复等功能。RTP 通常与实时传输控制协议一起使用，后者用于反馈网络状态和质量控制。

(2) 面向连接的 TCP 是一种可靠的传输协议，适用于对可靠性要求较高的音视频传输场景。TCP 通过建立连接、分段传输和重传等机制，确保数据的可靠传输。然而，由于 TCP 的传输延迟较高，不适合实时性要求较高的音视频传输。

(3) UDP 是一种无连接的传输协议，适用于对实时性要求较高的音视频传输场景。UDP 具有快速传输和低延迟特性，适合于实时传输音视频数据。但是，由于 UDP 不提供可靠性和丢包恢复机制，需要在应用层添加错误检测和纠错机制。

(4) 流媒体传输协议（HTTP、HLS、DASH）是一类通过超文本传输协议（Hyper Text Transfer Protocol，HTTP）在网络上传输音视频的技术。其中，HTTP Live Streaming（HLS）和 Dynamic Adaptive Streaming over HTTP（DASH）是流行的流媒体传输协议。它们通过将音视频内容切分为多个小片段，并根据网络状况动态调整片段的质量和码率，以适应不同网络环境。

(5) 实时传输控制协议（RTCP）是一种用于控制流媒体服务器和客户端之间传输的协议，常用于流媒体播放器和媒体服务器之间的通信。RTSP 可以控制音视频的播放、停止、暂停、快进等操作。

图 14-7 所示为网络传输示意图。

在设计音视频传输解决方案时，需要综合考虑上述因素，通过选择合适的编解码器、带宽分配、服务质量（Quality of Service，QoS）策略、网络优化技术以及安全协议，确保最佳的音视频传输体验。

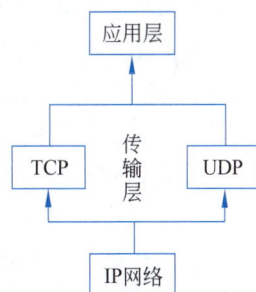

图 14-7 网络传输示意图

14.1.4 压缩编码技术

数字视频图像是重要的信息媒体之一，它具有生动、直观和内涵丰富的特点。然而，由于数字图像的数据量巨大，为图像的存储、传输和处理带来了巨大挑战。数字图像压缩编码是解决这一问题的常用方法，在保证图像质量的前提下，最大限度地减少图像的数据量，以节约存储空间、传输时间和处理成本。

图像压缩的可行性主要源于两方面：一是图像信号中存在大量的统计冗余（如频谱冗余、空间冗余、时间冗余等），这种冗余在解码后可无失真地恢复；二是利用人眼的视觉生理冗余，如人眼对色彩的高频分量并不敏感，对高频处的噪声也不易察觉，在不容易被主观视觉察觉的情况下，通过降低信号的精度换取数据压缩，以一定的客观失真实现数据压缩。

1. 图像压缩编码方法

最基本的图像压缩编码方法主要有差分预测编码、统计编码以及小波变换编码等。接下来对这些压缩编码方法进行简单概述。

1) 差分预测编码

预测编码就是用已经编码传输的像素预测实际要传输的像素,即从实际要传输的值中减去预测的像素值,传输它们的差值,因此也称为差分编码。显然,传输差值比传输源图像值所需的比特率要低。因为图像各像素间存在着强烈的相关性,采用预测编码可减少像素间的相关性,提高传输效率,压缩比特率。差分编码特别适用于其连续值与零值差别很大而彼此之间差异不大的信号。因此,差分预测编码非常适用于运动图像信号(它仅传输图像的差异)或音频信号。预测编码有无损预测与有损预测之分。实际中由于预测值的确定方法不同,各种预测技术也就有所差别。

差分脉冲编码调制(Differential Pulse Code Modulation,DPCM)是一种实用的有损预测编码技术,也是最早的一种数字图像压缩技术,其原理是当前的像素可由它邻近的像素值预测而得,也就是说,其冗余度可通过邻近的像素确定。据此,再对当前的像素和预测像素的差值进行量化、编码。考虑到对高性能和复杂性的折中,通常用于帧内预测(二维预测)的邻近像素的个数并不多(不超过 4 个),使用更多的像素并不能获得预测性能的显著改善。对于帧间预测(三维预测),一般只用相邻帧的对应像素进行预测。图像的相关性越大,其预测误差越小,取得的压缩比也越大。

2) 统计编码

统计编码是根据像素灰度值出现概率的分布特性而进行的压缩编码,或根据各个信号源符号出现的概率不同而进行的概率匹配编码。它在不引起任何失真的前提下,可以将传输每个信源符号所需的平均码长降至最低。统计编码是识别一个给定的码流中出现频率最高的比特和字节模式,利用比原始比特更少的比特对其编码。也就是频率越低的模式编码位数越多;频率越高的模式编码位数越少。

统计编码是无损压缩(即无失真压缩),通常可分为两大类。

(1) 模式替换。常用于编码文本信息。对于多次出现的字符即常见词,用一个字符替代,如将出现 Transmission 的地方用 T 替代。

(2) Huffman 编码。对给定的数据流,计算每个字节的出现频率。根据频率表,运用 Huffman 算法可确定分配给每个字符的最小位数,然后给出一个最优的编码,代码字传入代码簿。Huffman 编码适用于压缩静态和动态图像。根据参数,可对一个或一组图像构造出一个新的代码簿。在运动图像中,可重新计算一个或一系列帧的代码簿,在所有情况下,都必须将代码簿从源端传到目标端才能进行译码。Huffman 编码的优点是能很好地与待编码符号的概率分布匹配,使平均码长达到最短;缺点是硬件实现较为复杂,编码要求确知信源的统计特性,即各信源符号的出现概率,否则编码效率明显下降。

3) 小波变换编码

小波变换(Wavelet Transform,WT)把信号展开成一系列称为小波的基函数集,它是一种表达在时域和频域都有限的信号的新方法。小波变换对于小范围内的瞬态信号的频谱分析非常有效。由于小波变换的多分辨率特性非常适用于图像压缩,因而可产生许多很有意义的编码器。小波分析以其良好的局部性特征为数字图像压缩编码带来了新的工具,使得这一领域充满了生机。

小波的图像分解思想是属于子带分解的一个特例,它是完备的、正交的且多分辨率的分解。在空间域,小波分解将信号分解为不同层次分解运算的同时,形成了频率域的多层次分解。在频率域的每个层次上,高频分量与低频分量的分布与原数据中频率分布的方向有关。利用小波变换对图像进行压缩的原理与子带编码方法一样,是将原图像信号分解成不同的频率区域,持续的压缩编码方法根据人的视觉、图像的统计、细节和结构等特性,对不同的频率区域采取不同的压缩编码手段,从而使数据量减少。

利用小波变换进行图像压缩,一般采用离散小波变换编码的方法。图像压缩中所用的离散正交小波一般是由滤波函数构造的。对于给定的数字信号矩阵,将其分解为一个高通的和一个低通的子信号,且两者是相互正交的。在必要时,可以递归地将每个子信号分解下去,一直到需要的带宽为止,然后进行分析和运算。在图像编码领域中,小波变换编码技术是一个新兴的图像编码方法。一方面,小波变换编码拥有传统编码的优点;另一方面,小波变换因多分辨率的变换特性提供了利用人眼视觉特性的良好机制。因此,小波变换在较高压缩比的图像编码领域被非常看好。

2. 图像压缩编码的国际标准

目前,图像压缩标准化工作主要由国际标准化组织(International Organization for Standardization,ISO)和国际电信联盟电信标准分局(ITU-T)在推进。此外,还有一些大的计算机及通信设备公司也在进行这一方面的工作,以使不同厂家制造的设备可以互相兼容。

随着计算机和网络技术的发展,通信向数字化、综合化进展,为了使数字图像信息的交流畅通无阻,不少相当接近的数字图像编码国际标准或方案已陆续制定出来。例如,对于静止二值图像,ISO 有 JBIG(Joint Bi-level Image Experts Group)压缩编码标准,ITU-T 有对应的 T.82 标准;对于静止彩色图像,ISO 有 JPEG 标准,ITU-T 有对应的 T.81 标准;对于不同速率的彩色视频图像,ISO 有 MPEG-1 和 MPEG-2 标准,ITU-T 有 H.261 标准;对于用于多媒体通信的极低码率的图像压缩,ITU-T 有 H.263 标准(小于 28.8kb/s)和 H.264 标准,ISO 则有相应的 MPEG-4 标准,并且 MPEG-4 和 H.264 标准中采用了一些图像压缩编码的新方法。下面就简介几种常用的标准。

1) JPEG(T.81)静止图像编码标准

JPEG(Joint Photographic Experts Group)是联合专家组的简称,成立于 1986 年年底。JPEG 选择了离散余弦变换(Discrete Cosine Transform,DCT)编码的方法作为其标准的骨架。1991 年 3 月,ISO/TEC DIS10918 号建议草案公布,连续色调静止图像的数字压缩编码即为 JPEG 标准。JPEG 标准规定了基本系统和扩展系统部分,符合 JPEG 标准的编解码器至少要满足基本系统的指标,在基本系统中,每幅图像等分解为相邻的 8×8 图像块。对每个图像块采用离散余弦变换(DCT),然后用一个非均匀量化器(其量化步长对不同频率位置的 DCT 系数不同)量化变换系数,减少可能出现的电平的个数。由于人的视觉系统在高频区对失真不敏感,所以在这些频率位置上可以用较大的量化步长,以获得较大的压缩而几乎没有视觉质量的下降。量化后的 DCT 系数再经之字形方式(Zig-Zag)转换为一维符号序列,对其中的非零幅值和零游程长度再进行 Huffman 编码,分配较长的码字给那些出现概率较小的符号。

JPEG 标准是一种帧内编码技术,它只考虑图像的空间冗余度,比较适用于静止图像。对于视频序列,它的每帧都不是一个独立的过程,因而帧内 DCT 的压缩能力就比不上把空间和时间冗余度都去除的帧间技术。帧间编码技术在相当低的比特率下可以达到与帧内 DCT 相同的图像质量。于 2000 年完成的 JPEG-2000 是具有更高效率的静止图像压缩标准,其编码变换采用小波变换,已代替原有的 JPEG 标准。

2) MPEG 图像编码标准

MPEG 是运动图像专家组(Moving Picture Experts Group)的简称,它是国际标准化组织(ISO)和国际电工委员会(International Electrotechnical Commission,IEC)的标准,主要有 MPEG-1、MPEG-2、MPEG-4、MPEG-7 等。

3) H.264 图像编码压缩标准

H.264 在 1997 年由 ITU 的视频编码专家组(Vide Coding Experts Group,VCEG)提出时被称为 H.26L。2001 年 12 月,ITU 和 ISO 在泰国成立联合视频专家组(Joint Video Team,JVT),其工作目标是制定一个新的视频编码标准,以实现视频的高压缩比、高图像质量、良好的网络适应性等目标。

4) H.265 图像编码压缩标准

随着网络技术和终端处理能力的不断提高,人们对目前广泛使用的 MPEG-2、MPEG-4、H.264 等提出了新的要求,希望能够提供高清、3D、移动无线功能,以满足新的家庭影院、远程监控、数字广播、移动流媒体、便携摄像、医学成像等核心领域的应用。此外,H.264/AVC发布后,经过几年的积累(新型运动补偿、变换、插值和熵编码等技术的发展),也具备了推出新一代视频编码标准的技术基础。

新一代视频压缩标准的核心目标是在 H.264/AVC High Profile 的基础上,压缩效率提高一倍。即在保证相同视频图像质量的前提下,视频流的码率减少 50%;在提高压缩效率的同时,可以允许编码端适当提高复杂度。

H.265 是 ITU-T VCEG 继 H.264 之后制定的新的视频编码标准,标准全称为高效视频编码(High Efficiency Video Coding,HEVC)/H.265,相较于之前的 H.264 标准有了相当大的改善,中国华为公司拥有最多的核心专利,是该标准的主导者。

3. 音频压缩

1) MP3 标准

MP3 全称为 MPEG-1 Audio Layer Ⅲ,是一种广泛使用的音频编码格式,它是由德国弗劳恩霍夫研究所开发的。MP3 使用损失性压缩算法压缩音频文件的大小,使得音频文件能够在牺牲一定音质的情况下大幅度减小存储空间需求。这种格式特别适合在互联网上传播,因为它能够在保持相对较高音质的同时显著减少下载和存储所需的带宽和空间。

MP3 的编码原理基于人类听觉的特性,特别是掩蔽效应。掩蔽效应是指当两个不同频率的声音同时发生时,较强的声音可以使人耳无法听到较弱的声音。MP3 编码器利用这一原理,删除那些在人类听觉系统中几乎或完全不可察觉的声音成分,从而压缩了文件的大小。此外,它还通过量化噪声、子带编码和 Huffman 编码等技术,进一步压缩音频数据。

2) 高级音频编码(Advanced Audio Coding,AAC)标准

ACC 作为 MPEG-2 和 MPEG-4 的一部分由国际电工委员会(IEC)和运动图像专家组(MPEG)进行标准化。与 MP3 相比,AAC 提供了更高的音频质量和更低的比特率。AAC被设计用于替代 MP3,提供更加高效的音频压缩,在同等比特率下比 MP3 有更好的音质。

AAC 同样利用了人耳听觉特性进行编码,但它采用了更先进的技术和算法,包括改进的掩蔽效应编码、更精细的频率响应和更高效的编码框架。AAC 格式支持包括 LC(低复杂度)、HE(高效率)、HEv2(高效率版本 2)在内的多种编码配置,每种配置针对不同的应用场

景和设备进行了优化。

MP3由于历史较长，其兼容性更好，绝大多数播放设备和软件都支持MP3格式。而AAC虽然也得到了广泛的支持，但在一些老旧设备上可能应用不如MP3广泛。

3）G.711标准

G.711是一种广泛使用的音频压缩协议，经常被应用在需要低延迟和较高音质的数字通信系统中，特别是在VoIP(Voice over Internet Protocol)技术中。它是ITU-T制定的标准之一，用于音频数据的压缩和解压缩。

G.711标准定义了两种不同的压缩算法：μ-Law(用于北美和日本)和A-Law(用于欧洲和其他地区)。这两种算法都能将模拟音频信号转换为8位数字信号，但它们采用不同的方式实现这一转换，从而优化不同地区的电话系统的性能。G.711的工作原理基于对音频信号的采样和量化，音频信号每秒被采样8000次(即8kHz的采样率)，这符合奈奎斯特定理，确保音频信号的有效带宽为4kHz，足以传输人声通话的频率范围。

在量化过程中，G.711使用非线性压缩技术，将采样得到的线性PCM值转换为8位的压缩值。μ-Law和A-Law都是对信号进行对数压缩，但具体的压缩曲线略有不同。这种非线性量化帮助减少了低幅度信号的量化噪声，提高了通话的清晰度，尤其是在信号较弱时。G.711的编解码过程相对简单，这使得它在实时通信中非常有效，延迟极低。虽然G.711提供的是比较基本的音频质量，但它足以满足传统电话通话的需求。此外，G.711编码的音频流的比特率固定为64kb/s，这比许多其他音频压缩技术要高，因此需要更大的带宽。

14.1.5　告警技术

在音视频网络传输中，可能会出现各种各样的问题导致质量下降或传输中断，这时就需要对这些问题进行及时的告警和处理。一些可能需要进行告警处理的问题如下。

(1) 网络带宽不足。如果网络带宽不足以支持音视频数据的传输，可能导致视频画面模糊、音频卡顿等问题。此时系统需要能够监测网络带宽的使用情况，并在带宽不足时发出警报。

(2) 网络延迟过高。高延迟会导致音视频数据传输的延迟过大，可能引起视频卡顿、音视频不同步等问题。系统需要监测网络延迟情况，并在延迟超过设定阈值时进行告警。

(3) 丢包率过高。在网络传输过程中，如果存在大量数据包丢失，会导致视频画面出现花屏、音频中断等问题。系统需要监测丢包率，并在丢包率过高时发出告警。

(4) 编解码器故障。音视频传输中编解码器出现故障可能导致画面花屏、音频失真等问题。系统需要监测编解码器的运行情况，并在出现故障时进行告警。

(5) 服务器负载过高。如果音视频服务器的负载过高，可能无法正常处理音视频数据，导致传输中断或质量下降。系统需要监测服务器负载情况，并在负载过高时进行告警。

针对上述问题，通常会使用监视系统进行实时监测，并通过邮件、短信、即时通信工具等方式向相关人员发送告警信息。除了实时告警外，还可以通过日志记录和历史数据分析发现潜在问题，并采取预警和预防措施。告警处理的及时性和有效性对于保障音视频网络传输的质量和稳定性至关重要。

14.2 音视频监视信号处理关键设备

14.2.1 视频采集设备——视频采集卡

视频采集卡(Video Capture Card)是一种计算机硬件,用于将外部视频源(如摄像头、录像机、DVD播放器等)的视频信号转换为数字信号,然后传输到计算机中进行处理、录制或播放。视频采集卡通常被用于视频编辑、视频会议、监视系统和多媒体应用中。

视频采集卡的原理是将模拟或数字视频信号转换为计算机可识别的数字信号,实现视频信号的输入和处理。视频采集卡的基本原理如图14-8所示。

接口转换 → 数字化处理 → 图像处理与压缩 → 驱动与数据传输

图 14-8 视频采集卡的基本原理

(1) 接口转换。视频采集卡先通过视频接口(如HDMI、DVI、VGA、SDI等)接收来自视频设备的模拟或数字视频信号。对于模拟信号,视频采集卡会将其转换为数字信号,进行后续的处理和传输。一些视频采集卡还支持多通道视频输入,使其能够同时接入多个视频源。

(2) 数字化处理。视频采集卡将接收到的模拟视频信号转换为数字视频信号。这一步通常使用ADC将模拟视频信号转换为数字形式,以便于后续的数字信号处理。

(3) 图像处理与压缩。视频采集卡通常配备了图像处理芯片或图形处理单元(Graphics Processing Unit,GPU),用于对采集到的视频信号进行实时的图像处理,如去噪、锐化、色彩校正等。视频采集卡还可以对视频进行压缩,以减少传输和存储的数据量。

(4) 驱动与数据传输。视频采集卡通过计算机接口(如PCIe接口)与计算机连接。视频采集卡会使用相应的设备驱动程序将采集到的视频数据传输到计算机的内存中,以供后续的软件处理和应用程序调用。

第26集
微课视频

视频采集卡具有高清晰度、低延迟、稳定、支持多接口等特点。视频采集卡通常支持高清(如1080p或4K)视频信号的采集和处理,以提供更清晰的图像和视频质量。视频采集卡的设计可以最小化信号传输和处理的延迟,以确保实时视频信号的高质量播放和捕捉。视频采集卡使用专用硬件和优化的驱动程序,以确保稳定的视频采集和传输。视频采集卡可以支持多种视频输入接口和格式,以适应不同设备和场景的需求。

常见的视频采集卡型号包括黑魔法设计(Blackmagic Design)的DeckLink系列、Matrox的Maevex系列、AJA的Kona系列等。不同的型号有不同的视频输入接口和性能特点。

如图14-9所示,DeckLink 8K Pro是一款第三代8速PCI Express采集和输出卡,专为高分辨率8K流程打造。它搭载4个12G-SDI,支持所有标清、高清、超高清、4K DCI、8K及8K DCI格式。除了8K以外,用户还可使用免费的DeckLink SDK对4个12G-SDI接口进行配置,以高达4K DCI 60p的任意格式或帧率实现4路不同视频流的多通道采集和输出。DeckLink 8K Pro可以8位和10位YUV 4∶2∶2以及10位和12位RGB 4∶4∶4工作,全面支持Rec.2020,能实现高色深数字电影画质。其双向12G-SDI接口可用于四链路8K、单链路或双链路4K、超高清、高清和标清格式,并且采集和输出可以同时进行。

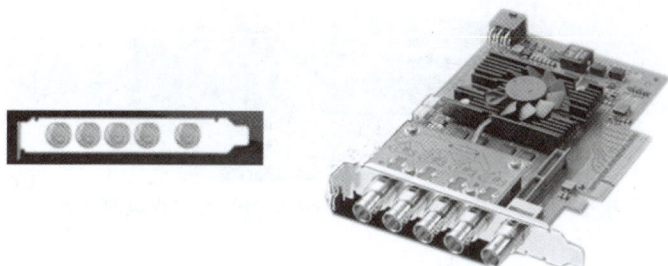

图 14-9　DeckLink 8K Pro 视频采集卡实物

14.2.2　视频网络传输、压缩设备——数字视频服务器

数字视频服务器(Digital Video Server,DVS)是专用于处理、存储、分发视频内容的服务器,通过网络接收视频信号,主要对输入的模拟视频信号进行数字化处理(编码、转码、解码等),以数字信号的形式传输到网络上进行存储,并在需要时供客户端调用。

数字视频服务器可以同时支持多路视频流的输入和输出,能够对视频内容进行实时或非实时的处理。视频服务器通常采用高效能的处理器、大容量的存储设备以及专门的软件管理和分发视频数据流,因此在安防监控、直播、点播、视频会议等领域中起着至关重要的作用。数字视频服务器的组成以及原理如图 14-10 所示。

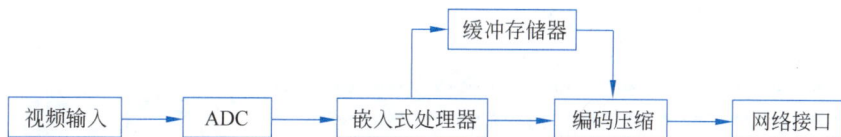

图 14-10　数字视频服务器的组成以及原理

数字视频服务器的组成部分包括视频输入、ADC、嵌入式处理器及缓冲存储器、网络接口和编码压缩模块。使用 SDI、HDMI 或网络接口等接收来自摄像机、视频采集卡或其他视频源的数据,经过 ADC 转换为数字视频信号后,进入嵌入式处理器进行处理或缓存在存储器中;由于模数转换后的数字信号数据量较大,网络带宽有限,需要对其进行编码压缩处理,以便在因特网上进行传输;经过编码压缩模块(包括 CPU、GPU 和硬件编码器)处理后的数据通过网络接口输出,传输到监控中心或授权用户;网络部分需要支持动态主机配置协议(Dynamic Host Configuration Protocol,DHCP)、动态域名服务(Dynamic Domain Name Service,DDNS)、通用即插即用(Universal Plug and Play,UPnP)和网络文件系统(Network File System,NFS)等网络协议将服务器连接到局域网(LAN)或广域网(Wide Area Network,WAN),用户可以通过运行专门的操作系统和管理软件观看视频服务器上的摄像机图像,并进行摄像机和系统配置的控制。

数字视频服务器通常被整合在视频内容提供者的基础设施内,扮演着数据中心的核心角色,负责处理和分发视频内容。图 14-11 所示为海康威视 DS-VE2208CX-BBC 数字视频服务器,该产品尺寸为 87.8mm×448mm×794.4mm,质量为 35kg,音视频压缩标准分别为 G.711 和 H.264,可以很好地实现对音视频流的压缩,工作温度为 10～35℃。

图 14-11　海康威视 DS-VE2208CX-BBC 数字视频服务器

14.2.3　视频存储设备——数字硬盘录像机

视频存储设备主要有数字硬盘录像机（DVR）和网络硬盘录像机（NVR），这两者均可内置硬盘进行录像存储，连接显示器进行回放观看等；主要区别在于 DVR 网络支持较弱，不能够很好地适应复杂网络，容易受到地域的限制，而 NVR 可以很好地进行网络传输，网络适应性较好。本节将再次讲解 DVR 技术。

数字硬盘录像机又称为数字视频录像机，是一套进行图像存储处理的计算机系统，具有对图像/语音进行长时间录像、录音、远程监视和控制的功能，集录像机、画面分割器、云台镜头控制、报警控制、网络传输等 5 种功能于一身。DVR 可连接报警探头、警号，实现报警联动功能，还可进行图像移动侦测，可通过解码器控制云台和镜头，可通过网络传输图像和控制信号等。图 14-12 所示为某款 DVR 的后面板与前面板结构。

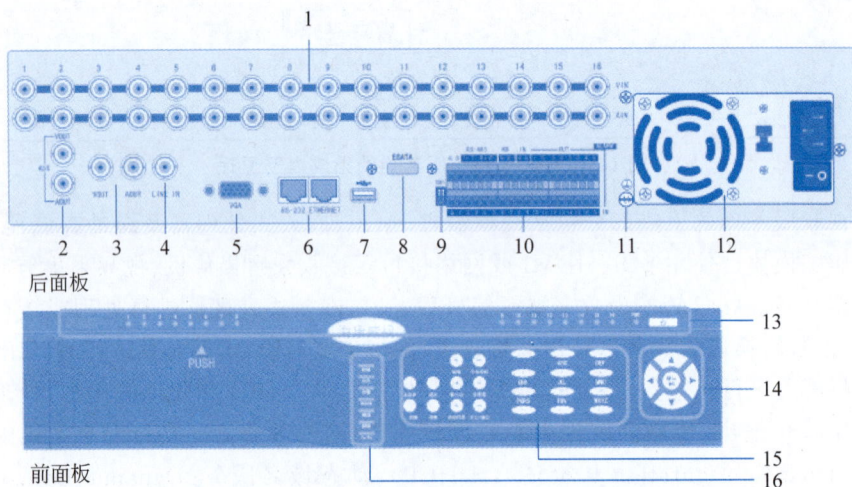

图 14-12　某款 DVR 的后面板与前面板结构

1—视频和音频输入；2—辅口视频音频输出；3—主控视频音频输出；4—语音对讲输入；5—VGA 接口；6—RS-232、UTP 网络接口；7—USB 备份接口；8—ESATA 接口；9—匹配电阻开关；10—RS-485 接口、键盘接口、报警输入接口、报警输出接口；11—接地端；12—交流电源接口；13—电源指示灯、电源开关键和红外接收灯；14—状态指示灯；15—功能键和数字键；16—控制键

嵌入式数字硬盘录像机采用高性能嵌入式实时操作系统（Real Time Operation System，RTOS）和嵌入式处理器，完美地实现了构建监视系统所需要的各种功能。代码固化在 Flash 中，系统更加稳定可靠，不受病毒等外界因素的干扰，可以在恶劣的环境下以及无人值守的情况下长时间稳定工作。其具备丰富的系统设置功能，如本地显示、图像设置、

录像设置、网络设置、串口设置、用户管理、解码器、报警量设置等功能。

（1）视频压缩能力。DVR 兼容 PAL/NTSC 制式视频信号，使用 H.263、H.264、MPEG-4、AVS 等多种压缩技术，并支持调整码率和帧率，允许用户自定义视频质量和压缩流。

（2）网络特性。DVR 提供以太网接口及集中监控管理软件，支持 TCP/IP、ARP、RARP、PPPoE、DHCP 等协议，并能进行宽带拨号及自动重连；具备完善的网络命令控制，可通过客户端软件或浏览器实时查看视频音频信号，并进行云台控制和视频点播等操作。

（3）录像功能。DVR 支持手动、定时、移动侦测、报警录像和检索；支持单通道或多通道联动录像，能够通过网络实时传输压缩流至计算机，实现最多 16 路视频音频同步录制。录像文件既可以以数据流形式存储，也可以打包，前者在断电情况下更为可靠，而后者方便直接播放。

（4）回放功能。DVR 支持本地和远程回放，包括精确时间搜索、手动/定时/移动侦测/报警录像内容检索；支持画中画、实时监看不影响录像、快进、慢放、倒放、暂停和帧进等回放模式。

（5）实时监视和监听。DVR 允许对每个通道的视频参数（亮度、对比度、饱和度、色度）进行调整，支持录像回放和实时监视同时进行，提供画面轮询功能，用户可以自定义轮询间隔。

（6）存储和备份功能。DVR 具有强大的硬盘管理功能，支持硬盘格式化和自动休眠；允许循环和非循环记录，支持本地备份至 DVR 和通过 SATA 硬盘进行热备份，以及远程备份。嵌入式 DVR 硬盘与普通 PC 硬盘有所不同。

（7）报警侦测。DVR 可实现视频丢失、移动侦测、探头触发、硬盘满、视频异常和磁盘错误扇区报警。报警触发录像并通过输出功能激活对应的射灯和警报。图像移动侦测是DVR 的核心报警功能。

第 27 集
微课视频

14.3　音视频显示信号关键技术

14.3.1　图像合成技术

图像合成技术是一种将多幅图像或图像元素组合成一幅整体图像的方法。一些常见的图像合成技术如下。

（1）图像叠加（Image Overlay）。将一幅图像放置在另一幅图像之上，通过调整透明度或混合模式，使两幅图像融合在一起。

（2）图像隐藏（Masking）。使用图像加密控制另一幅图像的可见性。

（3）透视变换（Perspective Transformation）。将一幅图像在三维空间中进行透视变换，使其适应特定视角，然后合成到目标图像。

（4）多层合成（Multilayer Composition）。使用图像编辑软件将多幅图像放置在不同的图层上，并调整图层的顺序、透明度和混合模式。

（5）景深合成（Depth of Field Composition）。通过模拟景深效果，将前景和背景进行模糊处理，使图像看起来更具深度。

（6）全景图拼接（Panorama Stitching）。将多幅部分重叠的图像拼接成一幅全景图，通常用于摄影和虚拟现实应用。

(7) 透视扭曲(Warping)。在图像上施加透视变换,使其形状或位置发生扭曲,以适应目标位置或形状。

(8) 颜色校正与匹配(Color Correction and Matching)。调整图像的颜色和亮度,以确保不同图像之间的一致性。

(9) 深度合成(Depth Composition)。结合具有不同深度信息的图像,以创建具有立体感的图像。

(10) 人工智能合成(AI-Based Composition)。利用深度学习和人工智能技术,自动合成图像,如人脸合成、风格迁移等。

(11) 虚拟背景合成。将实际拍摄的物体或人物放置到虚拟背景中,用于电影制作、视频会议等场景。

(12) 光照合成(Lighting Composition)。调整图像中的光照条件,使合成图像看起来更加自然一致。

14.3.2　图像分割技术

图像分割技术是采用图像压缩和数字化处理的方法,把几个画面按同样的比例压缩在一个显示器屏幕上。有 4 分割、9 分割、16 分割等图像分割技术,可以在一台显示器上同时显示 4、9、16 个摄像机的图像,也可以送到录像机上记录。

图像分割过程如下:输入端→差分电平反转换(LVDS)→先进先出(FIFO)存储→随机存储→数字编码→屏幕,整个过程采用全数字处理,所达到的信噪比和清晰度优于用模拟方法连接的系统。外部送给图像分割器的是 74MHz 的 RGB 数据流,为了将其转变为普通电视的数据流,先用 FIFO 缓冲降速,缓冲降速后的数据流只有 27MHz,为选择帧存储器的芯片创造了有利条件,然后将其送至 DRAM 帧存储器。读出时钟采用 13.5MHz 标准数字电视时钟,因而输出的输入信号来自 3 处:①NTSC 制式或 PAL 制式彩色电视信号,此信号经数字解码器变换为数字电视信号,再经逐行扫描转换模块将其转换为逐行扫描格式,经 LVDS 电平转换电路送至 HDTV 分割器;②计算机输出的 VGA、SVGA 等信号,先将其转换为数字信号,再经专用芯片变换成 1920×1080 格式,经 LVDS 电平转换电路送至 HDTV 分割器;③机顶盒接收的 HDTV 信号,经 LVDS 电平转换电路送至 HDTV 分割器,分割器根据需要选择某一种分割处理后送至显示屏。

VGA 画面分割器使用图像压缩和数字化处理方法,把几个画面按同样的比例压缩在一个监视器的屏幕上,解决计算机信号画面单屏幕分割显示,有的还带有内置顺序切换器的功能,此功能可将各摄像机输入的全屏画面按顺序和间隔时间轮流输出显示在监视器上(如同切换主机轮流切换画面那样),并可用录像机按上述的顺序和时间间隔记录下来。

画面分割器可以让一台投影机(或显示器)同时显示多个计算机画面;同时显示多个视频画面(如摄像机、DVD 播放机等);同时显示多个计算机与视频的混合画面;可以定做 4~16 画面分割器。

14.3.3　图像解码技术

图像解码技术是将图像从一种编码形式还原为原始图像的过程。在数字图像处理和通信领域,图像经常需要进行压缩或编码以便于存储、传输或处理,而图像解码则是将经过编码的图像还原为可视图像的过程。一些常见的图像解码技术如下。

(1) 无损解码。能够还原原始图像,确保解码后的图像与编码前完全一致。常见的无损解码方法包括无损压缩算法,如 PNG(Portable Network Graphics)和无损 JPEG。

(2) 有损解码。有损解码技术在图像编码时引入了一些信息损失,但在大多数情况下,损失对于人眼来说是难以察觉的。常见的有损解码方法包括 JPEG 和 WebP。

(3) 基于向量量化的解码。向量量化是一种通过量化向量表示图像块的方法。解码时,将量化的向量还原为原始图像块,以还原整个图像。

(4) 差分编码解码。差分编码通过记录相邻像素之间的差异表示图像,解码时通过积累这些差异还原原始图像。

(5) 动态范围解码。在处理高动态范围(HDR)图像时,动态范围解码技术可以将编码的高动态范围信息还原为可视的图像。

(6) 渐进式解码。渐进式解码允许图像在传输或加载过程中逐步显示,用户可以在图像加载的过程中逐渐看到更多细节。

(7) 多通道解码。针对多通道图像(如 RGB 图像),可以将每个通道分别解码,然后合并成完整的彩色图像。

(8) Alpha 通道解码。对于包含透亮度信息的图像,Alpha 通道解码可以将透亮度信息还原,以保持图像的透明效果。

14.3.4　图像 AI 软件应用技术

图像人工智能(Artificial Intelligence,AI)软件应用技术涵盖了一系列利用人工智能算法和技术处理图像的方法。这些应用技术广泛应用于图像识别、图像处理、图像生成等领域。一些常见的图像 AI 软件应用技术如下。

(1) 图像识别。利用深度学习技术,如卷积神经网络(Convolutional Neural Networks,CNN)进行图像分类、目标检测和图像分割,常见的应用包括人脸识别、物体识别、场景识别等。

(2) 人脸识别。利用人工智能算法识别和验证人脸,用于身份认证、门禁系统、社交媒体标签等。人脸关键点检测、表情分析等也是人脸识别领域的研究方向。

(3) 图像生成。使用生成对抗网络(Generative Adversarial Networks,GAN)等技术生成逼真的图像,可以包括艺术风格转换、图像修复、图像超分辨率等。

(4) 图像处理。应用传统图像处理技术和深度学习方法进行图像增强、降噪、去模糊、颜色校正等。这些技术可以用于医学图像处理、摄影后期处理等领域。

(5) 场景理解。利用图像 AI 软件对场景进行理解,包括理解图像中的物体、关系、动作等信息,这对于自动驾驶、智能监控等应用有重要意义。

(6) 光学字符识别(Optical Character Recognition,OCR)。利用 OCR 技术识别图像中的文字,广泛应用于文档扫描、图书数字化、车牌识别等领域。

(7) 图像检索。使用图像特征提取和相似性匹配技术,实现对图像数据库中的图像进行检索,在图像搜索引擎、商品搜索等方面应用广泛。

(8) 虚拟现实(Virtual Reality,VR)和增强现实(Augmented Reality,AR)。利用图像

AI 技术实现虚拟和增强现实的交互体验,包括在现实场景中叠加虚拟对象、人脸滤镜等。

（9）图像分析与理解。利用深度学习技术对图像中的复杂信息进行分析与理解,如场景图生成、物体关系分析、动作识别等。

（10）自动标注和注释。利用图像 AI 软件对图像进行自动标注和注释,提高图像管理和搜索效率。

（11）图像安全与隐私。利用图像 AI 进行恶意图像检测、人脸匿名化等,维护图像安全与隐私。

（12）医学图像分析。在医学领域应用图像 AI 进行疾病诊断、影像分割、病变检测等。

14.4　音视频显示信号关键设备

14.4.1　显示信号切换设备——矩阵

显示信号切换设备中,矩阵通常指的是视频矩阵或视频矩阵切换器。视频矩阵是指通过阵列切换的方法将 m 路视频信号任意输出至 n 路监控设备上的电子装置,一般情况下矩阵的输入大于输出,即 $m>n$（见图 14-13）。有一些视频矩阵也带有音频切换功能,能将视频和音频信号进行同步切换,这种矩阵也称为视音频矩阵。按照实现视频切换的不同方式,视频矩阵分为模拟矩阵和数字矩阵。

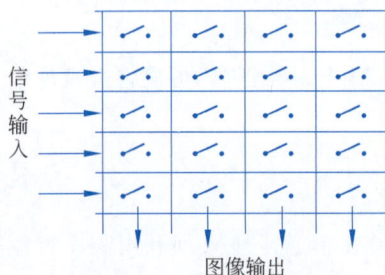

图 14-13　矩阵工作原理

模拟矩阵主要用来对模拟视频信号进行切换和分配,数字矩阵视频切换在数字视频层完成,这个过程可以是同步的,也可以是异步的。数字矩阵的核心是对数字视频的处理,需要在视频输入端进行模数转换,将模拟信号转换为数字信号,在视频输出端进行数模转换,将数字信号转换为模拟信号输出。

模拟矩阵的输入设备有摄像头、电视机等;显示终端有一般显示器、电视墙、拼接屏等。数字矩阵的输入设备有摄像头、DVD、VCR、台式计算机、笔记本等;显示设备有投影仪、显示器、拼接屏等,通常视频矩阵输入很多（几十路到几千路视频）,输出比较少,如 64 进 8 出、128 进 16 出、512 进 32 出、1024 进 48 出等（见图 14-14）。

矩阵的基本功能如图 14-15 所示,包括实现一对一、一对多、多对一、多对多的切换,实现对枪机、球机、云台、镜头、雨刷、辅助开关等的控制,实现音视频的同步,管理报警输入、输出,管理报警联动等。

14.4.2　显示信号拼接设备——大屏拼接处理器

大屏拼接处理器又称为电视墙控制器,其主要功能是将一个完整的图像信号划分成 N 块后分配给 N 个视频显示单元（如 LCD 单元）,用多个普通视频单元组成一个超大屏幕动态图像显示屏。它可以支持多种视频设备的同时接入,如 DVD、摄像机、卫星接收机、机顶盒、标准计算机 A 信号。大屏拼接处理器可以实现多个物理输出组合成一个分辨率叠加后的超高分辨率显示输出,使屏幕墙构成一个超高分辨率、超高亮度、超大显示尺寸的逻辑显

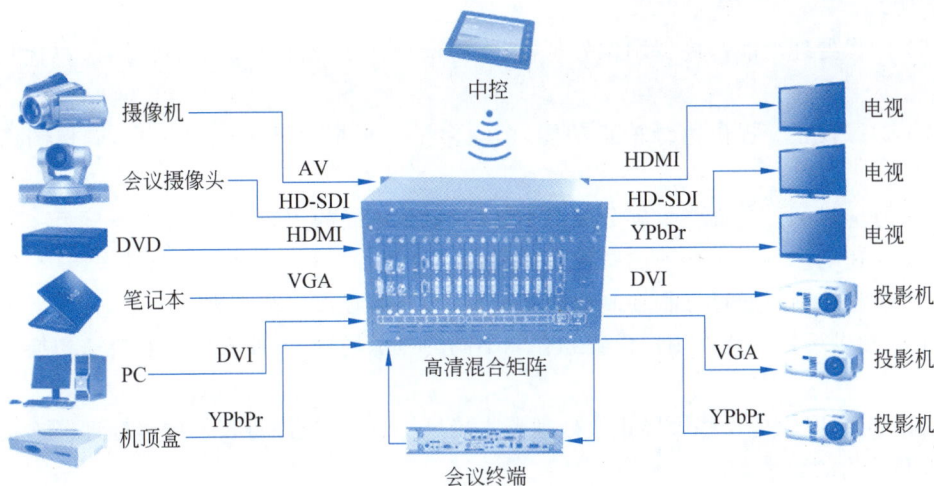

图 14-14 视频矩阵输入/输出连接

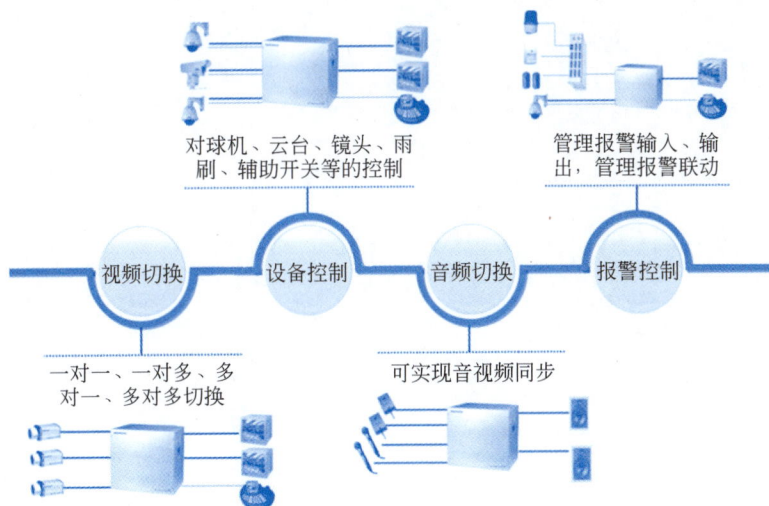

图 14-15 矩阵的基本功能

示屏,完成多个信号源(网络信号、RGB 信号和视频信号)在屏幕墙上的开窗、移动、缩放等各种方式的显示功能。

大屏拼接处理器可分为内置嵌入式大屏拼接器、外置大屏控制器、PC 式大屏控制器。大屏拼接处理器的特点如下。

(1)输入和输出。通常具有多个输入和输出接口,允许连接多个视频源和多个显示设备。

(2)分辨率和屏幕尺寸。支持高分辨率和大屏幕尺寸,能够组合多个显示设备形成无缝大屏。

(3)图像拼接。提供图像拼接功能,确保多个显示设备之间的边缘平滑,形成一个统一的图像。

(4)多输入信号支持。支持多种输入信号,如 HDMI、DVI、VGA 等,以适应不同类型的视频源。

（5）图像处理功能。内置图像处理器，支持调整亮度、对比度、色彩等参数，以优化显示效果。

（6）边缘校正。提供边缘校正功能，消除多个显示屏之间的边缘失真，确保图像的一致性。

（7）分屏显示。允许将大屏分成多个区域，显示不同的内容，实现多任务显示。

（8）快速响应。提供快速的图像切换和响应时间，适用于实时监控和操作。

（9）远程控制。通过远程控制或网络接口，实现远程操作和管理。

（10）预设场景。允许用户设置和存储不同的显示场景，以便根据需要快速切换到特定的布局。

（11）可扩展性。一些大屏拼接处理器支持可扩展性，允许将多个拼接处理器连接以扩展输入和输出的数量。

第 15 章

高清音视频监控与显示系统

15.1　音视频信号传输媒介

在通过多种媒介传输音视频信号时,如何选择合适的传输媒介通常取决于特定的应用需求和环境。传输技术分有线传输和无线传输。有线传输主要包括双绞线、光纤等;无线传输主要包括 Wi-Fi、移动互联网、卫星等。一些常见的音视频信号传输媒介如下。

15.1.1　双绞线

双绞线(Twisted Pairwire,TP)把两根铜导线放在一起用规则的方法扭绞起来,减少相邻导线的电磁干扰。双绞线电缆中封装着一对或一对以上的双绞线,由两根像电话线一样的线绞合在一起,每根线加绝缘都会用不相同的颜色来标记,每对双绞线一般由两根绝缘铜导线相互缠绕而成。成对线的扭绞是为了使电磁辐射和外部电磁干扰减到最小(见图 15-1)。

第 29 集
微课视频

双绞线需用 RJ-45 或 RJ-11 连接头插接,也就是我们通常所说的水晶头。双绞线的一个用途是传输模拟信号,另一个用途是传输数字信号。

双绞线可分为非屏蔽双绞线(Unshielded Twisted Pair,UTP)和屏蔽双绞线(Shielded Twisted Pair,STP)两大类。

目前,最常使用的双绞线标准接法是 TIA/EIA 制定的 TIA/EIA 568A 标准和 TIA/EIA 568B 标准。

由于 RJ-45 连接头像水晶一样晶莹透明,所以也被称为"水晶头"。双绞线的两端必须都安装 RJ-45 连接头,以便插在网卡、集线器或交换机的 RJ-45 端口上。

现在有一种技术叫以太网供电(Power Over Ethernet,POE),它允许交换机通过双绞线给终端设备直流供电,这样就不需要安装额外的插座(见图 15-2)。

图 15-1　双绞线

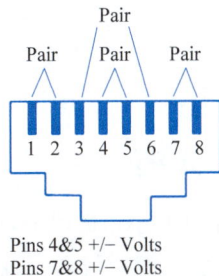

图 15-2　水晶头给受电端设备供电

15.1.2　大对数线缆

100Ω UTP 大对数线缆主要用于传输电信信号、广播信号、有线电视信号、计算机网络信号和其他应用。这种电缆由热塑性绝缘体组成的 25 线对缆芯构成,通过明确的颜色作区分。缆芯同在一护套里,该护套由整体的热塑性外壳构成,内层包含金属线和多层绝缘。绝缘层的直径最大为 1.22mm,导体和缆芯屏蔽间的绝缘层至少能抵挡得住 5kV 直流电压。当所需电缆型号超过 25 线对时,缆芯必须装在 25 线对的单元或子单元内,每个 25 线对单元根据颜色区分,必须符合 ICEA 出版的 S-80-576 标准或厂家的要求,当电缆铰接时,颜色必须一一对应。缆芯外包一层或多层厚薄合适的非金属热塑壳,保证符合介质强度的要求。

15.1.3　同轴电缆

同轴电缆(Coaxial Cable)是一种电缆结构,由内部的中心导体(Center Conductor)、绝缘层(Insulation Layer)、屏蔽层(Shielding Layer)和外部绝缘层(Outer Insulation Layer)组成(见图 15-3)。

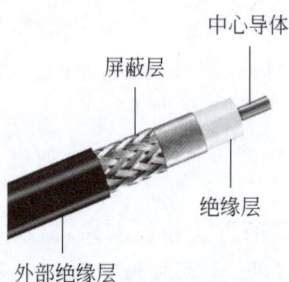

图 15-3　同轴电缆

中心导体是同轴电缆的内部导电部分,通常由铜或铝制成,负责传输信号,可以是单根实心导线。

绝缘层位于中心导体的外部,通常使用塑料或泡沫聚乙烯等材料。绝缘层的主要作用是隔离中心导体,防止信号泄漏和保持信号完整性。

屏蔽层包围在绝缘层的外部,采用导电材料制成,通常是铜网或箔片。屏蔽层的作用是防止外部电磁干扰(EMI)对信号的影响,并防止信号外泄。

外部绝缘层是最外层的保护层,通常由塑料材料制成。它主要起到机械保护和绝缘作用,确保电缆的耐用性和安全性。

同轴电缆之所以得名,是因为中心导体和外部屏蔽层同轴地排列在一条直线上,这种结构使同轴电缆具有良好的屏蔽性能和较低的信号损耗。同轴电缆广泛应用于通信、广播、电视、计算机网络等领域。

同轴电缆可分为两种基本类型:基带同轴电缆和宽带同轴电缆。50Ω 的同轴电缆是基带同轴电缆,用于传输系带数字信号,在局域网中广泛使用;75Ω 同轴电缆传输频分复用的宽带信号,通常 300MHz 的电缆可支持 150Mb/s 的数据率。粗缆安装难度大,造价高;细缆安装简单,造价低。粗缆安装过程中要切断电缆,两头装上基本网络连接头(Bayonet Nut Connector,BNC),然后接在 T 形连接器两端,所以当接头多时容易产生接触不良的隐患,这是目前运行中的以太网所发生的最常见故障之一。为了保持同轴电缆的正常电气特性,电缆屏蔽层必须接地。

15.1.4　光缆

光纤(Optical Fiber)即光导纤维,是一种纤细、柔韧并能传输光信号的介质,多条光纤组成光缆。与铜缆(双绞线和同轴电缆)相比较,光缆适应了目前网络对长距离传输大容量信息的要求,在计算机网络中发挥着十分重要的作用,成为传输介质中的佼佼者。

1. 光纤组成

光纤基本都包括 3 部分,即外部保护层、内部敷层及纤芯,如图 15-4 所示。其中,外部保护层主要是为了保护光纤的内部,通常都会使用非常坚硬的材料制成;内部敷层主要功能是防止光信号的泄漏。在光纤的核心部分,是传输光信号的主要部分,一般都是使用石英玻璃制成,横截面积非常小,光纤的线芯直径一般都被设计为 $62.5\mu m$ 或 $150\mu m$。还有一种没有外部保护层和内部敷层的光纤,称为裸光纤,光纤跳线就是裸光纤的一种。

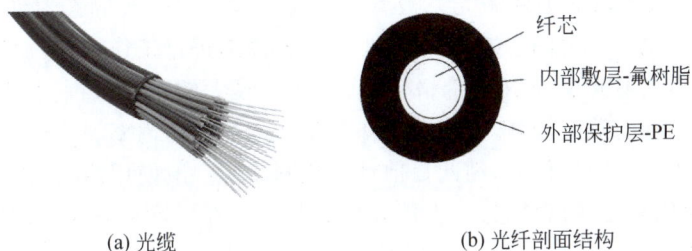

纤芯
内部敷层-氟树脂
外部保护层-PE

(a) 光缆　　　　　　　(b) 光纤剖面结构

图 15-4 光缆及光纤

2. 光纤分类

根据不同的分类方式,光纤通常分为多模光纤和单模光纤(见图 15-5)或阶跃光纤和渐变光纤。

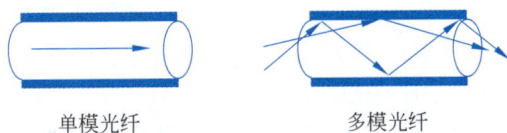

单模光纤　　　　　　多模光纤

图 15-5 单模光纤和多模光纤

多模光纤的线芯横截面比单模光纤要宽很多,光信号可以从不同的角度进入光纤的线芯进行传输。在多模光纤中,光信号可以以不同的模式进行传输,可以直线传输,也可以使用折射和反射向前发送信号。由于信号的发送模式不同,同时进入光纤的光信号到达目的地的时间也会不同;由于多组信号在一条通道上传输,形成光散的可能性也较大。因此,多模光纤比单模光纤的传输性能要差一些,多模光纤网段长度就限制为 2km,价格便宜。多模光纤中的光线是以波浪式传输的,多种频率共存。

单模光纤的线芯横截面通常很窄,只能有一路光信号传输。正因只使用单独模式的光信号,所以在单模光纤中无光的信号色散,使得传输信号的距离更长,传输数据量也更大。单模光纤的传输距离远,网段长度为 30km,但是价格比较贵。

一根光纤一般只能单向传输信号,所以如果想要组成全双工系统,就必须要有两根光纤。光信号传输实际上是电信号传输的一种变体。完整的光纤通信系统都会有一个光信号到电信号和电信号到光信号的转换过程,这个过程由光电转换器来完成。为了保证光信号远距离、低损耗地传输,整条光纤链路必须满足非常苛刻且敏感的物理条件。任何细微的几何形变或轻微污染都会造成信号的巨大衰减,甚至通信中断。在实际工作中,引起光缆链路故障的主要原因有光缆过长、弯曲过度、光纤受压或断裂、熔接不良、核心直径不匹配、模式混用、填充物直径不匹配、接头污染、接头抛光不良、接头接触不良。

3. 传输特性

光纤通信系统是以光波为载频,以光纤为传输介质的通信方式。当光纤中有光脉冲出现时表示为数字 1,反之为数字 0。光纤通信的主要组成部分有光发送机、光接收机和光纤,当进行长距离信息传输时还需要中继机。通信中,由光发送机产生光束,将表示数字代码的电信号转换为光信号,并将光信号导入光纤,光信号在光纤中传播,在另一端由光接收机接收光纤上传出的光信号,并进一步将其还原成发送前的电信号。光纤系统使用两种不同类型的光源:发光二极管(LED)和激光二极管。发光二极管是一种固态器件,电流通过时就发光。激光二极管也是一种固态器件,它根据激光器原理进行工作,即激励量子电子效应产生一个窄带宽的超辐射光束。LED 价格较低,工作在较大的温度范围内,并且有较长的工作周期。激光二极管的效率较高,而且可以保持很高的数据传输率。从整个通信过程来看,一根光纤是不能用于双向通信的,因此目前计算机网络中一般使用两根以上的光纤来通信,若只有两根,一根用来发送信息,另一根用来接收信息。在实际应用中,光缆的两端都应安装有光纤收发器,光纤收发器集成了光发送机和光接收机的功能——既负责光的发送,也负责光的接收。目前,光纤的数据传输率可达几千兆比特每秒,传输距离达几十甚至上百千米。虽然目前一条光纤线路上只能传输一个载波,随着技术进步,实用的频分多路复用或时分多路复用将会出现。

15.1.5　平行线

平行线传输线通常由两根平行的导线组成,它是对称式或平衡式的扁平传输线。这种传输线馈线损耗大,不能用于 UHF 频段。

平行线传输线具有优良的导电性能,适合用作电器设备中的数据传输线缆或动力传输线缆,由于其易弯曲、布线空间小等优点,可以在电子计算机、电子仪器、电话机、录音机等设备中得到广泛应用,也可以用于音视频传输。普通的规格有 0.5mm、0.8mm、1.0mm、1.25mm、1.5mm、2.0mm、2.5mm 等各种间距。

第 30 集
微课视频

15.2　音视频信号接口电路

对于显示设备,除了高质量的信号源和显示器外,还需要一个介于两者之间的高性能的信号传输或接收装置——信号接口。

所谓接口,就是能把两方面联系起来的部件。广义上的接口可理解为一种契约;而具体到显示设备的信号接口则是一种标准、规范和要求。显示设备的信号接口,有着类似公路交通管理的要求和功能,通过信号接口的信息(数据)如同公路上的车辆。人们为了提高显示设备所呈现的高清晰图像能力,首先会将公路升级改造成为更宽的高速公路,以加大通过信号接口数据的流量,传输更多的信息;其次会制定相关规则,采取相应措施,使公路不堵、车辆安全,以确保信号接口质量(版本)不断提高,信息传输更加安全。

目前显示设备常见的信号接口有如下几种。

(1) 模拟计算机视频图形阵列(Video Graphic Array,VGA)接口,从 1987 年使用至今。

(2) 数字视频接口(Digital Visual Interface,DVI),从 1999 年使用至今。

(3) 高清晰度多媒体接口(High Definition Multimedia Interface,HDMI),从 2002 年使

用至今。

（4）数字显示（Display Port,DP）接口，从 2006 年使用至今。

（5）模拟复合视频信号输出接口（AV 接口，其中，A 表示音频（Audio），V 表示视频（Video）），也称为复合端口。

（6）S 端子（Separate Video）接口，模拟视频接口端子，也称独立视讯端子。

（7）光纤接口，用来连接光纤线缆的物理接口。

15.2.1　VGA

VGA 是将计算机模拟视频信号（无音频信号）传输到显示器的信号接口标准。

1987 年，IBM 制定并推出被称为"显示器数据线"的 VGA 接口标准，如今显示设备上只要看到蓝色的接口，上面共有 15 个引脚，分成 3 排，每排 5 个，基本上就可以确定是 VGA 接口，如图 15-6 和图 15-7 所示。又因为 VGA 接口竖着看像一个大写的字母 D，所以又称为 D-SUB（D-Subminiature，超小型接口），在当时的技术下，这种接口已经算小的了。

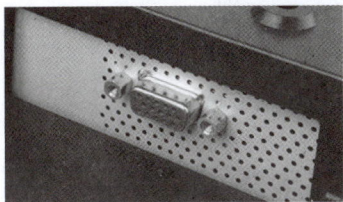

图 15-6　VGA 接口　　　　　　　　图 15-7　VGA 连接线

最初的计算机与显示设备都是通过 VGA 接口连接的，计算机内部以数字方式生成的图像信号，经过显卡中的 DAC，转变为 R、G、B（模拟基本彩色红、绿、蓝）三基色信号和行、场同步 5 种模拟信号，这些模拟信号通过 VGA 接口，传输到模拟的显示设备中，控制并驱动显示器生成图像。因此，VGA 接口用于连接模拟的显示设备比较合理可行，不存在问题。但是，当 VGA 接口用于连接 LCD（液晶显示器）、DLP（数字光处理）等数字显示设备时，就需要在显示设备中配置或增加相应的 ADC，将模拟信号转换为数字信号后方能显示图像。这样，经过 D/A 和 A/D 两次转换后，不可避免地损失了一些图像细节，降低了图像品质。另外，VGA 接口最大可以满足 20 英寸的图像显示，随着屏幕加大，图像将模糊、发虚。为解决此问题，目前生产的 20 英寸以上的显示器上都增加了一个数字方式的 DVI。

VGA 接口在 640×480 分辨率下能同时显示 16 种色彩或 256 种灰度；在 320×240 分辨率下能同时显示 256 种色彩或 256 种灰度。可以说，在今后很长时间内，VGA 还在使用并不断改进。如今显示器和显卡都支持的 SVGA 模式是厂商在 VGA 的基础上将显存提升至 1MB，使其支持 800×600 或 1024×768 分辨率，并得到视频电子标准协会（Video Electronics Standards Association,VESA）认可的新标准。实际上，SVGA 是 VGA 不断改进的替代品。

15.2.2　DVI

DVI（Digital Visual Interface）是将数字视频信号（无音频信号）传输到显示器的信号接口标准。

  1994 年年初，数字显示工作小组（Digital Display Working Group，DDWG）以美国
Silicon Image 公司的专利技术为蓝本，提出 DVI 信号接口标准，目的是"通过数字方式强化
计算机显示器的画面品质，统一新时代数字显示设备的接口标准"，随后得到 Intel、Dell、
HP、IBM、微软等企业的支持，经过 3 年多的推广，DVI 技术在计算机显示领域得到了迅速
运用。

  1998 年 9 月，在"Intel 开发者论坛"峰会上，DDWG 正式推出 DVI 信号接口标准。

  DVI 和 VGA 接口完全不同，两者不可共用。DVI 一般都是白色的接口，上面是 3 排排
列，每排 8 个针孔，如图 15-8 所示。DVI 有 3 类（DVI-A、DVI-D、DVI-I）信号传输方式和 5
种信号接口形式，如表 15-1 所示。

图 15-8　DVI

表 15-1　DVI 的 3 类信号传输方式和 5 种信号接口形式

接 口 图 形	名　称	传 输 方 式	传 输 形 式
	DVI-A	仅传输模拟信号	单通道
	DVI-D	仅传输数字信号	单通道
			双通道
	DVI-I	可传输数字和模拟信号	单通道
			双通道

  DVI-A 是纯模拟信号接口，在 CRT 大屏幕中能看见，由于和 VGA 没有本质区别，性能
也不高，如今已被废弃。

  DVI-D 是纯数字信号接口，可以满足超高分辨率及 3D 影视/游戏效果等数据的传输，
是目前应用最多的接口。

  DVI-I 有数字和模拟两种不同的信号接口。

  DVI-D 和 DVI-I 都有单通道和双通道之分，人们平时见到的都是单通道，双通道成本
很高，只有部分专业设备才具备，普通人很难见到。DVI-D 和 DVI-I 的主要引脚相同，只是
DVI-I 掺杂了 VGA 数据接口，通过转接头可兼容 VGA。

15.2.3　HDMI

  DVI 暴露出的问题在一定程度上已成为数字影像技术的发展瓶颈，无论是 IT 厂商、平

板电视制造商,还是众多出版商、传媒公司等,都迫切需要一种更好的能满足未来高清视/音频技术发展的信号接口,这促使了新的信号接口标准——HDMI 的诞生。

1. HDMI 标准的制定

2002 年 4 月,松下、日立、飞利浦、Silicon Image、索尼、汤姆逊、东芝等共同组建了 HDMI Founders(高清晰度多媒体接口创建人)组织,开始着手"制定一种符合高清时代的全新数字化视音频接口标准",提出了全新标准的基本要求,具体如下。

(1) 接口为纯数字方式,无须在信号传输前进行 D/A 或 A/D 转换。

(2) 接口可同时传输视频和音频信号。

(3) 接口具有高带宽数字内容保护(High-Bandwidth Digital Content Protection, HDCP)功能,以防具有著作权的声像数字内容遭到未经授权的复制。

(4) 接口具备额外空间,日后有很大的升级余量。

2. HDMI 标准的发布

2002 年 12 月 9 日,HDMI Founders 推出 HDMI 1.0 版本接口标准,支持 Dolby Digital (杜比数字)5.1 和 DTS(数字化影院)两种最广泛的数字多声道音频流技术的应用。

2004 年年底,美国联邦通信委员会(Federal Communications Commission,FCC)规定"从 2005 年 7 月 1 日起,所有数字电视周边产品都必须内建 HDMI 信号接口"。

2006 年 5 月,HDMI Founders 推出 HDMI 1.3 版本接口标准,支持 1080p@120Hz、720p@240Hz 和 1080i@240Hz,以及更高的 1440p@120Hz 显示模式,同时向下完全兼容,包括 DVI。

2009 年 6 月,HDMI Founders 推出 HDMI 1.4 版本接口标准,能满足更高分辨率、刷新率和色位深度,如 1080p 以上全高清的播放和 3D 传输;另外,HDMI 1.4 还增加一条数据通道——HDMI 以太网通道,该通道允许基于互联网的 HDMI 设备和其他 HDMI 设备共享互联网接入,无须另接一条以太网线,即可实现任何基于 IP 的高速双向应用及通信。

2010 年 3 月,HDMI Founders 推出 HDMI 1.4a 版本接口标准,其关键是增强了 3D 应用的功能,加入了用于广播内容的强制 3D 格式,以及称为 Top-and-Bottom(适应于不同的可选/被动)的 3D 格式。

HDMI Founders 在 2014 年第二季度正式推出更高技术的 HDMI 2.0 版本接口标准,其组织成员松下在 2014 年 10 月推出全球首款加入 HDMI 2.0 信号接口的支持 4K@50/60Hz 的电视。不过市场上至今还没出现第四代 HDMI 2.0 接口的应用,但如今的华硕 MS 系列基本上都配有第三代 HDMI 1.4,这也许预示着 HDMI 将逐渐成为主流。HDMI 信号接口各版本的性能如表 15-2 所示。

表 15-2　HDMI 信号接口各版本的性能

版　本　号	最大带宽	最大色深	最大分辨率(单通道)	说　　明
HDMI 1.0~1.2a	4.96Gb/s	24b/pixel	1920×1200p/60Hz	基本符合 ITU 颁布的 1080i 显示模式
HDMI 1.3	10.20Gb/s	48b/pixel	2560×1600p/75Hz	基本符合 ITU 颁布的 1080p 显示模式
HDMI 1.4	10.20Gb/s	48b/pixel	4096×2160p/24Hz	完全符合 DCI 提出的数字 4K 显示模式
HDMI 2.0	18.00Gb/s	48b/pixel	3840×2160p/60Hz	完全符合 ITU 颁布的 4K UHDTV 显示模式

3. HDMI 信号接口分类

HDMI 信号接口可以分为 HDMI-A、HDMI-B、HDMI-C、HDMI-D 类型,每种类型的接口分别由用于设备端的插座和线缆端的插头组成,外形如图 15-9 所示。A 型是 HDMI 最常见的接口,接口外侧设有一圈厚度为 0.5mm 的金属材质屏蔽层,防止来自外界的各种干扰信号。内侧每根引脚的宽度为 0.45mm,长度为 4.1mm,误差约为 0.05mm,以保证良好的接触性。

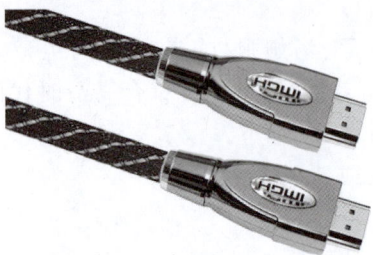

图 15-9　HDMI 信号接口

B 型比 A 型足足大了一圈,可传输 A 型 2 倍的最小化传输差分信号(Transition Minimized Differential Signal,TMDS)数据量,相当于 DVI 双通道传输,可传输 2560×1600 以上的分辨率。因为 A 型只有单通道的 TMDS 传输,如果要传输 B 型的信号,则必须要两倍的传输效率,TMDS 的工作频率必须提高至 270MHz 以上。而在 HDMI 1.3 版本出现之前,市面上大部分的 TMDS 只能稳定在 165MHz 以下工作。自 HDMI 1.3 版本出台后,B 型的应用也就少了。C 型非常小巧,被称为 HDMI mini(迷你口),是缩小的 A 型,但脚位定义有所改变,主要应用在便携式装置上。D 型比 C 型小很多,俗称 HDMI micro(微型口),主要应用在一些小型的移动设备上。以上几种 HDMI 接口均使用 5V 低电压驱动,阻抗都是 100Ω,它们之间并没有做到完全兼容,A 型不能通过转接设备连接到 B 型,B 型又不能转接成 C 型;但 A 型和 C 型仅仅是物理尺寸上不同,可通过转换器实现兼容。目前一端为 A 型,另一端为 D 型插头的连接线缆,已在一些手机上应用。

相对于目前应用较广的 DVI,HDMI 具有更多优势。一是 DVI 是一种个人计算机上的标准接口,但是在家电市场并没有多少设备采用 DVI(因为 DVI 体积巨大,影响了背板的线路布局)。二是超低价高清播放器已经普及,用 HDMI 连接可以不用主机直接播放。三是 DVI 只能传输视频信号,而音频传输需要其他接口,使用起来不方便。而 HDMI 解决了这些问题,因而大受家电厂商欢迎。

另外,HDMI 从外观上看与 VGA 和 DVI 完全不同,采用了类似于 USB 的设计,这样设计的好处是可以很方便地进行插拔,又彻底地解决了对于电视、计算机、手机、便携式数字设备的兼容性问题。虽然 DP 接口拥有众多的优势,但是就目前来说还看不到普及的希望。如今民用级显示器市场中采用 DP 接口的显示器也不过戴尔的几款产品,对于广大的消费者,暂时也没有必要花太多的精力在 DP 接口显示器的选购之上。若是想适应未来潮流,统一各种接口,到哪都可以"插"的话,还应选择 HDMI。

15.2.4　DP

1. DP 信号接口标准的发布

2006 年 5 月,视频电子标准协会(Video Electronics Standards Association,VESA)正式发布 DP 信号接口标准。DP 和 HDMI 信号接口几乎一样,都支持数字视/音频的同时传输。DP 接口带宽更大,最初的 1.1 版本,带宽高达 10.8Gb/s,这与 HDMI 1.3 的带宽基本相当,后续版本的带宽提升空间将更大。

2. DP 信号接口标准的特性

（1）DP 是个人计算机平台下最新的显示接口，是 DVI 的完美继任者，主要应用于连接计算机和显示器，与 DVI 一样极少出现在个人计算机或 Mac（苹果计算机）以外的领域，如电视、手机、移动设备领域。

（2）DP 是第一个依赖数据包化数据传输技术的显示接口，此技术在以太网、USB 和 PCI Express 等技术中都有应用。

（3）与 HDMI 不同，DP 接口采用微封包传输架构，由于带宽非常大，因此不会在传输过程中出现"丢包"的现象。而且，微封包架构的弹性大，DP 可以轻松实现分屏显示功能（一条 DP 连接线最高可支持 6 条 1080i 或 3 条 1080p 视频流）。DP 可以在同一组 Lane/Link（通道/连线）内传输多组视频。由此特性，DP 一般用于多屏输出，适用于医学等需要多屏高分辨率的领域，所以现在的高端显卡和专业显卡才配备 DP 接口，不过只要显示器/电视的厂商推广开来，相信更多的显卡都会配备 DP 接口。

3. DP 信号接口形状

在接口形状上，DP 稍大于 HDMI，并且同样支持即插即用。DP 同样也有标准口、迷你口、微型口，分别如图 15-10～图 15-12 所示。除此之外，DP 既支持外置显示连接，也支持内置显示连接，兼容 VGA、DVI 等的转接，如图 15-13 和图 15-14 所示。

图 15-10　DP 标准口

图 15-11　DP 迷你口

图 15-12　DP 微型口

图 15-13　DP 转 VGA 连接线

图 15-14　DP 转 DVI 连接线

苹果公司的 Mac 系列计算机是 DP 接口的先行者，同时大量使用 DP 迷你口，这种接口与 Thunderbolt 雷电接口是完美兼容的，Thunderbolt 雷电接口将来可能取代现行的其他总线装置，成为计算机对外的单一总线，前景广阔。

4. DP 信号接口优势

DP 的优势在于带宽更高,可支持 2560×1600、2048×1536 等分辨率及 30/36b 的色深;在 1920×1200 分辨率下,色深达到 120/24b。超高的带宽和分辨率足以完全适应显示设备的发展,应对 4K、8K 甚至更高的分辨率需求。

15.2.5　AV

AV 接口也称为视频输出端口,又称为复合端口(音频 Audio 和视频 Video),是家用影音电器用来传输视频信号(如 NTSC、PAL、SECAM)的常见端口。AV 接口算是出现比较早的一种接口,它由红、白、黄 3 种颜色的线组成,其中黄线为视频传输线,红线、白线则负责左、右声道的声音传输(见图 15-15)。

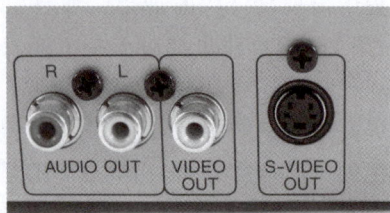

图 15-15　AV 接口

15.2.6　S 端子接口

S 端子接口是在 AV 接口的基础上将色度信号(C)和亮度信号(Y)进行分离,再分别以不同的通道进行传输,减少影像传输过程中分离、合成的过程,减少转换过程中的损失,以得到最佳的显示效果。

S 端子接口是一种五芯接口,由两路视频亮度信号线、两路视频色度信号线和一路公共屏蔽地线共 5 条芯线组成。通常显卡上采用的 S 端子接口有标准的 4 针接口(不带音效输出)和扩展的 7 针接口(带音效输出),7 针接口比 4 针接口多了一路复合信号,可以单独分离输出 RCA 信号(复合信号),在显卡上就可以省去一个黄色的 Video 输出接口。虽然另外多出的两针功能和定义各不相同,但一般都是把这两针作为标准 AV 视频信号输出,这样就使得这个 7 针接口既能分离出一路 4 针标准 S 端子信号,又能分离出一路标准的 AV 视频信号。有些配备 7 针 S 端子接口的显卡配备一个一转二的转接输出装置,可以分成 S 端子和 AV 输出两种模式。

S 端子接口相比于 AV 接口,由于它不再进行 Y/C 混合传输,因此也就无须再进行亮色分离和解码工作,而且使用各自独立的传输通道,在很大程度上避免了视频设备内信号串扰而产生的图像失真,极大地提高了图像的清晰度。

S 端子接口最初由日本开发,目前在美国、加拿大、澳大利亚、日本等地相当普及,是应用较普遍的视频接口。S 端子接口原本用在一些家用电视、DVD 播放机、High-End 录影机、数位电视接收器、DVR 与电视游乐器中。现在电视输出视频卡的连接端子几乎都采用 S 端子接口(见图 15-16)。

15.2.7　光纤接口

光纤接口是用来连接光纤线缆的物理接口,其原理是利用光从光密介质进入光疏介质从而发生全反射。光纤接口双向数据带宽可达 10Gb/s,甚至有望提升至 100Gb/s,有可能会全面取代 USB、HDMI、DP 等接口。

按连接头结构形式,光纤接口可分为 FC、SC、ST 等几种类型,它们使用效果一样,各有优缺点,且不可以互用(见图 15-17)。

图 15-16　S 端子接口

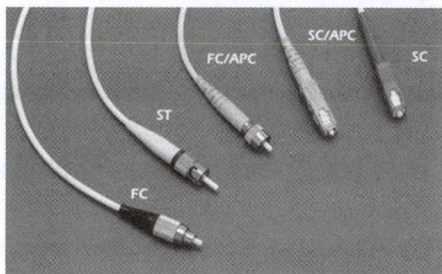

图 15-17　不同种类的光纤接口

在表示光纤接口的标注中，常能见到 FC/PC、SC/PC 等字样，其含义如下："/"前的字母表示光纤接口型号；"/"后的字母表明光纤接头截面工艺，即研磨方式，其中 PC 表示接口截面是平的，UPC 的衰减比 PC 要小，一般用于有特殊需求的设备。

SC 接口是标准方形接口，采用工程塑料，具有耐高温、不容易氧化等优点；直接插拔，使用很方便，介入损耗波动小，抗压强度较高；缺点是容易脱落。

LC 接口采用操作方便的模块化插孔（RJ）机理制成，与 SC 接口形状相似，较 SC 接口小一些。

ST 接口外壳呈圆形，插入后旋转半周有一卡口固定，缺点是容易折断。

FC 接口是金属接口，一般在电信网络中采用，有一螺帽拧到适配器上，优点是牢靠、防灰尘，缺点是安装时间稍长。

15.2.8　手机接口

目前市场上常见的手机信号传输、充电接口有 3 种类型：MicroUSB 接口、USB Type-C 接口和 Lightning 接口，如图 15-18 所示。

扁（T）形接口　　　椭圆形接口

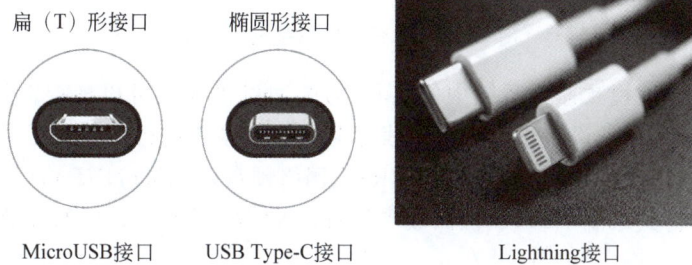

MicroUSB接口　　　USB Type-C接口　　　　　Lightning接口

图 15-18　手机常见三种接口外形

MicroUSB 接口是扁形或 T 形，只可以单面插入，支持 USB 充电，可以与其他设备共享 USB 接口。

USB Type-C 接口也称为 Type-C 接口。Type-A 接口是计算机、电子配件中最广泛的接口标准，鼠标、U 盘、数据线上大多都是此接口，体积也最大；Type-B 接口一般用于打印机、扫描仪、USB Hub 等外部 USB 设备；Type-C 接口比 Type-A 和 Type-B 的体积要小许多，插口形状为中空椭圆形，正反都可以插入。USB Type-C 接口端视图如图 15-19 所示，共有 24 根线。

Lightning 接口是苹果插口，8 针连接方式，支持正反插。

A1	A2	A3	A4	A5	A6	A7	A8	A9	A10	A11	A12
GND	TX1+	TX1−	VBUS	CC1	D+	D−	SBU1	VBUS	RX2−	RX2+	GND

GND	RX1+	RX1−	VBUS	SBU2	D−	D+	CC2	VBUS	TX2−	TX2+	GND
B12	B11	B10	B9	B8	B7	B6	B5	B4	B3	B2	B1

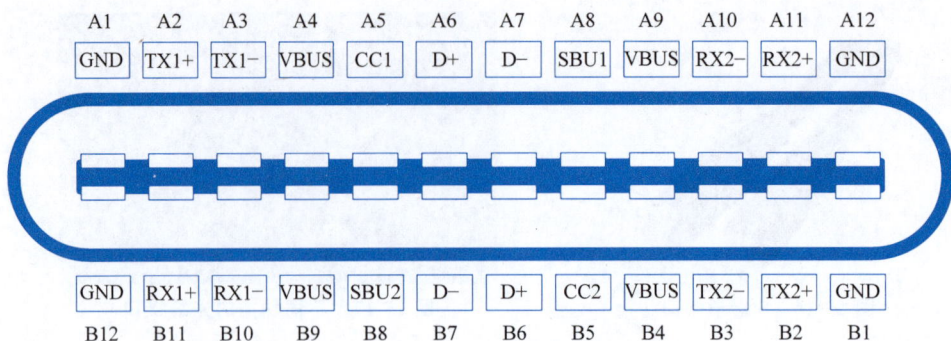

图 15-19   USB Type-C 接口端视图

15.3   音视频监控与显示系统

15.3.1   本地视频监视系统

本地视频监视系统是一种监控本地室内或室外区域的系统,通常由摄像设备、存储设备、显示设备、控制设备、辅助设备和连接网络等组成(见图 15-20),用于实时监控和记录视频。

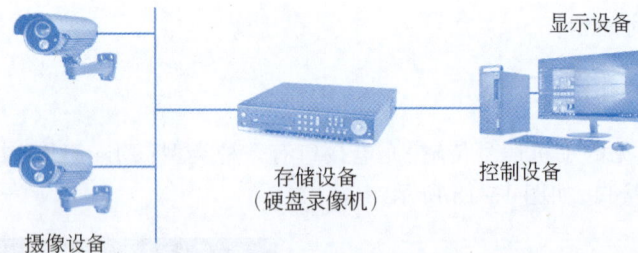

图 15-20   本地视频监视系统组成

摄像设备是本地视频监视系统中的核心部件,通过摄像头可以捕捉监控区域内的视频信号,并将其传输到存储设备进行录制或发送到显示设备上进行实时观看。

存储设备可以是数字硬盘录像机(DVR)或网络硬盘录像机(NVR),用于接收摄像头传来的视频信号并将其录制下来,以供回放和检查。NVR 一般与 IP 摄像头兼容,支持网络传输和存储。

显示设备用于显示摄像设备传来的视频信号,使监控人员可以实时观察监控区域的情况。

控制设备负责处理音视频数据,如显示、存储、回放等,可能包括视频压缩、解压缩、编码、解码等功能。

网络连接用于连接各个组件并实现本地访问、数据传输和控制的网络设备,如以太网等。

辅助设备有电源适配器,还可能包括视频分配器等辅助设备,以满足不同的监控需求。

15.3.2　远程视频监视系统

远程视频监视系统是一种可以通过网络连接进行监控和管理的视频监视系统。与本地视频监视系统相比,远程视频监视系统可以实现跨地域、跨时区的实时视频监控和管理。

远程视频监视系统组成如图 15-21 所示。

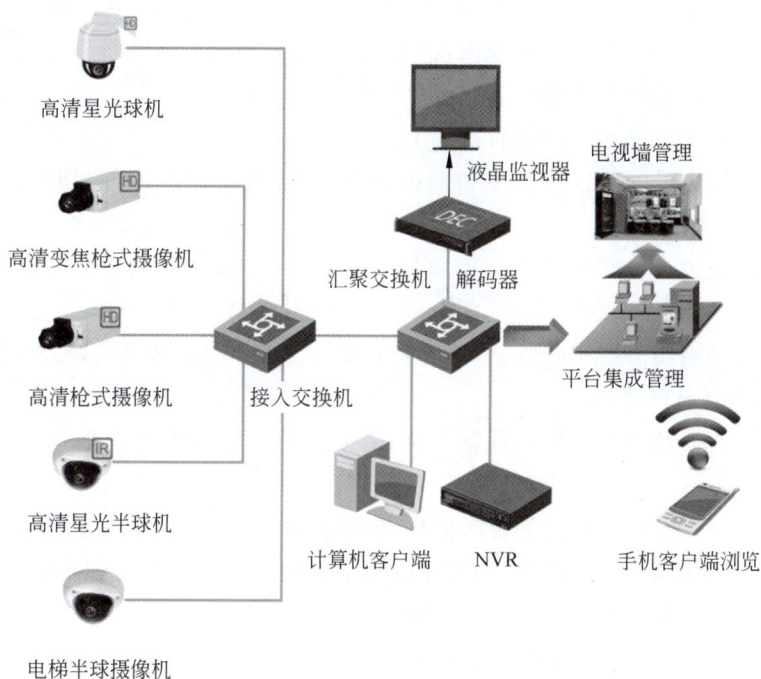

图 15-21　远程视频监视系统组成

摄像机主要是 IP 摄像头,用于捕捉监控区域内的图像和视频,并通过网络传输到远程终端。

网络硬盘录像机(NVR)接收并存储 IP 摄像头传来的视频信号,并提供视频回放和存储管理功能。

远程监视器用于在远程终端上观看和监控实时视频。

网络连接设备包括路由器、交换机、网络线缆等,用于连接 IP 摄像头、NVR 和远程监视器。

远程视频监视系统主要功能如下。

(1)监控和录像。实时监视和录制音视频信号,以便后续回放和分析。

(2)远程访问与控制。使用手机、平板电脑或计算机等远程终端设备,通过网络远程访问监视系统,可以实时查看和控制监控画面。

(3)警报。可以配备报警设备,当监控区域发生异常或触发预设的报警条件时,系统会自动发送警报通知到指定的终端设备。

(4)分辨率与画质控制。调整视频分辨率和画质,以适应不同的监控需求和网络带宽。

（5）音频通信与识别。支持音频通信功能，以及语音识别等相关技术。

除了以上基本功能外，远程视频监视系统还可以包括视频分析技术，如运动检测、人脸识别等，以提高监视系统的智能化和安全性。

15.3.3　高清音视频监控与显示系统组成与特点

高清音视频监控与显示系统指由多个场景、多种类型的摄像头和监控设备，本地/远程高清视频监视、视频录像、视频分析设备，本地、网络、云上数据存储、处理、管理设备，以及大屏幕、电视墙、多显示器等组成的大规模视频监控与显示系统。该系统通常具有多种功能，包括实时监控、事件检测、智能分析、录像存档、远程访问等。

高清音视频监控与显示系统的特点如下。

（1）通常包括大量的监控摄像头和监控设备，覆盖范围广泛，可能涉及数以千计的监控点。

（2）使用的监控设备和摄像头类型多样，涉及不同的技术和制造商，需要统一管理和协调。

（3）视频监视系统需要实时监控，并可能需要对事件作出快速反应，要求系统对视频数据的处理和分析具有低延迟。

（4）视频监视系统产生大量的视频数据，需要进行实时分析和处理，如目标检测、行为分析等。

（5）需要管理和存储大规模的视频数据，包括长时间的录像存档和快速的检索功能。

（6）需要多种类型的显示设备（如液晶电视墙、拼接屏、LED 屏等）同时显示大量信息，如摄像头监视画面、计算机操作界面、电视画面等。

（7）涉及多种接口类型，如 HDMI、VGA、RJ45 等。

为了确保高清音视频监控与显示系统的高效和可靠运行，通常需要采用综合系统设计和平台管理技术。

在最新的发展中，人工智能和深度学习技术被广泛应用于高清音视频监控与显示系统中。通过使用深度学习算法进行视频内容的分析和识别，系统能够自动发现异常行为、识别特定对象、预测事件等，从而提高整个系统的效率和智能化水平。高清音视频监控与显示系统是现代社会中重要的基础设施，其复杂性和规模需要采用最新的技术和方法进行管理和优化，以确保系统的高效性、可靠性和安全性。

某高清音视频监控与显示系统组成如图 15-22 所示，包括前端设备、传输设备、监控中心设备。

前端设备有模拟摄像机、网络摄像机、视频服务器、数字硬盘录像机、云台、支架、拾音器、报警器、显示器等。

传输设备有路由器、交换机、云服务器等。

监控中心设备有网络硬盘录像机、解码器、音视频混合矩阵、大屏拼接器、服务器、解码器、显示器、拼接屏、电视墙、计算机、手机、笔记本、报警器等。

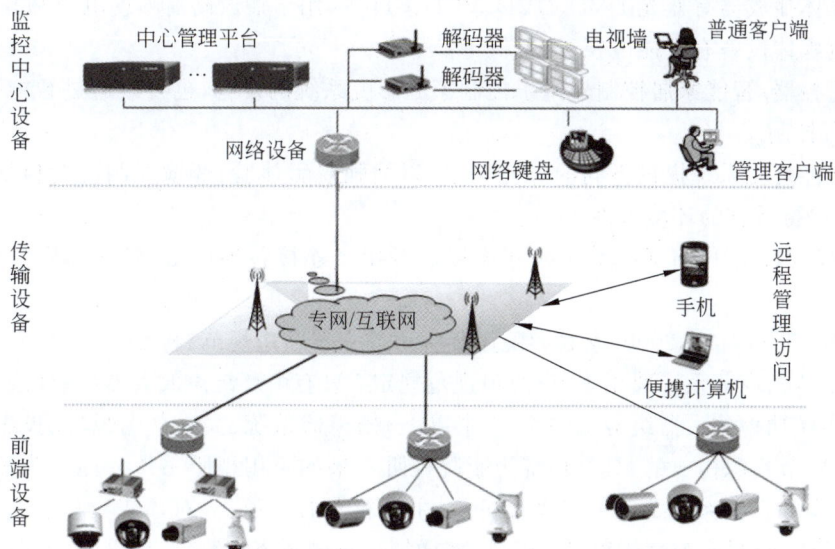

图 15-22　某高清音视频监控与显示系统组成

15.4　家庭影院系统

家庭影院系统(Home Theater System)是一套专为在家中享受高质量音频和视频体验而设计的系统。家庭影院系统的一般组成如下(见图 15-23)。

图 15-23　家庭影院系统

(1) 显示设备为电视机或投影仪,提供视频输出,可以是高清(HD)、超高清(UHD/4K)设备等。

(2) 屏幕是在投影仪系统中用于显示投影的设备。

(3) 音响系统为功率放大器,用于收听广播、连接麦克风、放大音频信号等;用于连接和控制音频和视频源,支持各种音频解码和处理功能。

(4) 扬声器包括前置、中置、环绕式和低音炮(Subwoofer)等,用于提供全方位的音频体验。常见的声道配置包括 2.1、5.1、7.1,表示扬声器数量和布局。

（5）媒体播放器有蓝光 DVD、DVD、VCD、CD 等，用于播放高清晰度电影和其他媒体。

（6）流媒体设备有智能电视、游戏机等。

（7）遥控器/智能家居控制器用于控制家庭影院系统的设备，也可以通过智能手机或平板电脑进行控制。

（8）智能灯光系统提供不同的灯光场景，以增强观影体验；环境控制可能包括空调、加湿器等，以保持适宜的环境条件。

（9）HDMI、光纤、音频线等布线和连接设备用于连接各种设备，确保高质量的音视频传输。

我国 SJ/T 11217—2000《家庭影院用环绕声放大器通用规范》和 SJ/T 11218—2000《家庭影院用组合扬声器系统通用规范》两项规范规定：只有由环绕声放大器（或环绕声解码器与多通道声频功率放大器组合）、多个（4 个以上）扬声器系统、大屏幕电视（或投影电视）及高质量 A/V 节目源构成的，具有环绕声影院视听效果的家用视听系统才能称为家庭影院。所以，最基本的音响系统为 5.1 声道，由一对主音箱左右声道、一对环绕音箱左右声道和一只中置音箱组成；另有家庭影院 7.1 声道，多增加一对侧环绕音箱，效果更佳（见图 15-24）。

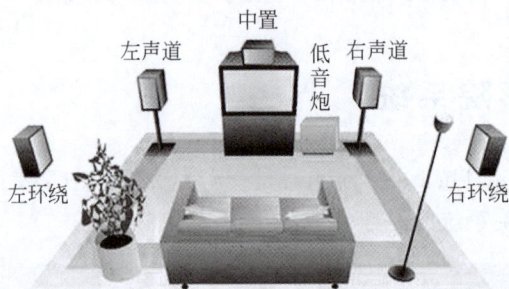

图 15-24　家庭影院扬声器组成

某功放后面板音频和视频源连接如图 15-25 所示。

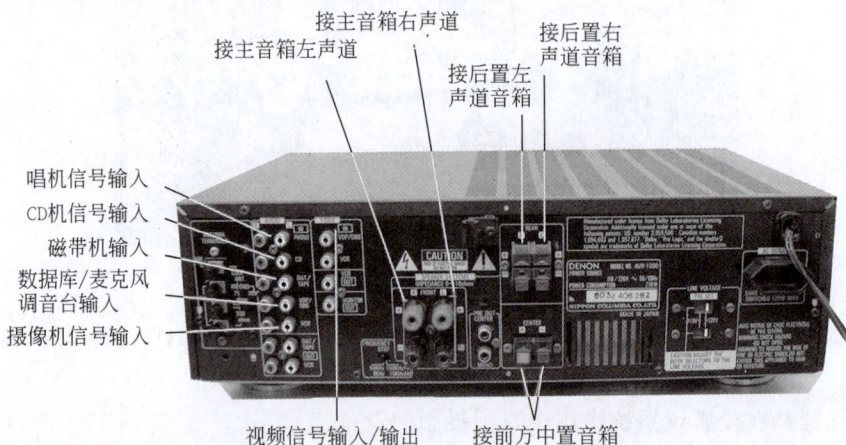

图 15-25　某功放后面板音频和视频源连接

家庭影院系统功能如下。

（1）高质量音视频体验。提供清晰、高保真的音频和高清晰度的视频，以营造影院般的感觉。

（2）环绕声效果。通过环绕声系统（如 Dolby Atmos、DTS：X）创造立体、沉浸式的音响效果。

（3）多源输入。允许连接多种媒体源，包括蓝光 DVD、游戏机、电视、流媒体设备等。

（4）智能集成。可以与智能家居系统集成，实现对灯光、温度、窗帘等的智能控制。

（5）远程控制和观影体验。可以通过遥控器或智能手机应用进行远程控制，方便用户操作。

（6）游戏体验。对于配备游戏机的家庭影院系统，提供沉浸式的游戏体验。

家庭影院系统技术指标如下。

（1）音频输出功率。衡量扬声器系统的功率，以确保足够的音量和动态范围。

（2）视频分辨率和刷新率。保证显示设备支持高分辨率和刷新率，以提供清晰的图像和平滑的运动表现。

（3）音频解码格式。支持的音频解码格式，如 Dolby TrueHD、DTSHD Master Audio 等。

（4）连接端口。确保足够的 HDMI、USB、光纤等端口，以支持各种设备的连接。

（5）网络连接。如果支持网络流媒体，确保有可靠的网络连接。

（6）智能家居集成标准。支持的智能家居标准有 HomeKit、Google Home、Amazon Alexa 等。

家庭影院系统的设计和配置可以根据用户的需求和预算进行定制，以实现最佳的视听体验。

15.5　视频监控与显示系统工程成本核算与报价

第 32 集
微课视频

视频监控与显示系统工程的成本核算与报价需要综合考虑多个因素，包括硬件设备、软件开发、劳动力成本、材料成本、维护费用等。一些常见的成本核算和报价要考虑的方面如下。

（1）硬件设备成本。包括摄像头、音频采集设备、显示设备、媒体播放器、AV 接收机、存储设备、网络设备等硬件成本。

（2）软件开发成本。如果需要定制化的软件开发，如自定义监视系统的用户界面、远程访问功能等，需要考虑软件开发人员的费用。

（3）劳动力成本。项目管理、安装、调试、维护等环节需要劳动力投入，包括工程师、技术人员、安装人员等。

（4）材料成本。除硬件设备外的其他材料成本，如布线材料、支架、连接器等。

（5）维护与支持费用。软硬件维护、技术支持等方面的费用，通常以年为单位计算。

（6）培训费用。如果需要培训终端用户或维护人员，培训费用也需要纳入成本核算。

（7）项目管理费用。项目管理工作的费用，包括规划、监督、报告等。

（8）运输费用。如果硬件设备需要运输到项目现场，也需要考虑运输费用。

（9）软件许可费用。如果使用了专有软件或第三方软件，需要考虑软件许可费用。

（10）预留费用。预留一定的费用用于应对项目中可能出现的变更、延期等不确定性因素。

（11）税费。税费也是一个需要考虑的因素，包括增值税、关税等。

在进行成本核算和报价时，需要细化各项费用，了解各个环节的具体要求，并考虑到项目的规模、复杂性和所在地区的特殊要求。同时，要确保报价能够覆盖所有成本，确保项目的可持续性和客户满意度。在制定报价时，也需要考虑市场竞争情况和客户的预算限制。

15.6　视频监控与显示系统工程施工与验收

工程施工与验收是视频监控与显示系统项目的关键阶段，这个过程确保系统按照规划和设计进行构建，并保证其符合客户的需求和标准。一般的工程施工与验收的步骤如下。

15.6.1　工程施工

（1）项目准备。确保所有硬件、软件和人员都准备就绪，包括安装所需的设备和材料。

（2）现场布置。安排并配置所有设备的具体位置，包括摄像头、音响设备、显示设备等。

（3）布线与连接。进行电缆布线工作，确保所有设备之间能够顺利连接。

（4）设备安装。安装摄像头、音响设备、显示设备、AV 接收机、存储设备等硬件设备。

（5）调试和优化。对系统进行调试，确保硬件设备正常工作，解决任何潜在的问题，优化系统性能。

（6）软件配置。进行软件配置，包括音视频编解码器的设置、网络配置、用户界面定制等。

（7）测试阶段。进行全面的系统测试，包括音视频传输测试、远程访问测试、运动检测测试等。

（8）培训。对系统最终用户和维护人员进行培训，确保他们能够正确使用和维护系统。

15.6.2　工程验收

（1）系统验收计划。制订系统验收计划，明确验收的标准和流程。

（2）性能验证。对系统的性能进行验证，包括音视频质量、实时性、稳定性等。

（3）功能验收。验证系统是否符合用户需求，包括各项功能和特性是否正常工作。

（4）安全性验收。验证系统的安全性，确保数据的保密性和完整性。

（5）文件和报告。提供完整的文件和报告，包括系统配置、用户手册、维护手册等。

（6）用户满意度调查。进行用户满意度调查，收集用户反馈，确保系统满足用户期望。

（7）最终验收。完成所有验收标准后，进行最终验收，确认项目的完工和交付。

（8）项目交付。完成验收后，将项目交付给客户，并提供必要的支持和培训。

在整个工程施工与验收阶段，沟通与协调是至关重要的，确保团队成员、客户和其他相关方都明确项目目标，并在实施过程中能够及时解决问题。有效的验收过程能够确保交付的系统质量可控，达到客户的期望。

参考文献

[1] 邸旭,杨进华. 微光与红外成像技术[M]. 北京:机械工业出版社,2012.

[2] 余理福,汤晓安,刘雨. 信息显示技术[M]. 北京:电子工业出版社,2004.

[3] 应根裕,胡文波,邱勇. 平板显示技术[M]. 北京:人民邮电出版社,2002.

[4] 杨照金,史继芳,胡铁力. 夜视测试与计量技术概论[M]. 北京:国防工业出版社,2019.

[5] 牟新刚,周晓. 红外探测器成像与信息处理[M]. 重庆:重庆大学出版社,2016.

[6] 凡遵林,管乃洋,王之元,等. 红外图像质量的提升技术综述[J]. 红外技术,2019,41(10):941-946.

[7] 罗怡,樊春丽,赵建超,等. 视场仪示值误差的不确定度评定[J]. 计量与测试技术,2022(5):49.

[8] 胡铁力,冯卓祥,李旭东,等. 红外热像仪时间噪声测量技术研究[J]. 红外与激光工程,2008,37(S2):519-522.

[9] 贺英萍,李敏,尹雷,等. 紫外像增强器分辨力和视场质量测试技术研究[J]. 应用光学,2012,33(2):337-341.

[10] 雷玉堂. 现代安防视频监控系统设备剖析与解读[M]. 北京:电子工业出版社,2017.

[11] 汪光华. 智能安防:视频监控全面解析与实例分析[M]. 北京:机械工业出版社,2012.

[12] 白廷柱. 光电成像技术与系统[M]. 北京:电子工业出版社,2016.

[13] 邵晓鹏,王琳,宫睿,等. 光电成像与图像处理[M]. 西安:西安电子科技大学出版社,2015.

[14] 杨太珠,罗红. 实用妇产超声诊断图解[M]. 北京:化学工业出版社,2017.

[15] 张家海. 核磁共振原理及其应用[M]. 合肥:中国科学技术大学出版社,2022.

[16] 林祖伦,王小菊. 光电成像导论[M]. 北京:国防工业出版社,2016.

附录 A
APPENDIX A

专业词语中英文对照索引

序 号	英 文	中 文
1	Active Addressing	有源寻址
2	Acoustic Intensity	声强
3	Aperture Grills	栅条式金属板
4	a-Si TFTAmorphous Silicon Thin-Film Transistor	非晶硅薄膜晶体管
5	Audible and Visual Alarm	声光告警
6	Base Layer	基底层
7	B-mode Ultrasound	B 型超声
8	Center Conductor	中心导体
9	Cholesteric Phase	胆甾相
10	Chroma	色度
11	Coaxial Cable	同轴电缆
12	Codec	编解码器
13	Coherence	相干性
14	Collimation	聚焦性
15	Color Depth	色彩深度
16	Cone	锥状
17	Contrast Ratio	对比度
18	Definition	清晰度
19	Deflection Coils	偏转线圈
20	Depth of Field Composition	景深合成
21	Directionality	定向性
22	Direct View Type	直观型
23	Display	显示
24	Doppler Ultrasound	多普勒超声

续表

序 号	英 文	中 文
25	Dot Pitch	点距
26	Dynamic Scattering	动态散射
27	Electro-optic Display	光电显示
28	Electro-optic Effect	电光效应
29	Electro Phoretic	电泳
30	Electron Gun	电子枪
31	Emissive Luminescence	主动发光
32	Ferroelectric Ceramics	铁电陶瓷
33	Flicker	闪烁
34	Flyback Transformer	回转变压器
35	Emulsion Layer	感光乳胶层
36	Forming	定形化
37	Fovea	中央凹
38	Front Projection Type	前投式
39	Gamma Correction	γ 校正
40	Gray Scale	灰度
41	High Energy Density	高能量密度
42	Holographic Display System	全息显示系统
43	Home Theater System	家庭影院系统
44	Hue	色调
45	Illuminance	光照度
46	Image Intensifier	像增强器
47	Image Overlay	图像叠加
48	Insulation Layer	绝缘层
49	Interlace	交错
50	Invar	不胀钢
51	Laser Diode	激光二极管
52	Laser Modulator	激光调制器
53	Lighting Composition	光照合成
54	Luminance	亮度
55	Luminous Flux	光通量

续表

序　号	英　　文	中　文
56	Luminous Intensity	发光强度
57	Megapixels	百万像素
58	Modularity and Joining Performance	模块化和拼接性能
59	Monochrome	单色
60	Monochromaticity	单色性
61	Multi-color	多色
62	Multimedia Display Wall	多媒体大屏幕显示墙
63	Multi-vision	多影像
64	Multilayer Composition	多层合成
65	Nematic	向列相
66	Nipple	乳头
67	OA	办公自动化
68	ODD	奇数行
69	Operating Temperature Range	工作温度范围
70	Optical Electronic	光电子
71	Outer Insulation Layer	外部绝缘层
72	Panorama Stitching	全景图拼接
73	Passive Display	被动显示
74	Perspective Transformation	透视变换
75	Phosphor	荧光粉
76	Photodiode	光电二极管
77	Photometry	测光
78	Photoelectric Imaging	光电成像
79	Pixel	像素
80	Plasma	等离子体
81	Power Consumption	功耗
82	Progressive Scan	逐行扫描
83	Projection Type	投影型
84	Rad	弧度
85	Radio Frequency Magnetic Field	射频磁场
86	Rear Projection Type	背投式

续表

序　号	英　文	中　文
87	Refresh Rate	刷新率
88	Resolution	分辨率
89	Response Time	响应时间
90	Rod	杆状
91	Saturation	饱和度
92	Shadow Mask	荫罩
93	Shielding Layer	屏蔽层
94	Shutter	快门
95	Single Direction Propagation	单一方向传播
96	Slot Mask	沟槽式荫罩板
97	Small Beam Divergence	窄束宽
98	Smectic Phase	近晶相
99	Space Imaging Type	空间成像型
100	Subwoofer	低音炮
101	Surveillance Camera	监控摄像头
102	Ultrasonic Imaging	超声波成像
103	Video Matrix Switcher	视频切换器
104	Video Capture Card	视频采集卡
105	Viewing Angle	视角
106	Vertical Synchronization	垂直同步
107	VLSI	超大规模集成电路
108	Zoom Lens	变焦镜头

常用符号、缩写中英文对照索引

序号	缩　写	英　文	中　文
1	AGC	Anti Glare Coatings	防眩光涂层
2	AGLR	Anti Glare Low Reflection	防眩光低反射
3	AI	Adaptive Intensifier for Light Condition	亮度自适应增强
4	AM-LCD	Active Matrix Liquid Crystal Display	有源矩阵液晶显示屏
5	ANR	Automatic Network Replenishment	自动网络补偿
6	AOM	Acousto Optic Modulator	声光调制器
7	APC	Automatic Power Control	自动功率控制
8	APL	Average of Picture Luminance	图像平均亮度水平
9	AR	Augmented Reality	增强现实
10	ASV	Advance Super View	广视角
11	CCD	Charge-Coupled Devices	电荷耦合器件
12	CCFL	Cold Cathode Fluorescent Lamps	冷阴极荧光灯
13	CDT	Color Display Tube	彩色显示器
14	CEWS	Computer Engineering Work Station	计算机工程工作站
15	CFF	Critical Fusion Frequency	临界闪烁频率
16	CHMSL	Center High Manner Stop Lamp	中央高位刹车灯
17	CIE	International Commission on Illumination	国际照明委员会
18	CMOS	Complementary Metal Oxide Semiconductor	互补金属氧化物半导体
19	CPT	Color Picture Tube	彩色显像管
20	CRT	Cathode Ray Tube	阴极射线管
21	CSI	Camera Serial Interface	摄像串行接口
22	CVD	Chemical Vapor Deposition	化学气相沉积
23	DAS	Direct-Attached Storage	直接附加存储
24	DAP	Deformation of Vertical Aligned Phases	垂直取向

序号	缩写	英文	中文
25	DFD	Dye Foil Display	箔吸引型显示
26	DID	Digital Information Display	数字信息显示器
27	D-ILA	Direct-Drive Image Light Amplifier	直接驱动图像光源放大器
28	DLP	Digital Light Procession	数字光处理
29	DLV	Digital Light Valve	数字光路真空管
30	DMD	Digital Micromirror Device	数字微镜元件
31	DPI	Dot Per Inch	解析度
32	DSI	Display Serial Interface	显示串行接口
33	DSM	Dynamic Scattering Mode	动态散射模式
34	DVS	Digital Video Server	数字视频服务器
35	DVR	Digital Video Recorder	数字硬盘录像机
36	EC	Electrochromism	电致变色
37	ECB	Electrically Controlled Birefringence	双折射控制
38	ECD	Electrochromism Display	电致变色显示器
39	EHF	Extremely High Frequency	极高频
40	ELD	Electro Luminescence Display	电致发光显示器
41	EMI	Electro Magnetic Interference	电磁干扰
42	EPD	Electro Phoretic Display	电泳显示器
43	FED	Field Emission Display	场致发射显示器
44	FET	Field Effect Transistor	场效应晶体管
45	FMV	Full Motion Video	全动态影像
46	fps	Frames Per Second	帧率
47	FPD	Flat Panel Display	平板型显示器
48	FRC	Frame Rate Control	帧率控制
49	GDD	Glow Discharge Display	辉光放电管
50	GLV	Grating Light Valve	栅状式光阀
51	G-H	Guest-Host	宾主
52	G1		第一控制栅极或调制器
53	G2		加速极或屏蔽极
54	G3		第二阳极
55	G4		聚焦极

序号	缩 写	英 文	中 文
56	G5		高压阳极
57	HAN	Hybrid-Aligned Nematic	混合渐变排列
58	hblank	Horizontal Blanking	水平消隐
59	HDTV	High Definition Television	高清晰度电视
60	HF	High Frequency	高频
61	hsync	Horizontal Synchronization	水平同步
62	ITO	Indium Tin Oxides	纳米铟锡金属氧化物
63	K		阴极
64		Laser Light Amplification by Stimulated Emission of Radiation	通过受激发射的放大光
65	LC	Liquid Crystal	液态晶体
66	LCD	Liquid Crystal Display	液晶显示器
67	LCOS	Liquid Crystal on Silicon	硅基液晶
68	LD	Laser Diode	激光二极管
69	LDT	Laser Display Technology	激光显示技术
70	LED	Light Emitting Diode	发光二极管
71	LF	Low Frequency	低频
72	LPD	Laser Projection Display	激光投影设备
73	LTP-Si TFT	Low-Temperature Polycrystalline Silicon Thin-Film Transistor	低温多晶硅薄膜晶体管
74	LV	Light Valve	光阀
75	LVDS	Low Voltage Differential Signaling	低压差分信号
76	MCP	Micro Channel Plate	微通道板
77	MDD	Moving Dielectric Display	动态介电显示
78	MDW	Multimedia Display Wall	多媒体显示墙
79	MED	Microencapsulated Electrophoretic Display	微胶囊化电泳显示
80	MF	Intermediate Frequency	中频
81	MFP	Mini Flat Panel	真空微尖平板显示器
82	MIM	Metal-Insulator-Metal	金属-绝缘层-金属
83	MLA	Multi-Line Addressing	多扫描线选址
84	MMT	Multi Media Terminals	多媒体终端
85	MPD	Magneto Photo Display	磁泳成像显示

续表

序号	缩　写	英　文	中　文
86	MRI	Magnetic Resonance Imaging	磁共振成像
87	MTBF	Mean Time Between Failure	平均无故障时间
88	MVA	Multi-Domain Vertical Alignment	多象限垂直配向
89	NAS	Network Attached Storage	网络附加存储
90	NETD	Noise Equivalent Temperature Difference	噪声等效温差
91	NTSC	National Television Standards Committee	国家电视标准委员会
92	NVR	Network Video Recorder	网络硬盘录像机
93	OCB	Optically Compensated Bend	光学自补偿弯曲
94	OLED	Organic Light Emitting Diode	有机发光二极管
95	OLEDOS	Organic Light-emitting Diodes on Silicon	硅片上的有机发光二极管
96	PAL	Phase Alternating Line	逐行倒相
97	PC	Phase Change	相变
98	PDP	Plasma Display Panel	等离子体显示器
99	PDLC	Polymer Dispersed LC	高分子分散液晶
100		PLZT Transparent Ceramics Display	铁电陶瓷显示器
101	PLCD	Polycrystalline Silicon TFT LCD	多晶硅薄膜晶体管液晶板大屏幕投影机
102	PMT	Photomultiplier Tube	光电倍增管
103	p-Si	Polycrystalline Silicon	多晶硅
104	PWM	Pulse-Width Modulation	脉宽调制
105	PML	Polymer Multi Layer	聚合物交替多层膜
106	PoE	Power over Ethernet	以太网供电
107	RCA	Radio Corporation of America	美国无线电公司
108	REED	Reverse Emulsion Electrophoretic Display	逆乳胶电泳显示
109	SAN	Storage Area Networks	存储区域网络
110	SBE	Supertwisted Birefringent Effect	超双折射效应
111	SDTV	Standard-definition Television	标准电视格式
112	SED	Surface-conduction Electron-emitter Display	表面传导电子发射显示
113	SHAR	Super High Aperture Ratio	超高开口率
114	SHF	Super High Frequency	超高频
115	SIP	Session Initiation Protocol	会话初始协议
116	SSFLC	Surface Stabilized Ferroelectric Liquid Crystal	表面稳定铁电液晶

序号	缩　写	英　　文	中　　文
117	STN	Super Twisted Nematic	超扭曲向列
118	SVGA	Super Video Graphics Array	顶端视频图形适配器
119	TBD	Twisting Ball Display	扭转球型电泳显示
120	TN	Twisted Nematic	扭曲向列
121	TP	Twisted Pairwire	双绞线
122	UHF	Ultra High Frequency	特高频
123	UHP	Ultra High Performance	超高压
124	UV	Ultraviolet	紫外光
125	vblank	Vertical Blanking	垂直消隐
126	VDT	Visual Display Terminal	视频显示终端
127	VFD	Vacuum Fluorescent Display	真空荧光管
128	VGA	Video Graphics Array	视频图形适配器
129	VHS	Video Home System	家用录像系统
130	VHF	Very High Frequency	甚高频
131	VLF	Very Low Frequency	甚低频
132	VR	Virtual Reality	虚拟现实
133	VUV	Vacuum Ultra Violet	真空紫外线
134	XGA	Extended Graphics Array	扩充的图形适配器